普通高等教育“十三五”规划教材

算法设计基础与应用

朱立军　杨　威　肖明霞　杨中秋　等编著

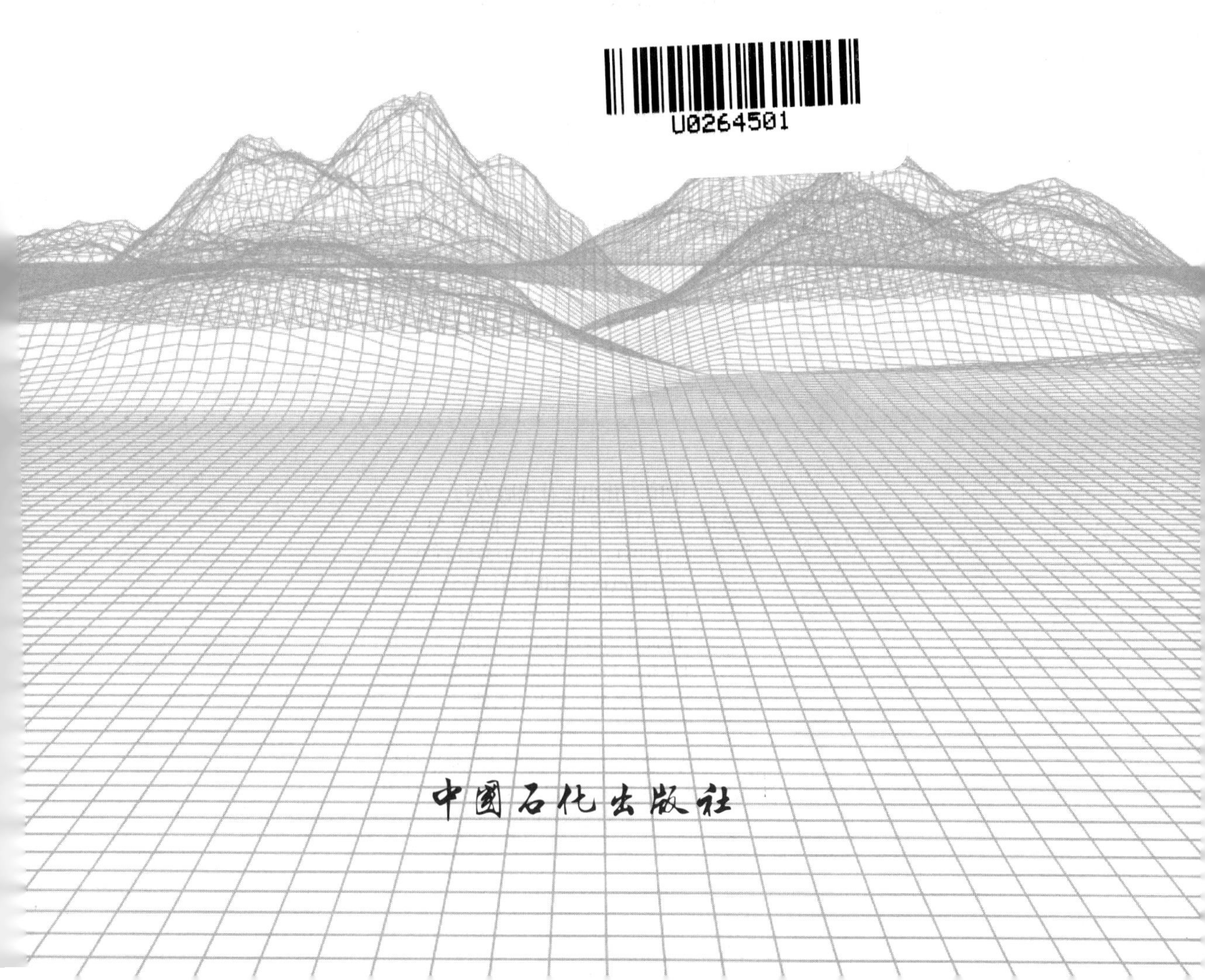

中国石化出版社

内容提要

本书共分为14章，其中前3章主要介绍了与算法设计相关的一些必须了解和掌握的常识和概念，在后续的章节里，介绍了蛮力、递推、模拟、分治、贪心、动态规划、搜索等常用算法策略，以及最短路径、二分图、网络流、并查集、数论、博弈等经典算法。在例题的设计上采用的是ACM竞赛试题的模式，实现的语言是C/C++。

本书既可作为高等院校计算机及其相关专业高年级本科生和研究生算法设计课程的教材，也可作为广大计算机工作者、编程爱好者的参考用书。

图书在版编目（CIP）数据

算法设计基础与应用 / 朱立军等编著 . —北京：中国石化出版社，2021.1（2022.1 重印）
ISBN 978-7-5114-6129-2

Ⅰ. ①算… Ⅱ. ①朱… Ⅲ. ①算法设计
Ⅳ. ① TP301.6

中国版本图书馆 CIP 数据核字（2021）第 017614 号

中国石化出版社出版发行
地址：北京市东城区安定门外大街58号
邮编：100011　电话：(010)57512500
发行部电话：(010)57512575
http://www.sinopec-press.com
E-mail：press@sinopec.com
北京柏力行彩印有限公司印刷
全国各地新华书店经销
*
787×1092毫米 16开本 18.5印张 431千字
2021年3月第1版　2022年1月第2次印刷
定价：58.00元

前　言

算法设计是计算机专业的学生在学完程序设计语言与数据结构课程之后，又一门非常重要的专业核心课程。该课程使学生在掌握基本编程知识的基础上，再系统化、理论化地学习算法设计策略和设计技巧，从而进一步提高学生的抽象思维能力和使用算法解决实际问题的能力。

本教材编写的理念是“基础”和“实用”。前3章主要介绍了与算法设计相关的一些必须了解和掌握的常识和概念，这部分作为学生从刚学完程序设计和数据结构课程之后向算法设计课程的一个过渡，起到了一个承前启后的作用。另外，在各章例题的选择上，例题大都来源于生活实际，通过对这些实际问题的深入分析，使学生能对所学算法理论有一个更深入的理解和掌握，从而提高他们利用所学知识去解决实际问题的能力。

本教材的主要特点如下：

（1）基础性

书中由浅入深地介绍了蛮力、递推、模拟、分治、贪心、动态规划、搜索等常用策略，以及最短路径、二分图、网络流、并查集、数论、博弈等经典算法。为了让学生更好地理解算法原理，在例题的选择上尽量挑选一些基础的、简单的但又非常典型的题目，利用这些简单易懂的例子让学生能很容易地掌握算法的核心思想和设计步骤。

（2）趣味性

在例题的设计上采用的是ACM竞赛试题的模式，这样做的目的：一方面，增加了题目的趣味性，让学生能够在快乐中学习，在学习中能获得快乐；另一方面，能大大提升学生利用所学算法解决实际问题的能力。

（3）丰富性

教材中除了包含传统算法设计和分析教材的主要知识点外，还增加了模拟、二分图、网络流、并查集、代数以及博弈等理论和算法，从而进一步丰富和完善了算法设计课程的知识体系结构，有助于开阔学生的视野，扩大学生的知识面。

（4）实用性

书中很多例题来源于实际生活，通过对例题详细地分析和讲解，让学生将理论与实践相结合，达到学以致用的效果。书中每道例题都提供了程序源码以供参考。

（5）针对性

本教材适用于具有一定编程基础的算法研究人员使用，也适用于作为参加各类程序设计竞赛学生的入门教材。

编者所在的沈阳化工大学和沈阳工业大学相关部门在教材的建设中给予了充分的支持。同时，教材的出版单位——中国石化出版社的编辑们也为本教材的出版倾注了大量心血，在此，向每一位关心和支持本书出版的人士表示由衷的感谢。

由于作者的能力有限，书中存在一些错误在所难免，企盼读者和同行朋友能及时指出并斧正。

目　　录

第 1 章　程序设计相关基本概念

1.1　程序的组成

程序 = 数据结构 + 算法

1. 数据结构

数据结构是计算机存储、组织数据的方式。数据结构是指相互之间存在一种或多种特定关系的数据元素的集合。通常情况下，精心选择的数据结构可以带来更高的运行或者存储效率。

一般而言，程序中常用的数据结构包括：整型、实型、字符型、布尔型、数组、链、树、图、指针及结构体和共用体等。

其中整型、实型、字符型、布尔型等属于基本数据类型；数组、链、树、图、指针及结构体和共用体等属于构造类型。

数组是相同元素组成的数据结构，结构体和共用体是不同元素组成的数据结构。例如表示人属性的变量就应该定义成结构体，因为一个人的属性有年龄、姓名、体重、性别等不同的数据类型。

数组和链表的区别是：数组是静态的数据结构；而链表是动态的数据结构，如图 1.1、图 1.2 所示。静态是指程序所需要的内存空间是在编译阶段开辟的，在运行阶段不能被改变；而动态是指开辟空间的大小可以在运行阶段根据实际情况来改变。其次，静态存储的元素在内存中是连续存放的；而动态存储的元素在内存中是不连续存放的。

图 1.1　数组的逻辑结构　　　　图 1.2　链表的逻辑结构

同数组相比，虽然链表在查询和排序方面不如数组便利，但链表的应用非常广泛，比如操作系统的内存管理（如 LRU 页面置换算法）、进程管理等。

链表的每个结点在一个方向只能指向一个结点，如果指向多个结点，那么这种结构就叫作树，如图 1.3 所示。

树的应用很广，如 C++ STL 中的 set、map，以及 Linux 虚拟内存的管理（红黑树）、编码（哈夫曼树）、文件管理（B–Tree，B+–Tree）等。

而如果结点之间有回路出现，这种数据结构则是图（也可以用邻接矩阵表示），如图 1.4 所示。

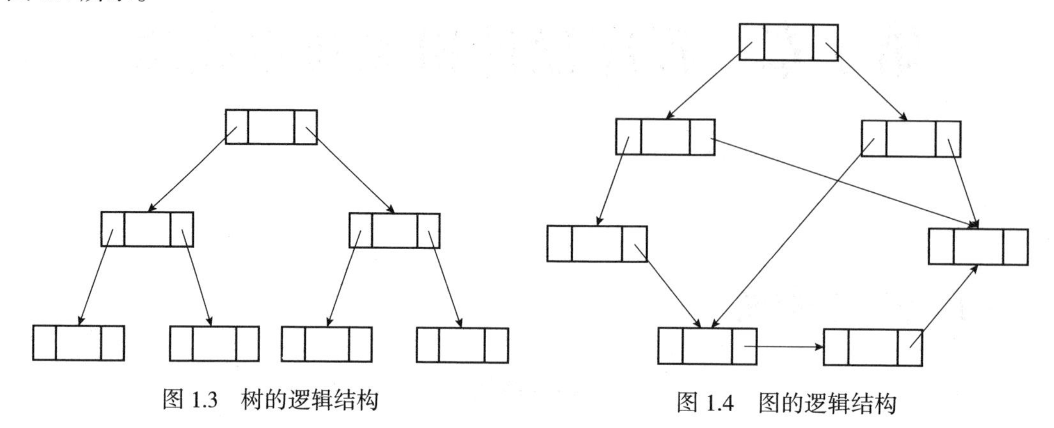

图 1.3　树的逻辑结构　　　　图 1.4　图的逻辑结构

图的应用很广泛，如 GPS 的路径规划问题、网络通信、AOE 网工程问题等。

上述链、树、图的数据结构都要依赖指针和结构体来实现，每个结点定义为一个结构体，结构体里面包括两部分，一部分是数据，另一部分是存放结点地址的指针，数据结构定义如下（以 C 语言为例）：

```
struct node
{int data;
  struct node *next;
}*p,*q;
```

在内存中开辟空间的函数为 malloc( )。

```
p=(struct node *)malloc(sizeof(struct node));
```

上述语句执行的结果是开辟一块大小为 sizeof（struct node）个字节的内存空间，并且把空间的首地址赋值给指针变量 p，示意图如图 1.5 所示。

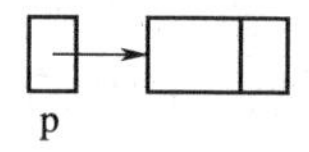

图 1.5　使用 malloc 函数开辟空间

接下来，再执行如下语句：

```
q=(struct node *)malloc(sizeof(struct node));
p→next=q;
```

这样，两个在内存中不连续的内存块就连接起来了，如图 1.6 所示。

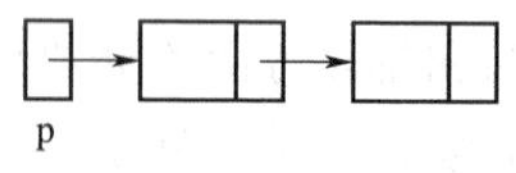

图 1.6　内存块连接

用这种方法就可以建成相应的链、树和图等数据结构。为了对动态数据结构和指针有更深入的理解，以链表为例，如图 1.7 所示，在内存中建立了由三个结构体变量组成的链表，每个结构体变量包含两个变量：一个是整型变量，一个是指向结构体的指针变量。可以将每个结构体变量想象成一个人，人有很多的属性，如姓名、年龄、性别等，这些属性可以看作是结构体变量中的普通变量，同时，每个人都有手机，用手机与他人进行通信，手机就相当于指针变量，里面放的是别人的手机号（相当于内存地址），这样，天南海北的人就可以建立联系。这与在内存中不同位置的内存块通过指针建立联系从而形成链表的含义是相似的。

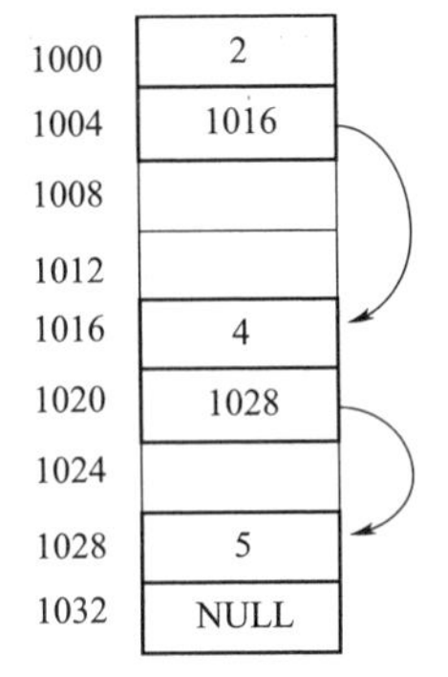

图 1.7　内存中链表示意图

2. 算法

算法是在有限步骤内求解某一问题所使用的一组定义明确的规则。通俗点说，就是计算机解题的过程。在这个过程中，无论是形成解题思路还是编写程序，都是在实施某种算法。前者是推理实现的算法，后者是操作实现的算法。

一个算法应该具有以下五个重要的特征：

（1）有穷性：一个算法必须保证执行有限步之后结束。

（2）确切性：算法的每一步必须有确切的定义。

（3）可行性：算法原则上能够精确地运行。

（4）输入：一个算法有 0 个或多个输入，以刻画运算对象的初始情况，所谓 0 个输入是指算法本身定义了初始条件。

（5）输出：一个算法有一个或多个输出，是对输入数据进行加工的结果。没有输出的算法是毫无意义的。

组成算法的基本单位是语句，语句分为两种：一种是赋值语句；一种控制语句。控制语句又可以分为 4 种（以 C 语言为例）：选择语句（if，switch）、循环语句（for，while，do~while）、中断语句（break）、继续语句（continue）。这些语句的不同组合就形成了不同的算法。目前，虽然计算机程序设计语言有上千种，但语句的种类通常就是上述这几类，其主要原因是：所有计算机语言都是基于计算机硬件来执行的，而计算机硬件的体系结构一直以来都没有发生根本性的改变。因此，基于计算机硬件体系结构的各种编程语言所能支持的语句种类也就不可能发生大的变化。因此，想要用计算机来解决任何问题，就得想方设法将该问题转化为可以用上述几类语句描述的过程，而这就是编程思维。

1.2　函数、函数嵌套和函数递归

一般而言，程序是由函数组成的。为什么引入函数？主要原因是由于程序模块化的需要：当程序代码行很多的时候，需要很多人共同协作才能完成，这时，一个人负责一个模块，而这个模块就可以是一个函数。

函数调用分为两种，一种是函数嵌套；另一种是函数递归。函数的嵌套是一个函数调用另一个函数；而函数的递归是函数调用它本身。函数嵌套的过程如图 1.8 所示。

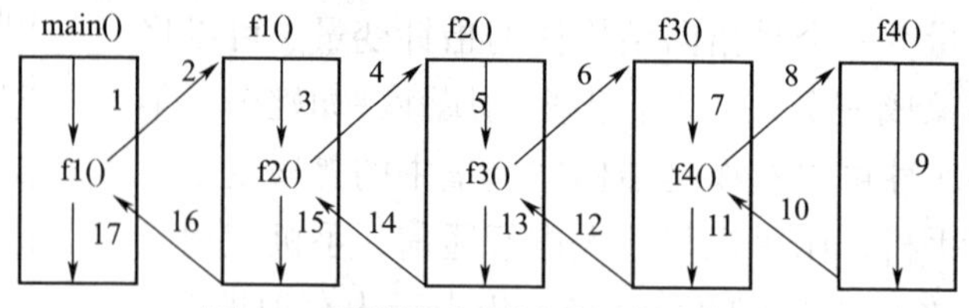

图 1.8　函数嵌套调用过程的示意图

其中，每一个矩形代表一个函数模块，数字代表调用的次序。当每次发生函数调用的时候，都要把调用函数语句下面一条语句的地址以及本函数的所有局部变量保存到堆栈里面。当函数运行结束的时候，再将堆栈中的返回地址和局部变量弹出来，以便恢复调用前的“现场”，然后再继续执行，上述过程重复进行，直到栈空为止。

递归其实是特殊的嵌套，其调用和执行的原理与嵌套一模一样，差别就是嵌套调用的是别的函数，而递归是自己调用自己。递归调用过程中，堆栈里面反复压入的是同一个地址（函数本身的地址），如图 1.9 所示。

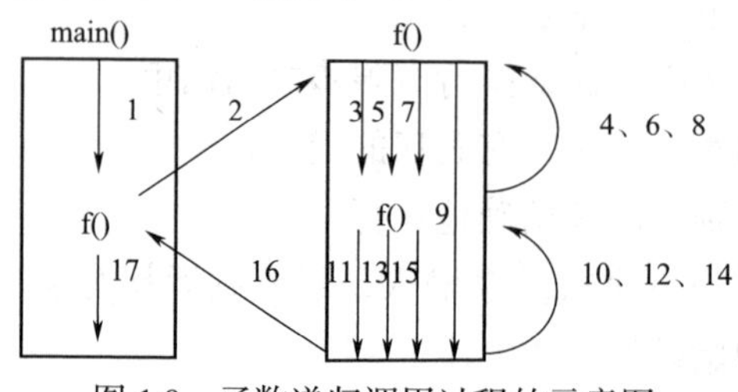

图 1.9　函数递归调用过程的示意图

1.3　数据类型所占字节数

不同数据类型变量在内存中所占空间的大小是由编译器来决定的，与操作系统和 CPU 没有关系。编译器的作用是根据目标硬件（即 CPU）的特性将源程序编译为可在该硬件上运行的目标文件。如果一个编译器支持某 32 位的 CPU，那么它就可以将源程序编译为可以在该 CPU 上运行的目标文件。不同位数的编译器支持数据类型所占空间的大小如下：

以 char，short，int，long 为例：

（1）16 位编译器（Turbo C/Turbo C++）

```
sizeof(char)=1
sizeof(short)=2
sizeof(float)=4
sizeof(double)=8
sizeof(int)=2
sizeof(long)=4
```

```
sizeof(long double)=16
sizeof(void *)=4(表示指针类型数据长度)
```

（2）32 位编译器（Visual Studio C++）

```
sizeof(char)=1
sizeof(short)=2
sizeof(float)=4
sizeof(double)=8
sizeof(int)=4
sizeof(long)=4
sizeof(long long)=8
sizeof(void *)=4
```

（3）64 位编译器

```
sizeof(char)=1
sizeof(short)=2
sizeof(float)=4
sizeof(double)=8
sizeof(int)=4
sizeof(long)=8
sizeof(long long)=8
sizeof(void *)=8
```

_int64 和 long long 是系统定义的两个基本类型的类型名，虽是两个不同类型名，其本质类似于同一个类型的两个别名而已。_int64 是完全由编译器决定，固定大小为 8 个字节，不受运行环境（CPU 和操作系统位数）的影响。

1.4　内存空间的开辟

一个由 C/C++ 编译的程序占用的内存一般可分为如下几个部分。

（1）栈区

由编译器自动分配释放，存放函数的参数值、局部变量等。在 Windows 环境下，栈是由高地址向低地址扩展的数据结构，是一块连续的内存区域。这意味着栈顶的地址和栈的最大容量是系统预先规定好的，大小是 1M。如果申请的空间超过栈的剩余空间时，将提示 overflow。因此，能从栈获得的空间较小。

（2）堆区

一般由程序员分配释放，若程序员不释放，程序结束时可由系统回收。它与数据结构中的堆是两回事。堆是向高地址扩展的数据结构，是不连续的内存区域，这是由于系统是用链表来管理空闲内存的，而链表的遍历方向是从低地址到高地址。堆的大小受限于计算机系统中有效的虚拟内存，而虚拟内存的设置一般为物理内存的 2~3 倍，如果电脑的内存是 4G，那么虚拟内存一般为 8~12G。由此可见，堆获得的空间比较灵活、也比较大。

（3）全局区（静态区）

全局变量和静态变量的存储区域是在一起的，程序结束后由系统释放。数据区的大小由系统限定，一般可以达到 4GB，因此不会溢出。

（4）文字常量区

常量字符串就是放在这里的，程序结束后由系统释放。

（5）程序代码区

存放函数体的二进制代码。

1.5 算法的时间复杂度和空间复杂度

1. 时间复杂度的计算

与算法执行时间相关的因素包括：数据结构、采用的数学模型、设计的策略、问题的规模、实现算法所使用的程序设计语言、机器代码质量、计算机执行指令的速度等。

算法时间效率的衡量方法包括：事后分析法、事前分析估算法。这里我们主要研究的是事前分析估算法，即时间复杂度。

需要强调的是：算法的时间复杂度并不是用来表示程序具体的运行时间，而是用来表征算法执行语句的频度（语句执行的次数）的大小。当我们有多个算法可以选择时，我们可以通过计算时间复杂度来判断哪一个算法的执行效率更高。

常见的时间复杂度有：

（1）常数阶 $O(1)$；

（2）对数阶 $O(\log_2 n)$；

（3）线性阶 $O(n)$；

（4）线性对数阶 $O(n\log_2 n)$；

（5）平方阶 $O(n^2)$；

（6）立方阶 $O(n^3)$；

（7）k 次方阶 $O(n^k)$；

（8）指数阶 $O(2^n)$。

随着 n 的不断增大，时间复杂度也不断增大，算法花费的时间也就越多，具体计算原则如下：

（1）选增长速度最快的项，如 $f(n)=2n^3+2n+100$，其时间复杂度为 $O(n^3)$；

（2）最高项的常数系数都化为 1，如上例中时间复杂度是 $O(n^3)$，而不是 $O(2n^3)$；

（3）若是常数，则用 $O(1)$ 表示，即算法的执行时间不随问题规模 n 的增加而增长，即使算法中有上千条语句，其执行时间也不过是一个较大的常数，此类算法的时间复杂度就是 $O(1)$；

（4）通常我们计算时间复杂度都是计算最坏情况下的时间复杂度。

下面是一些计算时间复杂度的具体实例。

例 1：

```
int x=1;
while(x<10)
{  x++;
}
```

该算法执行次数是 10，是一个常数，用时间复杂度表示是 $O(1)$。

例 2：

```
for(i=0;i<n;i++)
{
     for(j=0;j<n;j++)
     {
          ;
     }
}
```

当有若干个循环语句时，算法的时间复杂度是由嵌套层数最多的循环语句中最内层语句的频度 $f(n)$ 决定的。在例 2 中最外层的 for 循环每执行一次，内层循环都要执行 n 次，执行次数是根据 n 所决定的，时间复杂度是 $O(n^2)$。

例 3：

```
int i=1,n=100;
while(i<n)
{i=i*2;
}
```

上述代码中，由于每次 i*2 之后，就距离 n 更近一步，假设有 x 个 2 相乘后大于或等于 n，则会退出循环。于是由 $2^x=n$ 得到 $x=\log_2 n$，所以这个循环的时间复杂度为 $O(\log_2 n)$。

例 4：

```
int i=0;
while(i<n && arr[i]!=1)
{  i++;
}
```

在上述代码中，如果 arr[i] 不等于 1，时间复杂度是 $O(n)$；如果 arr[i] 等于 1，则循环执行一次判断就跳出，时间复杂度是 $O(1)$。由此可知：时间复杂度不仅与 n 有关，还与执行循环所满足的判断条件有关。

2. 空间复杂度

算法的存储量包括：输入数据所占空间、算法本身所占空间、辅助变量所占空间。

空间复杂度是对一个算法在运行过程中临时占用存储空间大小的度量。主要是指输入数据和辅助变量空间的大小。具体规定如下：

（1）忽略常数，用 O（1）表示。

（2）递归算法的空间复杂度 = 递归深度 $N\times$ 每次递归的空间复杂度。

（3）对于单线程来说，求的是递归最深的那一次压栈所耗费的空间的个数，因为递归最深的那一次所耗费的空间足以容纳它所有递归过程。

例 1：

```
int a,b,c
printf("%d %d %d \n",a,b,c);
```

上述代码虽然定义了 3 个变量，但它的空间复杂度依然是 O（1）。

例 2：

```
int fun(int n)
{      int k=1;
       if(n==k)
          return n;
       else
          return fun(n--);
}
```

上述递归实现的代码，调用 fun 函数，每次都创建 1 个变量 k，调用 n 次，空间复杂度 O（n*1）=O（n）。

第 2 章　C++ 模板库

在使用 C 语言编程的时候常常会用到很多库函数，如 scanf、printf、abs、gets 等，这些库函数的使用使得编程的效率得到了大大的提升。在 C++ 中，提供了功能更为丰富和强大的标准库，要尽可能地利用所提供的标准库来完成编程任务。这样做的好处包括:（1）成本，已经作为标准提供，何苦再花费时间、人力重新开发;（2）质量，标准库都是经过严格测试的，正确性有保证;（3）效率，代码是经过优化的，执行效率更高;（4）良好的编程风格，严格遵守行业中的相关规范进行开发。

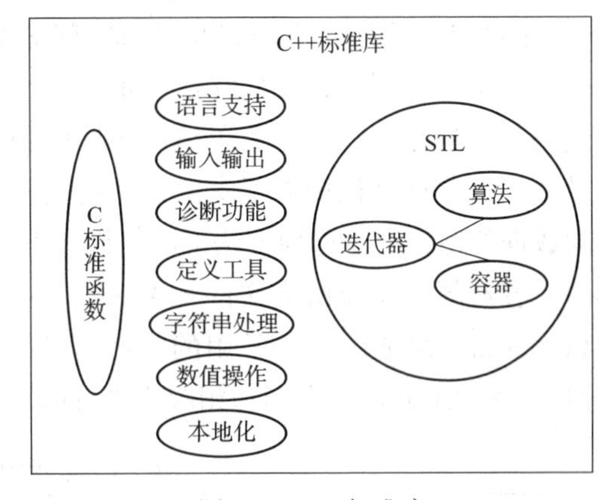

图 2.1　C++ 标准库

C++ 主要标准库内容如图 2.1 所示。

C++ 标准库的所有头文件都没有扩展名。C++ 标准库以 <cname> 形式的标准头文件提供。在 <cname> 形式的标准头文件中，与宏相关的名称在全局作用域中定义。在 C++ 中还可以使用 name.h 形式的标准 C 库头文件名。

2.1　标准模板库 STL 简介

STL（Standard Template Library，标准模板库）是惠普实验室开发的一系列软件的统称，现在主要出现在 C++ 中，但在被引入 C++ 之前该技术就已经存在了很长的一段时间。STL 就是一个宝库，里面容器底层就是使用各种经典的数据结构来实现的，主流的基本算法也包含在里面。

STL 的代码从广义上讲分为三类：algorithm（算法）、container（容器）和 iterator（迭代器），几乎所有的代码都采用了模板类和模板函数的方式，这相比于传统的由函数和类组成的库来说提供了更好的代码重用机会。在 C++ 标准中，STL 被组织为下面的 13 个头文件：<algorithm>、<deque>、<functional>、<iterator>、<vector>、<list>、<map>、<memory>、<numeric>、<queue>、<set>、<stack> 和 <utility>。

1. 算法

STL 提供了大约 100 个实现算法的模板函数，通过直接调用相应的算法模板，就可以完成相应的功能，从而大大提高编程效率。

算法部分主要由头文件 <algorithm>、<numeric> 和 <functional> 组成。其中 <algorithm> 是由很多模板函数组成，且每个函数在很大程度上都是独立的，这些函数的功能主要包括复制、修改、移除、反转、排序、合并、比较、交换、查找、遍历等。头文件 <numeric> 很小，只包括几个在数值序列上面进行简单数学运算的模板函数，包括加法和乘法的一些操作。头文件 <functional> 中则定义了一些模板类，用来声明函数对象。

2. 容器

在实际的开发过程中，数据结构本身的重要性丝毫不逊于算法的重要性，当程序对时间的要求很高时，数据结构的选择就显得非常重要。

在实际应用中，我们常常会重复一些诸如针对向量、链表等数据结构的代码，这些代码都十分相似，只是为了适应不同的数据结构而在细节上有所不同罢了。STL 容器为最常用的数据结构提供了支持，通过设置一些模板类，并在模板的参数中指定容器元素的数据类型，通过这种方法可以将许多重复而乏味的工作进行简化。

容器部分主要由头文件 <vector>、<string>、<list>、<deque>、<set>、<map>、<stack> 和 <queue> 组成。对于常用的一些容器和容器适配器（可以看作由其他容器实现的容器），表 2.1 列出了它们和相应头文件的对应关系。

表 2.1　常用的容器和容器适配器

数据结构	描述	实现头文件
向量（vector）	连续存储元素的容器	<vector>
字符串（string）	保存字符序列的容器	<string>
列表（list）	由结点组成的双向链表，每个结点包含一个元素	<list>
双端队列（deque）	可以高效地在容器的头部和尾部插入和删除元素	<deque>
集合（set）	容器中所有元素都会根据元素的键值自动排序，不允许两个元素有相同的键值	<set>
多重集合（multiset）	特性和用法与 set 完全相同，区别是允许存在键值相等的元素	<set>
栈（stack）	元素后进先出	<stack>
队列（queue）	元素先进先出	<queue>
优先队列（priority_queue）	元素被赋予优先级。当访问元素时，具有最高优先级的元素先出队	<queue>
映射（map）	由键 / 值对组成的容器，要求键值不允许重复	<map>
多重映射（multimap）	特性以及用法与 map 完全相同，唯一区别就是允许存在键值相同的元素	<map>

STL 定义的通用容器分三类：顺序性容器、关联性容器和容器适配器。

顺序性容器：vector、deque、list、string；

关联性容器：set、multiset、map、multimap；

容器适配器：stack、queue。

C++ 中的容器其实是容器类用例化之后的一个具体的对象，那么可以把这个对象看成一个容器。

C++ 中容器类是基于类模板定义的，为什么需要做成模板的形式呢？因为容器中存放的数据类型其实是相同的，如果只因为数据类型不同而要定义多个具体的类，这样就没有必要，而模板恰好又能够解决这种问题，所以 C++ 中的容器类是通过类模板的方式定义的。

容器还有另一个特点是容器可以自行扩展。在解决问题时常常不知道需要存储多少个对象，也就是说不知道应该创建多大的内存空间来存放数据。显然，数组在这一方面也力不从心。容器的优势就在这里，它不需要预先告诉它要存储多少对象，只要创建一个容器对象，并合理地调用它所提供的方法，所有的处理细节将由容器来自动完成。它可以申请内存或释放内存，并且用最优的算法来执行命令。

3. 迭代器

迭代器从作用上来说是最基本的部分，迭代器在 STL 中用来将算法和容器联系起来，起着一种黏合剂的作用。几乎 STL 提供的所有算法都是通过迭代器存取元素序列进行工作的，每一个容器都定义了其本身所专有的迭代器，用以存取容器中的元素。每个迭代器对象代表容器中确定的地址，所以可以认为迭代器其实就是用来指向容器中数据的指针，可以通过改变这个指针来遍历容器中的所有元素。

2.2　模板库的典型应用

1. set/ multiset（集合容器）

set 和 multiset 都是集合类模板，其元素值又称为关键字。set 中元素的关键字是唯一的，multiset 中元素的关键字可以不唯一，而且默认情况下会对元素按关键字进行升序排列。查找速度比较快，同时支持集合的交、差和并等一些集合上的运算，如果集合中的元素允许重复，那么可以使用 multiset。

主要成员函数如下：

```
begin()：返回指向第一个元素的迭代器
clear()：清除所有元素
count()：返回某个值元素的个数
empty()：如果集合为空，返回 true
end()：返回指向最后一个元素的迭代器
equal_range()：返回集合中与给定值相等的上、下限的两个迭代器
erase()：删除集合中的元素
find()：返回一个指向被查找元素的迭代器
get_allocator()：返回集合的分配器
```

insert()：在集合中插入元素

lower_bound()：返回指向大于（等于）某值的第一个元素的迭代器

key_comp()：返回比较元素 key 的函数

max_size()：返回集合能容纳的元素的最大限值

rbegin()：返回指向集合中最后一个元素的反向迭代器

rend()：返回指向集合中第一个元素的反向迭代器

size()：集合中元素的数目

swap()：交换两个集合变量

upper_bound()：返回大于某个值元素的迭代器

value_comp()：返回比较元素 value 的函数

常用操作：

例 1：元素插入

```
set<int>s;
s.insert(1);// 第一次插入 1，可以插入
s.insert(2);
s.insert(3);
s.insert(1);// 第二次插入 1，重复元素，不会插入
cout<<"set 的 size 值为："<<s.size()<<endl;
cout<<"set 中的第一个元素是："<<*s.begin()<<endl;
```

例 2：中序遍历

```
set<int>s;
s.insert(8);// 第一次插入 8，可以插入
s.insert(1);
s.insert(12);
s.insert(6);
set<int> :: iterator it;// 定义前向迭代器
for(it=s.begin();it!=s.end();it++)
   cout<<*it<<endl;
```

例 3：反向遍历

```
set<int> s;
…
set<int>::reverse_iterator rit;
for(rit=s.rbegin();rit!=s.rend();rit++)
        cout<<*rit<<endl;
```

例 4：元素删除

```
set<int>s;
s.erase(2);// 删除键值为 2 的元素
```

```
s.clear();
```

例 5：元素检索

```
set<int>s;
set<int>::iterator it;
it=s.find(5);// 查找键值为 5 的元素
if(it!=s.end())// 找到
   cout << *it << endl;
else  // 未找到
   cout << " 未找到 ";
```

2. queue（队列容器）

它是一个队列类模板，和数据结构中的队列一样，具有先进先出的特点。不允许顺序遍历，没有 begin（）/end（）和 rbegin（）/rend（）这样的用于迭代器的成员函数。

主要成员函数如下：

```
empty()：判断队列容器是否为空
size()：返回队列容器中实际元素个数
front()：返回队头元素
back()：返回队尾元素
push(elem)：元素 elem 进队
pop()：元素出队。
```

例 1：

```
#include<queue>
using namespace std;
void main()
{     queue<int>qu;
      qu.push(1);
      qu.push(2);
      qu.push(3);
      printf(" 队头元素: %d\n",qu.front());
      printf(" 队尾元素: %d\n",qu.back());
      printf(" 出队顺序: ");
      while(!qu.empty())// 所有元素出队
      {     printf("%d ",qu.front());
            qu.pop();
      }
      printf("\n");
}
```

3. priority_queue（优先队列容器）

priority_queue<Type，Container，Functional>

其中升序队列定义：priority_queue <int，vector<int>，greater<int> > q；

降序队列定义：priority_queue <int，vector<int>，less<int> >q；

greater 和 less 是 std 实现的两个仿函数（就是使一个类的使用看上去像一个函数。其实际就是在类中实现一个 operator（ ），这个类就有了类似函数的行为，就是一个仿函数类了）。

Type 为数据类型，Container 为保存数据的容器，Functional 为元素比较方式。如果不写后两个参数，那么容器默认用的是 vector，比较方式默认用的是 less，也就是优先队列是大根堆，队头元素最大。Type 也可以自定义数据类型。

主要成员函数如下：

```
empty()：判断优先队列容器是否为空
size()：返回优先队列容器中实际元素个数
push(elem)：元素 elem 进队
top()：获取队头元素
pop()：元素出队
```

例 1：大根堆

```
#include<iostream>
#include<queue>
using namespace std;
int main()
{     priority_queue<int>p;// 定义大根堆
      p.push(1);
      p.push(2);
      p.push(3);
      p.push(4);
      p.push(5);
      for(int i=0;i<5;i++)
      {     cout << p.top()<< endl;// 按照由大到小的次序输出
            p.pop();
      }
    return 0;
}
```

例 2：小根堆

```
#include<iostream>
#include<queue>
using namespace std;
```

```
int main()
{     priority_queue<int,vector<int>,greater<int>>p;// 定义小根堆
      p.push(1);
      p.push(2);
      p.push(3);
      p.push(4);
      p.push(5);
      for(int i=0;i<5;i++)
      {     cout<<p.top()<<endl;// 按照由小到大的次序输出
            p.pop();
      }
     return 0;
}
```

例 3：自定义数据类型

```
#include <iostream>
#include <queue>
using namespace std;
struct tmp //运算符重载<
{    int x;
     tmp(int a){x=a;}
     bool operator<(const tmp& a)const
     {
       return x<a.x;// 大顶堆
     }
};
int main()
{     tmp a(1);
      tmp b(2);
      tmp c(3);
      priority_queue<tmp>d;
      d.push(b);
      d.push(c);
      d.push(a);
      while(!d.empty())
      {   cout<<d.top().x<<'\n';// 按照降序输出
          d.pop();
      }
```

```
    cout<<endl;
}
```

4. deque（双端队列容器）

它是一个双端队列类模板。双端队列容器由若干个块构成，每个块中元素地址是连续的，块之间的地址是不连续的，有一个特定的机制将这些块构成一个整体。可以从前面或后面快速插入与删除元素，并可以快速地随机访问元素，但删除元素较慢。

主要成员函数如下：

empty()：判断双端队列容器是否为空队

size()：返回双端队列容器中元素个数

push_front(elem)：在队头插入元素 elem

push_back(elem)：在队尾插入元素 elem

pop_front()：删除队头一个元素

pop_back()：删除队尾一个元素

erase()：从双端队列容器中删除一个或几个元素

clear()：删除双端队列容器中所有元素

迭代器函数：begin()、end()、rbegin()、rend()

例 1：

```
#include<deque>
using namespace std;
void disp(deque<int>&dq)// 输出 dq 的所有元素
{   deque<int>::iterator iter;// 定义迭代器 iter
    for(iter=dq.begin();iter!=dq.end();iter++)
       printf("%d ",*iter);
    printf("\n");
}
void main()
{ deque<int>dq;// 建立一个双端队列 dq
  dq.push_front(5);// 队头插入 5
  dq.push_back(7);// 队尾插入 7
  dq.push_front(9);// 队头插入 9
  dq.push_back(11);// 队尾插入 11
  printf("dq:");
  disp(dq);// 输出 9 5 7 11
  dq.pop_front();// 删除队头元素
  dq.pop_back();// 删除队尾元素
  printf("dq:");
```

```
  disp(dq);// 输出 5 7
}
```

5. stack（堆栈容器）

它是一个栈类模板，和数据结构中的栈一样，具有后进先出的特点。

主要成员函数如下：

empty()：判断栈容器是否为空

size()：返回栈容器中实际元素个数

push(elem)：元素 elem 进栈

top()：返回栈顶元素

pop()：元素出栈

例 1：

```
#include <stack>
using namespace std;
void main()
{    stack<int>st;
     st.push(1);st.push(2);st.push(3);
     printf("栈顶元素：%d\n",st.top());
     printf("出栈顺序：");
     while(!st.empty())// 栈不空时出栈所有元素
     { printf("%d ",st.top());
       st.pop();
     }
     printf("\n");
}
```

6. list（链表容器）

它是一个双链表类模板，可以从任何地方快速插入与删除元素。它的每个结点之间通过指针链接，不能随机访问元素。

主要成员函数如下：

empty()：判断链表容器是否为空

size()：返回链表容器中实际元素个数

push_back()：在链表尾部插入元素

pop_back()：删除链表容器的最后一个元素

remove()：删除链表容器中所有指定值的元素

remove_if(cmp)：删除链表容器中满足条件的元素

erase()：从链表容器中删除一个或几个元素

unique()：删除链表容器中相邻的重复元素

clear()：删除链表容器中所有的元素

insert(pos,elem)：在 pos 位置插入元素 elem

insert(pos,n,elem)：在 pos 位置插入 n 个元素 elem

insert(pos,pos1,pos2)：在迭代器 pos 处插入区间（pos1，pos2）的元素

reverse()：反转链表

sort()：对链表容器中的元素排序

迭代器函数：begin()、end()、rbegin()、rend()

说明：STL 提供的 sort（ ）排序算法主要用于支持随机访问的容器，而 list 容器不支持随机访问，为此，list 容器提供了 sort（ ）函数用于元素排序。类似的还有 unique（ ）、reverse（ ）、merge（ ）等 STL 算法。

定义 list 容器的几种方式如下：

```
list<int>l1;// 定义元素为 int 的链表 l1
list<int>l2(10);// 指定链表 l2 的初始大小为 10 个 int 元素
list<double>l3(10,5);// 指定 l3 的 10 个元素的初值为 5
list<int>l4(a,a+5);// 用数组 a[0..4] 共 5 个元素初始化 l4
```

例 1：

```
#include<list>
using namespace std;
void disp(list<int>&lst)// 输出 lst 的所有元素
{  list<int>::iterator it;
   for(it=lst.begin();it!=lst.end();it++)
       printf("%d ",*it);
   printf("\n");
}
void main()
{     list<int>lst;// 定义 list 容器 lst
      list<int>::iterator it,start,end;
      lst.push_back(1);// 添加 5 个整数 1,2,3,4,5
      lst.push_back(2);
      lst.push_back(3);
      lst.push_back(4);
      lst.push_back(5);
      printf(" 初始 lst : ");
      disp(lst);
      it=lst.begin();//it 指向首元素 1
      start=++lst.begin();//start 指向第 2 个元素 2
```

```
    end=--lst.end();//end 指向尾元素 5
    lst.insert(it,start,end);
    printf(" 执行 lst.insert(it,start,end)\n");
    printf(" 插入后 lst: ");
    disp(lst);// 输出 2 3 4 1 2 3 4 5
}
```

7. string（字符串容器）

string 是一个保存字符序列的容器，所有元素为字符类型，类似 vector<char>。

除了有字符串的一些常用操作外，还包含了所有的序列容器的操作。字符串的常用操作包括增加、删除、修改、查找、比较、连接、输入、输出等。

主要成员函数如下：

empty()：判断当前字符串是否为空串

size()：返回当前字符串的实际字符个数（返回结果为 size_type 类型）

length()：返回当前字符串的实际字符个数

[idx]：返回当前字符串位于 idx 位置的字符，idx 从 0 开始

at(idx)：返回当前字符串位于 idx 位置的字符

compare(const string&str)：返回当前字符串与字符串 str 的比较结果。在比较时，若两者相等，返回 0；前者小于后者，返回 -1；否则返回 1

append(cstr)：在当前字符串的末尾添加一个字符串 str

insert(size_type idx,const string&str)：在当前字符串的 idx 处插入一个字符串 str

迭代器函数：begin()、end()、rbegin()、rend()

创建 string 容器的几种方式如下：

```
char cstr[]="abcdefghijklmn";
string s1(cstr);//s1:abcdefghijklmn
string s2(s1);//s2:abcdefghijklmn
string s3(cstr,6,5);//s3:ghijk
string s4(cstr,6);//s4:abcdef
string s5(5,'A');//s5:AAAAA
```

例 1：

```
#include <iostream>
#include <string>
using namespace std;
void main()
{    string s1="",s2,s3="Bye";
     s1.append("Good morning");//s1="Good morning"
     s2=s1;//s2="Good morning"
```

```
        int i=s2.find("morning");//i=5
        s2.replace(i,s2.length()-i,s3);// 相当于 s2.replace(5,7,s3)
        cout<<"s1 : "<<s1<<endl;// 输出: s1 : Good morning
        cout<<"s2 : "<<s2<<endl;// 输出: s2 : Good Bye
}
```

8. vector（向量容器）

vector 类称作向量类，它实现了动态数组，用于元素数量变化的对象数组。像数组一样，vector 类也用从 0 开始的下标表示元素的位置，但和数组不同的是，当 vector 对象创建后，数组的元素个数会随着 vector 对象元素个数的增大或缩小而自动变化。

主要成员函数如下：

assign(beg,end)：将区间 [beg;end) 中的数据赋值给容器

assign(n,elem)：将 n 个 elem 的拷贝赋值给容器

at(idx)：传回索引 idx 所指的数据，如果 idx 越界，抛出 out_of_range

back()：传回最后一个数据，不检查这个数据是否存在

begin()：传回迭代器中的第一个数据地址

capacity()：返回容器中数据个数

clear()：移除容器中所有数据

empty()：判断容器是否为空

end()：指向迭代器中末端元素的下一个，指向一个不存在元素

erase(pos)：删除 pos 位置的数据，传回下一个数据的位置

erase(beg,end)：删除 [beg,end) 区间的数据，传回下一个数据的位置

front()：传回第一个数据

insert(pos,elem)：在 pos 位置插入一个 elem 数据，传回新数据位置

insert(pos,n,elem)：在 pos 位置插入 n 个 elem 数据，无返回值

insert(pos,beg,end)：在 pos 位置插入在 [beg, end) 区间的数据，无返回值

max_size()：返回容器中最大数据的数量

pop_back()：删除最后一个数据

push_back(elem)：在尾部加入一个数据

rbegin()：传回一个逆向队列的第一个数据

rend()：传回一个逆向队列的最后一个数据的下一个位置

esize(num)：重新指定队列的长度

reserve()：保留适当的容量

size()：返回容器中实际数据的个数

swap(c1,c2)：将 c1 和 c2 元素互换

operator[]：返回容器中指定位置的一个引用

定义 vector 容器的几种方式如下：

```
vector<int>v1;// 定义元素为 int 的向量 v1
vector<int>v2(5);// 指定向量 v2 的初始大小为 5 个 int 元素
vector<double>v3(100,5.789);// 指定 v3 的 100 个元素的初值为 5.789
vector<int>v4(a,a+5);// 用数组 a[0..4] 共 5 个元素初始化 v4
```

例 1： 遍历容器

```
std::vector<int>::iterator p;
p=myVec.begin();// 指向容器的首个元素
p++;// 移动到下一个元素
*p=20;//myVec 容器中的第二个值被修改为 20
p=myVec.begin();
for(;p!=myVec.end();p++)// 改变所有的值
     *p=50;
```

例 2： vector 的数据的存入和输出

```
int i=0;
vector<int>v;
for(i=0;i<10;i++)
    v.push_back(i);// 把元素一个一个存入到 vector 中
for(i=0;i<v.size();i++)//v.size() 表示 vector 存入元素的个数
    cout<<v[i]<<" ";// 把每个元素显示出来
```

例 3： 删除元素

```
vector<int> arr;
arr.push_back(6);
arr.push_back(8);
arr.push_back(3);
arr.push_back(8);
for(vector<int>::iterator it=arr.begin();it!=arr.end();)
    {  if(*it==8)
           it=arr.erase(it);
       else
           ++it;
    }
```

9. map/multimap（映射容器）

map 映射容器的元素数据是由一个键值和一个映射数据组成的，如图 2.2 所示。键值与映射数据之间具有一一映射的关系。map 容器的数据结构也采用红黑树来实现，插入元素的键值不允许重复，比较函数只对元素的键值进行比较，元素的各项数据可通过键值检索出来。由于 map 与 set 采用的都是红黑树的结构，所以用法基本相似。

map中不允许关键字重复出现，支持[]运算符；而multimap中允许关键字重复出现，但不支持[]运算符。

Name	Age
Zhangshan	45
Lishi	17
Wangwu	34

键值	映射值

图 2.2　map 映射容器示意图

主要成员函数如下：

begin()：返回指向 map 首部的迭代器

clear()：删除所有元素

count()：返回指定元素出现的次数

empty()：如果 map 为空则返回 true

end()：返回指向 map 末尾的迭代器

erase()：删除一个元素

find()：查找一个元素

insert()：插入元素

key_comp()：返回比较元素 key 的函数

lower_bound()：返回键值大于等于给定元素的第一个位置

max_size()：返回可以容纳的最大元素个数

rbegin()：返回一个指向 map 尾部的逆向迭代器

rend()：返回一个指向 map 头部的逆向迭代器

size()：返回 map 中元素的个数

swap()：交换两个 map

upper_bound()：返回键值大于给定元素的第一个位置

value_comp()：返回比较元素 value 的函数

例 1：基本操作

```
#include<iostream>
#include<map>
using namespace std;
map<int,char>mp;//定义 map 容器
int main()
{    //数组方式插入
    mp[1]='a';
    mp[1]='b';//key 不允许重复，再次插入相当于修改 value 的值
    mp[2]='a';
    mp[3]='b';
```

```
    mp[4]='c';
    cout<<"根据 key 值输出对应的 value 值"<<mp[1]<<endl;
    mp.erase(1);//通过关键字 key 删除元素
    mp.insert(map<int,char>::value_type(5,'d'));//用 insert() 方式插入
    int s=mp.size();
    cout<<s<<endl;//输出容器大小
    map<int,char>::iterator it=mp.begin();
    while(it!=mp.end())//遍历输出 map 中的元素
    { cout<<"key:"<<(*it).first<<" ";
      cout<<"value:"<<(*it).second<<endl;;
      it++;
    }
    it=mp.find(1);//搜索键值为 1 的元素
    //若该键值存在，则返回该键值所在的迭代器位置，不存在则返回 end() 迭代器位置
    if(it!=mp.end())
    {   cout<<"存在键值为 1 的元素"<<endl;
    }
    mp.clear();//清空容器
    cout<<mp.size()<<endl;
}
```

例 2：排序

```
#include<iostream>
#include<map>
using namespace std;
map<int,char>mp;
int main()
{   map<int,char>::iterator it;
    mp[1]='c';
    mp[3]='b';
    mp[2]='d';
    mp[4]='a';
    for(it=mp.begin();it!=mp.end();it++)
         cout<<(*it).first<<" "<<(*it).second<<endl;
    cout<<"可以看到 map 容器默认按照 key 值升序排列"<<endl;
}
```

10. iterator（迭代器）

迭代器（Iterator）是指针的泛化，是用来遍历容器内所有元素的（stack 容器和 queue 容器除外）。

假设 iter 为任意容器类型的一个 iterator，则 ++iter 表示向前移动迭代器使其指向容器的下一个元素，而 *iter 返回 iterator 指向元素的值，每种容器类型都提供一个 begin( ) 和一个 end（ ）成员函数。

begin（ ）返回一个 iterator，它指向容器的第一个元素。

end（ ）返回一个 iterator，它指向容器的末尾元素的下一个位置。

通过迭代器，我们可以用相同的方式来访问、遍历容器。不同容器提供自己的迭代器，所以不同迭代器具有不同的能力。容器提供迭代器，算法使用迭代器。迭代器重载了 *，++，--，==，！=，=运算符。

例 1： set 容器中迭代器的使用

```
#include <iostream>
#include <set>
using namespace std;
int main()
{    set<char> charSet;// 创建一个 set 容器
     charSet.insert('E');
     charSet.insert('D');
     charSet.insert('C');
     charSet.insert('B');
     charSet.insert('A');
     // 输出容器所有元素
     cout<<"Contents of set:" <<std::endl;
     set<char>::iterator iter;
     for(iter=charSet.begin();iter!=charSet.end();iter++)
          cout<<*iter<<std::endl;
     cout<<std::endl;
     iter=charSet.find('D');
     // 寻找元素 'D'。
     iter=charSet.find('D');
     if(iter==charSet.end())
        cout<<"Element not found.";
     else
        cout<<"Element found:"<<*iter;
     return 0;
}
```

例 2： 遍历 vector 容器的四种不同方法

```
#include<iostream>
#include<vector>// 需要引入 vector 头文件
using namespace std;
int main()
{     vector<int>v{1,2,3,4,5,6,7,8,9,10};//v 被初始化成有 10 个元素
      cout<<" 第一种遍历方法: "<<endl;
      for(int i=0;i<v.size();++i)//size 返回元素个数
           cout<<v[i]<<" ";// 像普通数组一样使用 vector 容器
      cout<<endl<<" 第二种遍历方法: "<<endl;
      vector<int>::iterator i;
      for(i=v.begin();i!=v.end();++i)// 用 "!=" 比较两个迭代器
           cout<<*i<<" ";
        cout<<endl<<" 第三种遍历方法: "<<endl;
        for(i=v.begin();i<v.end();++i)// 用 "<" 比较两个迭代器
             cout<<*i<<" ";
        cout<<endl<<" 第四种遍历方法: "<<endl;
        i=v.begin();
        while(i<v.end())// 间隔一个输出
        {    cout<<*i<<" ";
             i+=2;// 随机访问迭代器支持 "+= 整数 " 的操作
        }
}
```

运行结果为：

第一种遍历方法：

1 2 3 4 5 6 7 8 9 10

第二种遍历方法：

1 2 3 4 5 6 7 8 9 10

第三种遍历方法：

1 2 3 4 5 6 7 8 9 10

第四种遍历方法：

1 3 5 7 9

11. algorithm（算法库）

例 1： sort（ ）排序

```
#include<stdio.h>
#include<vector>
```

```
#include<algorithm>
using namespace std;
bool cmp(int a,int b)
{  return a>b;
}
int main()
{   vector<int> vi;
    vi.push_back(3);
    vi.push_back(1);
    vi.push_back(2);
    sort(vi.begin(),vi.end(),cmp);// 对整个 vector 排序
    for(int i=0;i<3;i++)// 输出 3 2 1
        printf("%d ",vi[i]);
    return 0;
}
```

注意：sort 函数可以对数组和容器进行排序，而在 STL 标准容器中，只有 vector、string、deque 可以使用 sort。而因为 set、map 这种容器是用红黑树实现的，本身就是有序的，所以不允许使用 sort 排序。

例 2： fill（ ）填充。

```
#include<stdio.h>
#include<algorithm>
#include<string>
using namespace std;
int main()
{  int a[10]={1,2,3,4,5};
   fill(a,a+5,233); // 将 a[0] 到 a[4] 赋值为 233
   for(int i=0;i<5;i++)
      printf("%d ",a[i]);
   return 0;
}
```

注意：fill（ ）可以把数组或者容器中的某一段区间赋为某一个相同的值，和 memset 不同，这里的赋值可以是数值类型范围内的任意值。

例 3： reverse（ ）翻转。

```
#include<stdio.h>
#include<algorithm>
using namespace std;
```

```
int main()
{   int a[10]={10,11,12,13,14,15};
    reverse(a,a+4);//将a[0]到a[3]反转
    for(int i=0;i<6;i++)//输出: 13 12 11 10 14 15
       printf("%d ",a[i]);
    return 0;
}
```

注意：reverse（it1，it2）可以将数组指针在 [it1，it2）之间的元素或容器迭代器在 [it1，it2）范围内的元素进行反转。

2.3　本章小结

使用模板库可以大大简化程序开发过程，提高程序开发的效率，增强程序的健壮性。因此，对于模板库的灵活运用是一个优秀程序员必备技能之一。

第 3 章　算法设计常用技巧及优化策略

程序设计是一个复杂的分析问题、解决问题的过程，在这个过程中往往会用到很多设计技巧和方法，这些技巧和方法的灵活运用往往会使得解决的问题变得简单、高效。本章主要介绍在程序设计过程中一些常用的技巧和方法。

3.1　程序设计主要原则

1. “自顶向下”的设计方法

自顶向下的设计方法是从全局到局部，从概略到详尽的设计方法，是系统分解和细化的过程。

例 1：一个数如果恰好等于它的因子之和（包括 1，但不包括这个数本身），这个数称为“完数”。例如 28 是“完数”，它的因子包括 1、2、4、7、14，而这些数之和恰好是 28。请输出 1~1000 的所有“完数”。

（1）顶层算法

```
for(i=2;i<=n;i++)
{   判断 i 是否为“完数”，
    是“完数”则按格式输出。
}
```

（2）判断 i 是否为“完数”

```
for(j=2;j<i;j++)
    找 i 的因子，并累加。
如果累加值等于 i，i 是“完数”，则输出。
```

（3）进一步细化——判断 i 是否为“完数”

```
s=1；
for(j=2;j<i;j++)
    if(i%j==0)s=s+j;
if(s==i)    i 是完数；
```

（4）考虑输出格式——判断 i 是否是“完数”的算法

```
for(j=2;j<i;j++)
   if(i%j==0)
   {  s=s+j;a[k]=j;k=k+1;
   }
if(s==i)
{   按格式输出结果；}
```

（5）综合以上逐层设计结果，最终可以得到以下算法

```
int main()
{   int i,k,j,s,a[1000];
    for(i=1;i<=1000;i++)
    {   s=1;k=0;
        for(j=2;j<i;j++)
        if(i%j==0)
        { s=s+j;a[k]=j;k++;}
        if(i==s)
        {   printf("\n%d 's factors are %d ",i,1);
            for(j=0;j<k;j++)
               printf("%d ",a[j]);
        }
    }
    return 0;
}
```

从这道题的解题过程可以看出，当我们遇到复杂问题的时候，先进行“概要设计”，然后再逐步细化，这种设计方法大大降低了设计的难度，是解决复杂问题的一种有效方法。

2.“由具体到抽象”的设计方法

“由具体到抽象”的设计方法就是当我们遇到复杂问题的时候，通过分析“具体”的用例来发现规律，从而获得解决问题数学模型的一种方法。

例 1： 输出 n 行按如下规律排列的数。

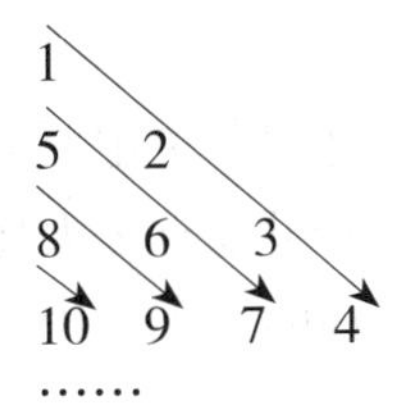

通过分析数字的规律发现：如沿着箭头所示的方向，由上到下是公差为 1 的递增数

列。且一共有这样递增的数列 n 行（斜的）。因此外层循环的循环次数就可以是 n。关键问题是：每行递增数列的个数随着行数的增加而递减。那么，这个规律是什么？

通过分析所给用例我们发现：

1、2、3、4这四个数在二维数组当中的下标为（1，1），（2，2），（3，3），（4，4）。

5、6、7 这三个数在二维数组当中的下标为（2，1），（3，2），（4，3）。

8、9 这两个数在二维数组当中的下标为（3，1），（4，2）。

10 这个数在二维数组当中的下标为（4，1）。

通过分析比较不难发现：每行数在二维数组当中，列的下标规律是从 1 开始递增，且每行元素的个数随着行数的递增而递减：

1 2 3 4

1 2 3

1 2

1

每行数在二维数组当中，行下标仍然是递增的，直到 n 结束。且每行第一个数的行下标的值与行数相同：

1 2 3 4

2 3 4

3 4

4

通过上面的分析，我们发现行和列都可以写成关于行的函数。相应地，可以得到代码如下：

```
k=1;
for(i=1;i<=n;i++)
    for(j=1;j<=n+1-i;j++)
    {    a[i-1+j][j]=k;
         k++;
    }
```

从上述分析过程可以看出，“由具体到抽象”的设计方法通过研究具体的用例来得到一般的规律，这种设计方法对一些复杂的逻辑问题的求解是一种行之有效的手段。

3.2　空间换时间

有时为了提高算法的执行效率，要通过牺牲空间的方法来实现。这种方法主要是直接对数组下标进行操作，通过数组下标直接定位数组元素的位置，从而可以省去大量查找元素所要花费的时间。但是这种方法的缺点是需要事先确定数组下标的最大范围，以此来定义数组的大小，有些时候可能造成空间的浪费。

例 1：某校决定在全校学生中选举自己的学生会主席。有 5 个候选人，编号分别为

71、29、63、4、95，选举其中一人为学生会主席，每个学生一张选票，只能填写一人。请编程完成统计选票的工作。

参考代码：

```
#include<stdio.h>
int main()
{     int i,xp,a[100]={0};
      scanf("%d",&xp);
      while(xp!=-1)
      {    a[xp]++;
           scanf("%d",&xp);
      }
      for(i=1;i<100;i++)
         printf("the number %d get %d\n",i,a[i]);
      return 0;
}
```

算法中，语句 a[xp]++ 就是通过把学生的编号 xp 直接作为数组的下标，直接对其所指向的元素自加，这样就省去了比较的时间（即寻找编号 xp 的位置），从而提高了效率。

例 2：一次考试共考了语文、代数和外语 3 科。某小组共有 9 人，考后各科及格学号如表 3.1 所示，请编写算法找出 3 科全及格学生的学号。

参考代码：

```
#include <stdio.h>
int main()
{     int a[10]={0,0,0,0,0,0,0,0,0,0};
      for(i=1;i<=21;i++)
      {     scanf("%d",&x);
            a[x]++;     // 空间换时间
      }
      for(i=1;i<=9;i++)
            if(a[i]==3)
                printf("%d",i);
      return 0;
}
```

表 3.1　及格科目与学号

科目	及格学生学号
语文	1、9、6、8、4、3、7
代数	5、2、9、1、3、7
外语	8、1、6、7、3、5、4、9

3.3 数学模型的建立

数学模型就是数学表达式，在分析问题的时候，为了清晰地表达变量之间的关系，往往需要建立关于这个问题的数学模型，并通过数学方法来证明该模型的正确性。然后再根据这个数学模型来实现程序。建立数学模型的目的是便于分析问题，模型一旦建立起来，再通过代码来实现就变得容易了。

例 1：菲波那契数列

菲波那契数列是指这样的数列：数列的第一个和第二个数都为 1，接下来每个数都等于前面两个数之和。给出一个正整数 a（$1 \leqslant a \leqslant 20$），求菲波那契数列中第 a 个数是多少。

模型建立：

通过分析可以得到菲波那契数列的数学递推模型如下：

$$F_i=F_{i-1}+F_{i-2} \quad 当\ i>2$$

$$F_i=1 \quad 当\ i=1\ 或\ 2$$

参考代码：

```
#include<stdio.h>
int main()
{     int a[21],i,b;
      a[1]=a[2]=1;
      for(i=3;i<21;i++)
         a[i]=a[i-1]+a[i-2];
      scanf("%d",&b);
      printf("%d\n",a[b]);
      return 0;
}
```

例 2：校长要所有学生排队，规定每个女孩不能单身。换句话说，要么没有女孩排队，要么不止一个女孩并排站着。如果 n=4（n 是学生的数量）则队列可以排成如下形式：

FFFF、FFFM、MFFF、FFMM、MFFM、MMFF、MMMM

其中 F 代表女孩，M 代表男孩。满足校长需要的队列总数是 7。你能编一个程序来找出 n 个学生所能排成满足要求队列的总数吗？

模型建立：

设：$F(n)$ 表示 n 个人的合法队列的数量，则按照最后一个人的性别分析，他要么是男，要么是女，所以可以分两大类讨论：

（1）如果 n 个人的合法队列的最后一个人是男，则对前面 $n-1$ 个人的队列没有任何限制，他只要站在最后即可，所以，这种情况一共有 $F(n-1)$ 种。

（2）如果 n 个人的合法队列的最后一个人是女，则要求队列的第 $n-1$ 个人务必也是女生，这就是说，限定了最后两个人必须都是女生，这又可以分两种情况。

如果队列的前 n–2 个人是合法的队列，则显然后面再加两个女生，也一定是合法的，这种情况有 $F(n-2)$ 种。但是，难点在于，即使前面 n–2 个人不是合法的队列，加上两个女生也有可能是合法的，当然，这种不合法的队列，其不合法的地方必须是在尾部，就是说，这里说的长度是 n–2 的不合法串的形式必须是“$F(n-4)$ + 男 + 女”，这种情况一共有 $F(n-4)$ 种。

所以，通过以上的分析，可以得到数学模型如下：

$$F(n)=F(n-1)+F(n-2)+F(n-4)\ (n\geqslant 4)$$

参考代码：

```
#include<stdio.h>
int main()
{     int a[31],i,n;
      a[1]=1;
      a[2]=2;
      a[3]=4;
      a[4]=7;
      for(i=5;i<31;i++)
           a[i]=a[i-1]+a[i-2]+a[i-4];
      while(scanf("%d",&n)!=EOF)
           printf("%d\n",a[n]);
      return 0;
}
```

3.4　数组的应用

当题目中的数据缺乏规律时，很难把重复的工作抽象成循环不变式来完成，但先用数组存储这些信息后，它们就变得有序了，问题就能迎刃而解。

例 1：一个顾客买了价值 x 元的商品（不考虑角、分），并将 y 元交给售货员，编写算法，在各种币值的钱都很充足的情况下，使售货员能用最少的钱币找给顾客。

参考代码：

```
#include <stdio.h>
int main()
{    int i,j,x,y,z,a,s[7],
     int b[7]={0,50,20,10,5,2,1};// 利用数组中元素存放的次序来简化算法
     scanf("%d%d",&x,&y);
     z=y-x;
```

```
    for(i=1;i<=6;i++)   //依次取出单位钱币
    {      a=z/b[i];
           s[i]=a;
           z=z-a*b[i];
    }
    for(i=1;i<=6;i++)
       if(s[i]!=0)
          printf("%d %d\n",b[i],s[i]);
    return 0;
}
```

例 2： 输入 N（$N\leqslant 20$）个整数，统计连续两个数字组成的数字对，求这种数字对中，对称数字对出现频率大于等于 1 的个数，并输出之。

例如：输入 20 个数（0~9），0 1 5 9 8 7 2 2 2 3 2 7 8 7 8 7 9 6 5 9

则对称数字对出现频率≥1 的对数为 4，如下：

（2，2）=2 （2，3）=1 （3，2）=1 （2，7）=1 （7，2）=1 （7，8）=2 （8，7）=3

参考代码：

```
#include<stdio.h>
#define N 20
int b[12][12];
int main()
{    int i,j,n,a[N],num=0;
     scanf("%d",&n);
     for(i=0;i<n;i++)     //输入 n 个数
        scanf("%d",&a[i]);
     for(i=0;i<n-1;i++)   //统计连续数字对出现的次数
        b[a[i]][a[i+1]]++;
     for(i=0;i<10;i++)    //统计对称数字对出现次数≥1 的次数
         for(j=0;j<=i;j++)
             if (b[i][j]>0&&b[j][i]>0)
                 num++;
     printf("%d",num);
     return 0;
}
```

3.5 信息数字化

使用计算机解决实际问题的时候，为了方便处理，往往一些信息需要使用数字来表示，例如下题。

例 1： 警察局抓了 a、b、c、d 4 名小偷嫌疑犯，其中只有一个人是小偷，审问中，a 说："我不是小偷"；b 说："c 是小偷"；c 说："小偷肯定是 d"；d 说："c 在冤枉人"。现在已经知道 4 个人中 3 个人说的是真话，一个人说的是假话，问到底谁是小偷。

参考代码：

```
#include <stdio.h>
int main()
{   int x;
    for(x=1;x<=4;x++)
       if(((x!=1)+(x==3)+(x==4)+(x!=4))==3)//4 个关系表达式中有 3 个为真就满足题意。
          printf(" 小偷是 %c",96+x);
    return 0;
}
```

在上题中，a、b、c、d 4 个嫌疑犯为了处理方便，而使用 1、2、3、4 来代替。另外，因为在 C 语言中当关系表达式或逻辑表达式的结果为真的时候，其逻辑值为 1，利用这一特点，我们就可以将 4 个人的 4 句话用 4 个关系表达式来表示，将 4 个关系表达式的逻辑结果进行相加，当结果是 3 的时候，就表示目前有 3 个人在说真话。

例 2： 编写算法对输入的一个整数，判断它能否被 3、5、7 整除，并输出以下信息之一：

能同时被 3、5、7 整除；

能被其中两个数（要指出哪两个）整除；

能被其中一个数（要指出那一个）整除；

不能被 3、5、7 任一个整除；

参考代码：

```
#include<stdio.h>
int main()
{   long n;int k;
    scanf("%d",&n);
    k=(n%3==0)+(n%5==0)*2+(n%7==0)*4;
    switch(k)
    {
      case 7 : printf("all");break;
      case 6 : printf("5 and 7");break;
      case 5 : printf("3 and 7");break;
      case 4 : printf("7");break;
      case 3 : printf("3 and 5");break;
      case 2 : printf("5");break;
```

```
        case 1 : printf("3");break;
        case 0 : printf("none");break;
    }
    return 0;
}
```

这道题巧妙地运用了逻辑值只能取 1 或 0 的特点，将其看作二进制的一位，然后根据二进制的值来判断整除的所有不同情况。这种方法大大降低了代码的复杂程度，并且代码的易读性也较好。

3.6 标志量的使用

有时在编程的时候，为了提高程序的运行效率，减少不必要的操作，可以通过使用标志量的方法来实现。

例 1： 输入 10 个数，然后使用冒泡排序方法对这些数按照升序排序并输出。

参考代码：

```
#include<stdio.h>
void main()
{    int a[10];
     int i,j,t,flag;
     printf("input 10 numbers:\n");
     for(i=0;i<10;i++)
        scanf("%d",&a[i]);
     for(j=0;j<9;j++)   // 进行 9 次循环，实现 9 趟冒泡
     {
        flag=0;// 标记量
        for(i=0;i<9-j;i++)   // 在每一趟中进行 9-j 次比较
           if(a[i]>a[i+1])   // 相邻两个数比较
           {
              t=a[i];
              a[i]=a[i+1];
              a[i+1]=t;
              flag=1;
           }
        if(flag==0) // 目前，数列已经有序，循环结束
           break;
     }
```

```
  printf("the sorted numbers:\n");
  for(i=0;i<10;i++)
     printf("%d ",a[i]);
}
```

在冒泡排序的过程中，对 10 个数进行排序，一共进行 9 趟的“冒泡”，每一趟由上向下相邻两个数进行对比，小的数上升，大的数下降，这样，一趟比较下来，最大的数就在最下面。下一趟冒泡的时候，不考虑上一趟沉到底的数。这样每一趟排序，需要排序的数就减少一个。这样，经过 9 次“冒泡”，10 个数就完成了由小到大的排序。

上述传统的冒泡排序方法的缺点是，如果目前已经是排好序的数列，那么也要进行 9 趟“冒泡”操作，这就降低了算法执行的效率。其实，一旦发现目前的序列如果已经有序了，应该及时终止“冒泡”操作。在上面的程序中，通过使用 flag 标志量来控制是否有必要进行下一趟冒泡操作。

例 2：输入 3 个数值，判断以它们为边长是否能构成三角形，如能构成，则判断属于哪种特殊三角形。

参考代码：

```
#include <stdio.h>
#include <stdlib.h>
int main()
{    int a,b,c,flag;
     printf("input 3 number:\n");
     scanf("%d,%d,%d",&a,&b,&c);
     if(a>=b+c||b>=a+c||c>=b+c)
         printf("do not form a triangle:\n");
     else
     {    flag=0;
          if(a*a==b*b+c*c||b*b==a*a+c*c||c*c==b*b+a*a)
          {    printf("这是个直角三角形:\n");
               flag=1;
          }
          if(a==b&&b==c)
          {    printf("这是个等边三角形:\n");
               flag=1;
          }
          else if (a==b||b==c||a==c)
          {     printf("这是个等腰三角形:\n");
                flag=1;
          }
```

```
            if(flag==0)
            {   printf("形成的是个一般三角形\n");
            }
        }
}
```

注意上题中，变量 flag 标志量的作用就是用来标记是否是特殊三角形。

思 考 题

1. 某重点高中每周都要进行周考，每次考完之后都要对学生的学习成绩进行排名。如果采用人工统计的方式进行排名则效率太低，现请你编一个程序解决这个问题。

输入：

第一行两个正整数 S 和 T，分别代表学生数和课程数（$1 \leqslant S \leqslant 10000$，$0 \leqslant T \leqslant 10$）。随后的 S 行，每行由学号、学生姓名和 T 门课程的成绩组成。学号是 6 位数字，学生姓名是长度不超过 8 的字符串，学生名字中可能有空格，但没有数字，成绩为 0~100 的整数。学号、学生姓名及各成绩间由空格分隔。

输出：

S 行，每行由学号、学生姓名、学生的总成绩及排名。总成绩高的排在前面，总成绩相同的学生按学号由小到大次序输出，但他们的排名相同。

样例输入：

4 3

000001 徐宁 50 55 78

000003 杨光 80 99 89

000002 Marry 70 81 99

000004 李天娇 90 90 70

样例输出：

000003 杨光 268 1

000002 Marry 250 2

000004 李天娇 250 2

000001 徐宁 183 4

2. 已知一个由 a~z 这 26 个字符组成的字符串，求出该字符串中哪个字符出现的次数最多以及出现的次数。

输入：

第 1 行是测试数据个数 n，随后的 n 行，每行是一个长度不超过 1000，由 a~z 这 26 个字符组成的非空字符串。

输出：

n 行，每行输出包括出现次数最多的字符和该字符出现的次数，中间是一个空格。

如果有多个字符出现的次数相同且最多，则输出 ASCII 码最小的那一个字符。

样例输入：

2

adfnmbbbbbccc

ggjhgghop

样例输出：

b 5

g 4

3. 在小赵、小钱、小孙、小李和小周这五个人中，已知有两个是诚实人，而另三个却是骗子，下面是他们 5 个人说的话：

小赵说：小钱是个骗子。

小钱说：小孙是个骗子。

小孙说：小周是个骗子。

小李说：小赵和小钱都是骗子。

小周说：小赵和小李可都是诚实的人。

请你根据他们说的话，输出哪两个人是真正诚实的人。

4. 请根据输入，输出正确的数字图形。

输入：

一个正整数 n（$0 \leqslant n \leqslant 10$）。

输出：

以 n 为中心向外递减到 1 的矩形，数字之间用一个空格隔开。

样例输入：

3

样例输出：

1 1 1 1 1

1 2 2 2 1

1 2 3 2 1

1 2 2 2 1

1 1 1 1 1

5. 20 个小朋友围成一个圆，某一个小朋友开始从“1”报数，报道 8 的小朋友退出，然后他的下一个小朋友继续报“1”，直到最后只剩下一个小朋友，问这个小朋友原来站在什么位置。

6. 给定任意一个正整数 n，输出逆时针递增的螺旋阵。

输入：

一个正整数 n（$1 \leqslant n \leqslant 10$）。

输出：

逆时针递增的数字矩阵，数字之间用一个空格分隔。

样例输入:

3

样例输出:

1 8 7

2 9 6

3 4 5

样例输入:

4

样例输出:

1 12 11 10

2 13 16 9

3 14 15 8

4 5 6 7

7. 企业喜欢用容易被记住的电话号码。让电话号码容易被记住的一个办法是将它写成一个容易记住的单词或者短语。例如，你需要给滑铁卢大学打电话时，可以拨打TUT–GLOP。有时，只将电话号码中部分数字拼写成单词。当你晚上回到酒店，可以通过拨打310–GINO来向Gino's订一份pizza。让电话号码容易被记住的另一个办法是以一种好记的方式对号码的数字进行分组。通过拨打必胜客的“三个十”号码3–10–10–10，你可以从他们那里订pizza。电话号码的标准格式是七位十进制数，并在第三、第四位数字之间有一个连接符。电话拨号盘提供了从字母到数字的映射，映射关系如下：

A、B和C映射到2；D、E和F映射到3；G、H和I映射到4；J、K和L映射到5；M、N和O映射到6；P、R和S映射到7；T、U和V映射到8；W、X和Y映射到9。Q和Z没有映射到任何数字，连字符不需要拨号，可以任意添加和删除。TUT–GLOP的标准格式是888–4567，310–GINO的标准格式是310–4466，3–10–10–10的标准格式是310–1010。如果两个号码有相同的标准格式，那么他们就是等同的（相同的拨号）。你的公司正在为本地的公司编写一个电话号码簿。作为质量控制的一部分，你想要检查是否有两个和多个公司拥有相同的电话号码（pku 1002）。

输入:

第一行是一个正整数N（$N \leqslant 100000$），表示电话号码簿中号码的数量。随后是N个电话号码。每个电话号码由数字、大写字母（除了Q和Z）以及连接符组成。每个电话号码中刚好有7个数字或者字母。

输出:

对于每个出现重复的号码产生一行输出，输出是号码的标准格式紧跟一个空格，然后是它的重复次数。如果存在多个重复的号码，则按照号码的字典升序输出。如果输入数据中没有重复的号码，则输出：No duplicates（注意N大写）。

样例输入:

12

4873279
ITS−EASY
888−4567
3−10−10−10
888−GLOP
TUT−GLOP
967−11−11
310−GINO
F101010
888−1200
−4−8−7−3−2−7−9−
487−3279

样例输出：

310−1010 2
487−3279 4
888−4567 3

第 4 章　蛮力法

4.1　蛮力法的定义

蛮力法，是一种简单、直接的算法设计策略，也叫作暴力法、枚举法或穷举法。蛮力法解决问题往往采用简单粗暴的方式，通常根据问题的描述直接求解，通过逐一列举并分析所有可能的情况，然后得到最终答案。

使用蛮力法解决问题，基本上就是采用以下两个步骤：

（1）确定问题的解（或状态）的定义、解空间的范围以及正确解的判定条件。

（2）根据解空间的特点来选择搜索策略，逐个检验解空间中的候选解是否正确。

1. 解空间

解空间就是全部候选解的范围，问题的解就在这个范围内。将搜索策略应用到这个范围就能找到问题的解。要确定解空间，首先要定义问题的解并建立解的数据模型。如果解的数据模型选择错误或不合适，则会导致解空间结构繁杂，范围难以界定，甚至无法设计穷举算法。

2. 穷举策略的选择

穷举解空间的策略就是搜索算法的设计策略。根据问题类型的不同，解空间的结构可能是线性表、集合、树或者图。对于不同类型的解空间，需要设计与之相适应的穷举搜索算法。比如线性搜索算法用于对线性解空间的搜索，广度优先和深度优先的搜索算法适用于树型解空间或更复杂的图型解空间。

3. 启发式搜索和剪枝

在穷举解空间的过程中，如果能够根据启发函数给出的评估值，在结果出来之前就朝着最可能出现最优解的方向搜索，从而可以避免盲目地、机械式地搜索，这样就可以加快算法的搜索速度，这就是启发式搜索。启发式搜索需要一些额外信息和操作来“启发”搜索算法，根据这些信息的不同，启发的方式也不同。

对解空间穷举搜索时，如果有一些状态结点可以根据问题提供的信息明确地被判定为不可能演化出最优解，这时就可以跳过对此状态结点的遍历，这将极大地提高算法的执行效率，这就是剪枝策略。应用剪枝策略的难点在于如何找到一个评价方法（估值函数）对状态结点进行评估。

4. 搜索算法的评估和收敛

收敛原则是指当找到一个比较好的解时就返回（不求最好），根据对当前解的评估来判断是否需要继续下一次搜索。大型棋类游戏通常面临这种问题，比如国际象棋和围棋的求解算法，想要搜索整个解空间得到最优解目前是不可能的，所以此类搜索算法通常都通过一个搜索深度参数来控制搜索算法的收敛，当搜索到指定的深度时（相当于走了若干步棋）就返回当前已经找到的最好结果，这种退而求其次的策略也是不得已而为之。

4.2　蛮力法的算法框架

在直接采用蛮力法设计算法时，主要是使用循环语句和选择语句，循环语句用于穷举所有可能的情况，而选择语句判定当前的解是否为所求的解。

```
for(循环变量x取所有可能的值)
{      ⋮
   if(x满足指定的条件)
      输出x;
      ⋮
}
```

4.3　经典例题解析

例 1： 百钱百鸡问题

问题描述：每只公鸡值 5 个钱，每只母鸡值 3 个钱，每 3 只小鸡值 1 个钱，现在有 100 个钱，想买 100 只鸡，问有多少种方法？

问题分析：

首先确定公鸡和母鸡数的最大范围，即 x=100/5=20，y=100/3=33。因为数量一共是 100 只，因此小鸡的数量就应该是 z=100−x−y。因为组合可以有很多种，因此采用蛮力法枚举出所有可能的方案，然后再一一判断每种方案符不符合另外一个约束，即一共花费 100 个钱。

参考代码：

```
#include <iostream>
using namespace std;
void main()
```

```
{    int z=0;
     for(int x=0;x<20;x++)   //公鸡的数量变化范围
     {    for(int y=0;y<33;y++)   //母鸡的数量变化范围
          {    z=100-x-y;
               if((z%3==0)&&(5*x+3*y+z/3==100))   //小鸡数 z 受 x,y 的制约
                 {  cout<<"鸡翁: "<<x<<endl;
                    cout<<"鸡母: "<<y<<endl;
                    cout<<"鸡雏: "<<z<<endl;
                 }
          }
     }
}
```

例 2： 数字谜

下列式子中每个字母代表 0~9 之间的一个数字，请列出字母所代表的所有可能的数字解。

```
 ABB
×  B
────
ACBC
```

问题分析：

通过分析可以知道：字母 A 可以代表 1~9；B 可以代表 2~9；C 可以代表 0~9。这样通过蛮力法枚举出所有可能的方案，然后输出满足算式约束的方案。

参考代码：

```
#include <stdio.h>
int main()
{    int A,B,C,temp1,temp2,flag=0;
     for(A=1;A<=9;A++)            //A 从 1—9 依次测试
        for(B=2;B<=9;B++)         //B 从 2—9 依次测试
            for(C=0;C<=9;C++)  //C 从 0—9 依次测试
            {    temp1=A*100+B*10+B;
                 temp2=A*1000+C*100+B*10+C;
                 if(temp1*B==temp2)     //ABB*B=ACBC
                  {    printf("A=%d,B=%d,C=%d\n",A,B,C);
                       printf("%d×%d=%d\n",temp1,B,temp2);
                       flag=1;
                  }
            }
            if(flag==0)
```

```
        printf("无解\n");   //穷举过程中没有满足约束条件的解
    return 0;
}
```

例 3：字符串匹配

输入两个字符串 s 和 t，若 t 是 s 的子串，则输出 t 在 s 中的位置（t 的首字符在 s 中对应的下标），否则输出 -1。

问题分析：

例如字符串 s="acdfcddef"，t="cdde"。我们采用蛮力法对两个字符串逐位进行比较，如果发现当前不匹配，则串 t 在串 s 中比较的位置就后移一位。重复上述过程，直到在串 s 中找到与字符串 t 匹配的串为止，具体过程如下：

首先，设变量 i、j 初始值为 0，表示字符串 s 和 t 将要开始比较的位置。发现 i、j 所指向的字母不同，于是 $i=i+1$，$j=0$。

```
  i=1
s="acdfcddef"
   ↑
 t="cdde"
   j=0
```

第二步，字符串 s 中变量 i 指向的字母与字符串 t 的首字母相同，于是 $i=i+1$，$j=j+1$。重复上述过程。

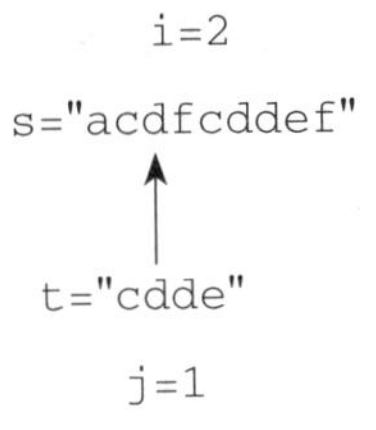

第三步，当 $i=3$，$j=2$ 的时候，发现对应的字母不相同，这时匹配失败，则执行 $i=i-j+1$，$j=0$。重新开始匹配。

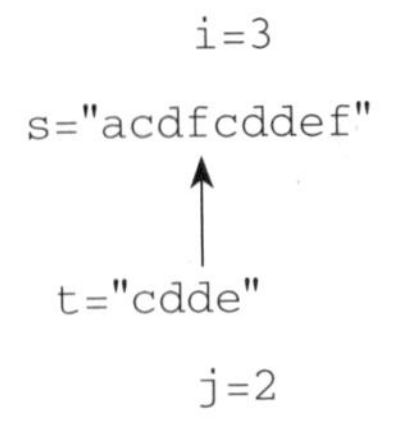

第四步，$i=2$，$j=0$。上述步骤不断重复。直到 j 的值为字符串 t 的长度，说明找到了匹配的字符串，其在串 s 中的位置为 $i-j$。

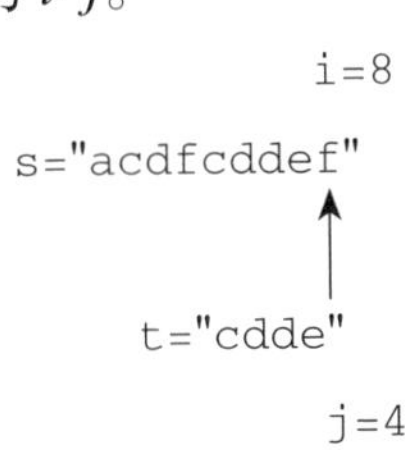

参考代码：

```
#include <iostream>
#include <string>
using namespace std;
int main()
{   int i=0,j=0;
    string s,t;
    cin>>s>>t;
    while(i<s.length()&& j<t.length())
    {   if(s[i]==t[j])    //比较的两个字符相同时
        {     i++;
              j++;
        }
        else               //比较的两个字符不相同时
        {   i=i-j+1;       //i 回退
            j=0;           //j 从 0 开始
        }
    }
    if(j==t.length())     //t 的字符比较完毕
        cout<<i-j;         //t 是 s 的子串，返回位置
    else                   //t 不是 s 的子串
        cout<<-1;          //返回 -1
}
```

例 4： 最小差值问题

给定 n 个数，请找出其中相差（差的绝对值）最小的两个数，输出它们差值的绝对值。

输入：

第一行包含一个整数 n（$2 \leqslant n \leqslant 1000$）。第二行包含 n 个正整数（不超过 10000），相邻整数之间使用一个空格分隔。

输出：

输出一个整数，表示答案。

样例输入：

5

1 5 4 8 20

样例输出：

1

问题分析：

通过分析知道：差值绝对值的最小值一定出现在有序数列相邻的两项。因此首先需要对所有数据进行排序，然后计算相邻两项的差值，找出绝对值最小的即可。

参考代码：

```
#include<iostream>
#include<algorithm>
using namespace std;
int main()
{   int n;
    int a[1005];
    scanf("%d",&n);
    for(int i=0;i<n;i++)
       scanf("%d",&a[i]);
    sort(a,a+n);
    int ans=100000;
    for(int i=1;i<n;i++)
       if(ans>a[i]-a[i-1])ans=a[i]-a[i-1];
    printf("%d\n",ans);
    return 0;
}
```

例 5：凸包问题

凸包的定义：已知平面上有 n 个点，其凸包就是包含这些点的最小凸边多边形。如果给定的是二维平面上的点集，则凸包就是将最外层的点连接起来构成的凸多边形，它能包含点集中所有的点。现输入二维平面上若干个点的坐标，请输出组成凸包的所有边界点。

问题分析：

凸包多边形有一个性质，就是如果两点的连线属于凸包的边，则其余的点全部位于同一侧，我们就是利用这个性质，使用蛮力法通过扫描所有的点，如果满足以上性质，则该两点组成的边是该凸包多边形的边。

根据直线方程，如果两个点的坐标是（x_1，y_1），（x_2，y_2），则这两个点组成的直线方程为：

$$ax+by=c\text{（其中：}a=y_2-y_1,\ b=x_1-x_2,\ c=x_1y_2-y_1x_2\text{）}$$

该直线把平面分成了两个部分，其中一部分满足 $ax+by>c$，另一部分满足 $ax+by<c$。

参考代码：

```
#include<stdio.h>
typedef struct  //定义点数据结构
{   int x,y,flag;
```

```
}dian;
typedef struct   // 定义凸包点集数据结构
{     dian a[10];
      int len;
}tubaojihe;
tubaojihe p;
void shuru(tubaojihe &p)
{     int n;
       scanf("%d",&n);
       for(int i=0;i<n;i++)
          {scanf("%d%d",&p.a[i].x,&p.a[i].y);
            p.len++;
          }
}
void manli(tubaojihe &p)
{     int i,j,k,a,b,c;
      int sign1,sign2;
      for(i=0;i<p.len;i++)
      {for(j=i+1;j<p.len;j++) // 蛮力法遍历所有边并判断每条边是否属于凸包的边
          {     a=p.a[j].y-p.a[i].y;
                 b=p.a[i].x-p.a[j].x;
                 c=(p.a[i].x*p.a[j].y)-(p.a[i].y*p.a[j].x);
                 sign1=0;
                 sign2=0;
                 for(k=0;k<p.len;k++) // 统计某条边一侧的点数
                 {       if((k==j)||(k==i))continue;
                         if((a*p.a[k].x+b*p.a[k].y)==c)
                               {++sign1;++sign2;}
                         if((a*p.a[k].x+b*p.a[k].y)>c)
                               {++sign1;}
                         if((a*p.a[k].x+b*p.a[k].y)<c)
                               {++sign2;}
                  }
                 // 根据某条边一侧的点数判断该边是否属于凸包的边
                 if(((sign1==(p.len-2))||(sign2==(p.len-2))))
                    {      p.a[i].flag=1;
                           p.a[j].flag=1;
```

```
                }
            }
        }
    }
    void bianjie(tubaojihe &p)    //输出凸包边界点
    {   for(int i=0;i<p.len;i++)
            {     if(p.a[i].flag==1)
                  printf("(%d,%d)\n",p.a[i].x,p.a[i].y);
            }
    }
    void main()
    {     shuru(p);
          manli(p);
          bianjie(p);
    }
```

4.4 本章小结

蛮力法的特点是逻辑清晰，实现和构思简单，但是由于要枚举所有可能的方案，因此算法执行效率并不高，在对算法运行时间有严格限制的场合，蛮力法并不适用。而如果是小规模问题，对算法运行时间要求并不严格，这时就没有必要花费大量时间去研究复杂算法，使用蛮力法也是一个不错的选择。蛮力算法的技术含量并不高，但不应该忽视它，因为它是很多高效算法的基础，同时也可以作为其他高效算法的衡量标准。

本章所研究的蛮力法是一些比较基础的方法，并没有涉及启发和剪枝等策略的使用，涉及这些策略的蛮力法将在搜索一章里详细论述。

思 考 题

1. 现有100头牛，一共需要驮100担货物。公牛驮3担，母牛驮2担，两匹小牛驮1担，问大、中、小牛各需多少头。

2. 有一堆人，个数为N，$N<100000$。如果两两1组，最后剩余1人；如果三三1组，最后剩余2人；如果五五1组，最后剩余4人；如果六六1组，最后剩余5人；如果七七1组，则恰好一个不剩。请问这堆人最少可以是多少。

3. 请按由小到大的次序输出所有满足下列条件的4位整数：①所有数字不重复；②各位数字之和恰好是素数；③各位数字之积能被该数整除。

4. 数列a_1，a_2，…，a_n的颠倒数是数列中数对（a_i，a_j）满足条件：$i<j$和$a_i>a_j$的个数。对于给定的数字序列a_1，a_2，…，a_n，如果我们将前$m\geq 0$个数字移到序列的末尾，我们将得到另一个序列。共有 n 个这样的序列，如下所示：

u_1，u_2，…，u_{n-1}，u_n（其中 m=0，初始顺序）

a_2，a_3，…，a_n，a_1（其中 m=1）

a_3，a_4，…，a_n，a_1，a_2（其中 m=2）

…

a_n，a_1，a_2，…，a_{n-1}（其中 m=n−1）

请你写一个程序来找出上述序列中最小的颠倒数（hdu 1394）。

输入：

输入由许多测试用例组成。每组用例由两行组成：第一行包含一个正整数 n（$n\leq 5000$），下一行是包含 n 个整数的排列。

输出：

对于每组用例，在单行上输出最小颠倒数。

样例输入：

10

1 3 6 9 0 8 5 7 4 2

样例输出：

16

5. 有一个由整数组成的数列，求这个数列中存在的最大子段和。

输入：

第一行输入一个 n（$1<n\leq 50000$），表示这一组数有多长，第二行是 n 个整数，数字之间用一个或多个空格分隔。测试用例有多个，n=0 时结束。

输出：

输出这一组数的最大子段和。如果最大子段和为负数，则输出 0。

样例输入：

9

−3 8 −28 98 −30 −20 50 −24 10

0

样例输出：

98

第 5 章　模拟策略

5.1　模拟策略的概念

模拟法是最直观的算法，通常是根据题目对某一过程的描述来编写程序。模拟法主要是检验程序设计人员编程的基本功，一般不涉及复杂的编程技巧和策略，只需按照规定做就可以。这类题目非常适合编程初学者。

不过一些模拟问题由于规定的错综复杂，因此编写程序也相当累人。一旦出现错误需要调试的时候，只能从头按照规定一步一步进行查找。

另外，对于有些尚未解决的经典题目，如著名的约瑟夫环问题，由于目前人们仍然无法找到更好的算法，因此处理这类问题，就只能照着题目的要求来做，这类的题目就属于模拟问题。

5.2　经典例题解析

例 1： 约瑟夫环问题

n 个小朋友手拉手站成一个圆圈，编号为 1~n，从第 k 个小朋友开始报数，报到 m 的那个小朋友退到圈外，然后他的下一位重新报“1”。这样继续下去，直到最后只剩下一个小朋友，求这个小朋友原来站在什么位置上。

输入：

第一行一个整数 n（n<100）表示共有 n 个小朋友，第二行一个整数 k（k<100）表示从第 k 个小朋友开始报数，第三行一个整数 m（m<100）表示报到第 m 的小朋友退出圈外。

输出：

输出一个整数，即最后剩下小朋友的位置。

样例输入：

6

1

3

样例输出：

1

问题分析：

这道题要解决的问题主要包括两个：第一，当有小朋友退出圈的时候如何表示；第二，环如何实现。以样例输入为例，6 个小朋友的初始编号为 1、2、3、4、5、6，如图 5.1（a）所示，从 1 开始报数，当报到 3 的时候，编号 3 的小朋友退出，以此类推，退出的次序依次为 3、6、4、2、5，如图 5.1（b）~（f）所示。因为目前还找不到一个算法可以直接输出最后小朋友的编号。因此只能通过程序将这个依次退出过程“模拟”出来。为了处理方便，开始的时候，使用包含 6 个元素的数组存放 6 个小朋友是否在圈内的标记，初始值都为 1，表示所有小朋友都在圈内。小朋友报数就用累加标记数组元素的值来模拟，当累加到 3 的时候，将相应元素的值改成 0，表示该小朋友已经在圈外，这样下次再累加到该元素的时候，累加和就不会发生改变，从而模拟了该小朋友已经退出圈外的状态。关于环的形成，可以通过当数组下标超过 6 的时候，重新赋值为 1 的方法来模拟。

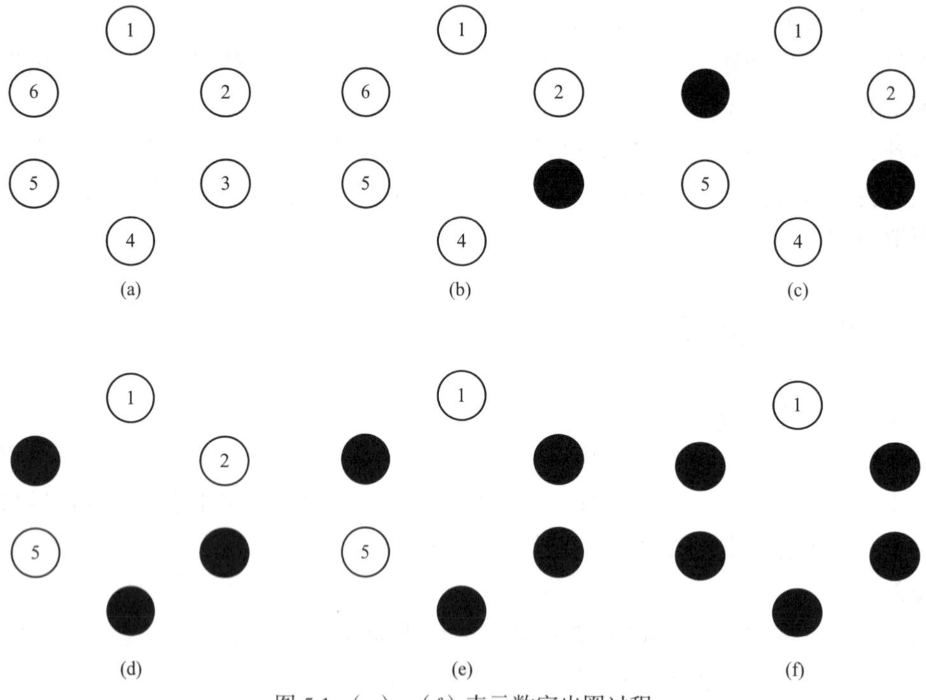

图 5.1 （a）~（f）表示数字出圈过程

参考代码：

```
#include <stdio.h>
int main()
{   int n,i,k,p,x,m;
    int a[100];
    scanf("%d%d%d",&n,&k,&m);
```

```
    for(i=1;i<=n;i++)
        a[i]=1;    //初始状态表示都在圈内
    p=0;           //p 表示退出圈外的人数
    k--;
    while(p<n-1) //退出圈的小朋友的个数为 n-1 时结束
    {   x=0;
        while(x<m) //统计参与报数的人数
        {   k=k+1;
            if(k>n) //形成一个圈
                k=1;
            x=x+a[k]; //圈内人个数的累加
        }
        a[k]=0; //退出圈外
        p=p+1;
     }
     for(i=1;i<n;i++) //输出最后一个在圈内小朋友的位置
          if(a[i]==1)
               printf("%d",i);
     return 0;
}
```

例 2：幻方问题（hdu 6401）

幻方是一个 3×3 的正方形，其中每个元素是 1~9 之间的一个数字，每个数字只出现一次。在一个幻方中有 4 个不同的、相邻的 2×2 的子方格，它们被标记为从 1~4，如图 5.2 所示，标记为 1~4 的子方格包含的元素依次为（1，2，4，5），（2，3，5，6），（4，5，7，8），（5，6，8，9）。这些 2×2 的子方格可以旋转。现在要对这些指定的子方格进行旋转。“1C”表示对子方格 1 进行顺时针旋转；“4R”表示对子方格 4 进行逆时针旋转，则经过“1C”、“4R”旋转之后幻方的状态依次如图 5.3、图 5.4 所示。

1	2	3
4	5	6
7	8	9

图 5.2　幻方初始状态

4	1	3
5	2	6
7	8	9

图 5.3　“1C”之后的状态

4	1	3
5	6	9
7	2	8

图 5.4　“4R”之后的状态

现在，给定幻方的初始状态和旋转序列，请在执行这些旋转后打印幻方的最终状态。

输入：

第一行输入一个整数 T（$1 \leqslant T \leqslant 100$），表示测试用例的数量。

每个测试用例以单个整数 n（$1 \leqslant n \leqslant 100$）开始，即旋转次数。接着是一个 3×3 幻方，其中 1~9 之间的每一个数字只出现一次，代表幻方的初始状态。下面的 n 行描述了旋转的顺序。测试数据保证输入有效。

输出：

对于每个测试用例，显示一个 3×3 的正方形，表示幻方的最终状态。

样例输入：

1

2

123

456

789

1C

4R

样例输出：

413

569

728

问题分析：

根据题目的描述，对某一个子方格进行左旋或右旋操作，目前还没有相应的简便算法，因此只能通过一步步模拟子方格左旋或右旋的操作来实现。算法逻辑简单，就是烦琐一些，在实现的过程中要注意细节就可以。其核心操作就是子方格内的 4 个元素依次顺时针或逆时针移动一位。假设当前子方格坐标如图 5.5 所示。

a[i][j]	a[i][j+1]
a[i+1][j]	a[i+1][j+1]

图 5.5　子方格

顺时针旋转核心代码如下：

```
t=a[i+1][j+1];a[i+1][j+1]=a[i][j+1];a[i][j+1]=a[i][j];a[i][j]=a[i+1][j];a[i+1][j]=t;
```

逆时针旋转核心代码如下：

```
t=a[i][j];a[i][j]=a[i][j+1];a[i][j+1]=a[i+1][j+1];a[i+1][j+1]=a[i+1][j];a[i+1][j]=t;
```

参考代码：

```
#include<stdio.h>
int main()
{   char a[5][5],ch[5];
    int i,j,m,T;
    char t;
    scanf("%d",&T);
```

```
for(i=1;i<=T;i++)
{     scanf("%d",&m);
      for(j=0;j<3;j++)
          scanf("%s",a[j]);
      while(m--)
      {  scanf("%s",ch);
         switch(ch[0])
          {    case '1': // 第一个 2*2
               if(ch[1]=='R')
                     {t=a[0][0];a[0][0]=a[0][1];a[0][1]=a[1][1];a[1]
                     [1]=a[1][0];a[1][0]=t;}
               else
                     {t=a[0][0];a[0][0]=a[1][0];a[1][0]=a[1][1];a[1][1]=
                     a[0][1];a[0][1]=t;}
               break;
               case '2':// 第二个 2*2
               if(ch[1]=='R')
                       {t=a[0][1];a[0][1]=a[0][2];a[0][2]=a[1][2];a[1]
                       [2]=a[1][1];a[1][1]=t;}
               else
                       {t=a[0][1];a[0][1]=a[1][1];a[1][1]=a[1][2];a[1]
                       [2]=a[0][2];a[0][2]=t;}
                       break;
               case '3': // 第三个 2*2
               if(ch[1]=='R')
                       {t=a[1][0];a[1][0]=a[1][1];a[1][1]=a[2][1];a[2]
                       [1]=a[2][0];a[2][0]=t;}
               else
                       {t=a[1][0];a[1][0]=a[2][0];a[2][0]=a[2][1];a[2]
                       [1]=a[1][1];a[1][1]=t;}
                       break ;
               case '4': // 第四个 2*2
               if(ch[1]=='R')
                       {t=a[1][1];a[1][1]=a[1][2];a[1][2]=a[2][2];a[2]
                       [2]=a[2][1];a[2][1]=t;}
               else
                       {t=a[1][1];a[1][1]=a[2][1];a[2][1]=a[2][2];a[2]
```

```
                    [2]=a[1][2];a[1][2]=t;}
                    break;
               default : break;
            }
         }
         for(int i=0;i<3;i++)
            printf("%s\n",a[i]);
      }
      return 0;
}
```

例 3： 神奇的字符串（LeetCode 481）

神奇字符串 S 的定义是：只包含字符‘1’和‘2’，并且字符‘1’和‘2’连续出现的次数又会生成字符串 S 本身。字符串 S 的前几个元素如下：S =“1221121221 22112 11 22…”。如果我们将 S 中连续的‘1’和‘2’进行分组，它将变成：1 22 11 2 1 22 1 22 11 2 11 22 …并且每个组中‘1’或‘2’的出现次数分别是：1 2 2 1 1 2 1 2 2 1 2 2 …而这个依次出现的次数所组成的字符串又变回了字符串 S 本身。现在想知道前 *N* 位的神奇字符串中包含多少个字符‘1’。

输入：

给定一个整数 *N* 作为输入，注意：*N* 不会超过 100000。

输出：

返回神奇字符串 S 中前 *N* 个数字中的‘1’的数目。

样例输入：

6

样例输出：

3

解释： 神奇字符串 S 的前 6 个元素是“122112”，它包含三个 1，因此返回 3。

问题分析：

通过对神奇字符串的分析不难发现如下规律：

（1）若干个连续字符‘1’或‘2’会交替出现；

（2）从字符串“122”以后，每个字符‘1’或‘2’交替出现的次数由前面的数字决定。

神奇字符串产生过程如图 5.6 所示。图中圆圈中的数字代表在字符串尾部要生成数字的个数，黑方格表示新生成的数字。这样由第 3 位开始，从左到右每次处理一个已经生成的字符（即圆圈内的字符），不断在字符串的尾部添加圆圈内数字所表示的新生成的字符‘1’或‘2’的个数。

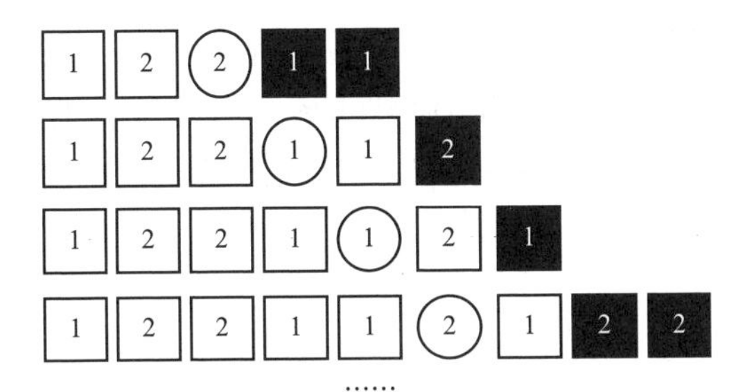

图 5.6　神奇字符串产生的过程

从上述过程来看，神奇字符串只能按照上述规则一步一步增长得到，因此属于模拟问题。

参考代码：

```
#include <iostream>
#include <string>
using namespace std;
int main()
{     int i,j,k;
      int n;
      int sum=0;
      scanf("%d",&n);
      string s="122";
      for(i=2,k=1;i<n;i++,k=3-k)   //生成神奇字符串，k代表下一个数（1，2交替）
       {    for(j=0;j<s[i]-'0';j++)
                s+=to_string(k); //将数字k转换成字符串k并连接到串s中
       }
      for(i=0;i<n;i++) //循环前n位
           if(s[i]=='1')
                sum++;
      printf("%d",sum);
}
```

例 4：有个性的数（hdu 1128）

1949 年，印度数学家 D.R.Kaprekar 发现了一类称为有个性的数。对于任何正整数 *n*，将 *d*（*n*）定义为 *n* 加上 *n* 的各个位数之和。例如，*d*（75）=75+7+5=87。以正整数 *n* 为起点，可以构造整数 *n*，*d*（*n*），*d*（*d*（*n*）），*d*（*d*（*d*（*n*）））…例如，如果从 33 开始，下一个数字是 33+3+3=39，下一个是 39+3+9=51，下一个是 51+5+1=57，所以生成了这个序列：

33、39、51、57、69、84、96、111、114、120、123、129、141…

数字 *n* 被称为 *d*（*n*）的生成器。在上面的序列中，33 是 39 的生成器，39 是 51 的生成器，51 是 57 的生成器，以此类推。有些数字有多个生成器：例如，101 有两个生成器，91 和 100。没有生成器的数字就是有个性的数。小于 100 的个性数如下：1、3、5、7、9、20、31、42、53、64、75、86 和 97。请以递增顺序输出所有小于或等于 1000000 的有个性的数。

输入：

无输入。

输出：

以递增顺序输出所有小于或等于 1000000 的有个性的数，每行一个。

样例输出：

1

3

5

7

9

20

31

42

53

64

……

问题分析：

该问题比较容易理解，只要将整数 n（从 1 开始）的各个位上的数提取出来并累加到 n 上就得到了一个新的"非个性数"，对该数作为下标所对应的数组元素使用"1"进行标记（初始值为 0），其中 n 就是新生成的"非个性数"的生成器。那么如果一个整数一个生成器都不存在，则认为是"个性数"。

例如：

d（1）=1+0+1=2；

d（2）=2+0+2=4；

d（3）=3+0+3=6；

d（4）=4+0+4=8；

d（5）=5+0+5=10；

d（6）=6+0+6=12；

d（7）=7+0+7=14；

d（8）=8+0+8=16；

d（9）=9+0+9=18；

d（10）=10+0+1=11；

d（11）=11+1+1=13

d（12）=12+1+2=15；

d（13）=13+1+3=17；

d（14）=14+1+4=19；

d（15）=15+1+5=21；

……

因此，相应的“个性数”为1、3、5、7、9、20…意味着这些元素不存在生成器（但它们可以作为别的“非个性数”的生成器）。

上述“非个性数”的生成过程只需按照定义生成即可，因此属于模拟问题。

参考代码：

```
#include<iostream>
using namespace std;
#define N 1000005
int self[N];
int next(int i) //返回以整数 i 作为生成器，生成的下一个数
{     int t=i;
      while(t) //将组成 i 的各个数进行累加
      {    i+=t%10;
           t/=10;
      }
      return i;
}
int main()
{     for(int i=1;i<=1000000;i++)
      {      self[next(i)]=1;   //标记非个性数
             if(!self[i])    //判断是否是个性数
                    printf("%d\n",i);
      }
      return 0;
}
```

5.3　本章小结

有一类问题，目前还无法找到特定的高效算法来解决，对于这类问题，只能按照问题的描述来模拟问题的整个处理过程，这类问题就属于模拟问题。一般而言，处理这类问题不需要太多的技巧和创新，只需细心就可以。

思 考 题

1. 我们城市最高的大楼只有一部电梯。请求列表由 N 个正数组成。这些数字表示电梯将按指定的顺序停在哪个楼层。电梯上一层要 6s，下一层要 4s。电梯在每站停留 5s。

对于给定的请求列表，您需要计算完成列表上的请求所花费的总时间。电梯一开始在 0 楼，当列表请求执行完之后不必返回一楼（hdu 1008）。

输入：

有多个测试用例。每个用例都包含一个正整数 N，后跟 N 个正数。输入中的所有数字都小于 100。N=0 的测试用例表示输入结束。

输出：

每个测试用例输出一行，即所用的总时间。

样例输入：

1 2

3 2 3 1

0

样例输出：

17

41

2. 某个监狱有 n 个牢房，每个牢房都挨着。每个牢房里都有一个囚犯，最初每个牢房都是锁着的。一天晚上，狱卒觉得无聊，决定玩一个游戏，他喝了一杯威士忌，然后打开了每个牢房。然后，他又喝了一杯威士忌，每隔一个牢房他再锁上（单元 2、4、6，…）。第三次，他再喝了一杯威士忌，然后每隔三个牢房（3 号、6 号、9 号，…）他做如下操作：如果牢房是锁着的，他就把它打开；如果牢房没有锁，他就把它锁上。他重复这个动作 n 次，然后由于喝得太多，他昏了过去。这时，一些囚犯意识到他们的牢房没有锁，而狱卒又丧失了能力，于是他们就立刻逃跑了。请你根据牢房的数量，确定有多少囚犯越狱成功（pku 1218）。

输入：

输入的第一行包含一个正整数 m，随后是 m 行，每一行一个正整数 n（$100 \geq n \geq 5$），即牢房的数量。

输出：

输出 m 行，每行输出一个整数，表示越狱囚犯的数量。

样例输入：

2

5

100

样例输出：

2

10

3. 巴特的妹妹丽莎在二维网格上创造了一种新的文明。一开始，每个网格位置可能被三种生命形式之一占据：石头、剪刀或纸。每天，占据水平或垂直相邻网格位置的不同生命形式发动战争。在每一次战争中，石头总是打败剪刀，剪刀总是打败纸张，而纸张总是打败石头。最后，胜利者扩大了自己的领地，占领了失败者格子的位置。

你的任务是在 n 天后确定每种生命形式所占据的领土（pku 2339）。

输入：

输入的第一行是一个整数 t，即测试用例的数量。每个测试用例以三个不大于 100 的整数开始：r 和 c，即网格中的行数和列数，以及 n。然后是 r 行，每行都有 c 个字符。网格中的每个字符都是 R、S 或 P，表示分别被石头、剪刀或纸张所占据。

输出：

对于每个测试用例，输出第 n 天结束时显示的网格。每组用例输出之后有一个空行。

样例输入：

2

3 3 1

RRR

RSR

RRR

3 4 2

RSPR

SPRS

PRSP

样例输出：

RRR

RRR

RRR

RRRS

RRSP

RSPR

第 6 章　递推策略

引例：母牛的故事

有一头母牛，它每年年初生一头小母牛，每头小母牛从第四个年头开始，每年年初也生一头小母牛。请编程实现在第 n 年的时候，共有多少头母牛？

输入：

输入数据由多个测试用例组成，每个测试用例占一行，包括一个整数 n（$0<n<55$），n 的含义如题目中描述。$n=0$ 表示输入数据的结束。

输出：

对于每个测试用例，输出在第 n 年的时候母牛的数量，每个输出占一行。

样例输入：

2

4

5

0

样例输出：

2

4

6

问题分析：

如果这道题想通过找到年头 x 与母牛的数量 y 之间的关系来解决，那么就会变得非常困难。我们不妨列举出前几年每年有母牛的数量，看能否发现规律，如表 6.1 所示。

表 6.1　每年的母牛数量

第 i 年	1	2	3	4	5	6	7	…
母牛数量	1	2	3	4	6	9	13	…

通过观察不难发现如下规律：

第（x）年的母牛数量 = 第（x–1）年母牛数量 + 第（x–3）年母牛数量

因此，这道题可以通过递推的方法来解决。

代码实现：

```
#include <stdio.h>
int main()
{   int a[56],i,n;
     a[1]=1;
     a[2]=2;
     a[3]=3;
     a[4]=4;
     a[5]=6;
     for(i=6;i<56;i++)
        a[i]=a[i-1]+a[i-3];
     while(scanf("%d",&n)&&n)
       printf("%d\n",a[n]);
     return 0;
}
```

这道题的特点是：当前状态的值是根据前面状态的值推导出来的，即“站在巨人的肩膀上”来思考问题。这样，问题就变得简单了，因为不需要从头开始考虑。而如果想建立第 i 年母牛数量与第 i 年的函数关系，那么问题就会变得复杂。这种方法就叫作递推。

6.1　递推策略的定义

递推又称为“迭代法”“辗转法”，它是一种重要的数学方法，在数学的各个领域中都有广泛的运用。这种方法的特点是：一个问题的求解需要分很多阶段来完成，通过找到相邻阶段数据项之间的关系（递推关系），来依次得出各个阶段的结果。如果是由前往后递推，这种递推方式叫顺推。否则就叫倒推。无论是顺推还是倒推，其关键是要找到递推式。这种处理问题的方法能使复杂的运算化为若干步重复的简单运算，充分发挥计算机擅于处理重复问题的特点。

递推算法的首要问题是得到相邻的数据项之间的关系。递推算法避开了求通项公式的麻烦，把一个复杂问题的求解，分解成了连续若干步的简单运算。

6.2　递推策略解决问题的步骤

1. 确定递推关系的数学模型

将问题分成不同的阶段，求出相邻阶段数据项之间的关系表达式，即建立数学模型。

2. 建立递推关系表达式

将得到的数学模型变换成能用计算机语言表示的递推表达式。

3. 对递推过程进行控制

确定递推结束条件。

6.3 经典例题解析

例 1：悟空吃蟠桃

喜欢西游记的同学肯定都知道悟空偷吃蟠桃的故事，你们一定都觉得这猴子太闹腾了，其实你们是有所不知，悟空是在研究一个数学问题！

什么问题？他研究的问题是蟠桃一共有多少个！

不过，到最后，他还是没能解决这个难题。

当时的情况是这样的：

第一天悟空吃掉桃子总数一半多一个，第二天又将剩下的桃子吃掉一半多一个，以后每天吃掉前一天剩下的一半多一个，到第 n 天准备吃的时候只剩下一个桃子。聪明的你，请帮悟空算一下，他第一天开始吃的时候桃子一共有多少个呢？

输入：

输入数据多组，每组一行，包含一个正整数 n（$1<n<30$），表示只剩下 1 个桃子的时候是在第 n 天发生的。

输出：

对于每组输入数据，输出第一天开始吃的时候桃子的总数，每个测试用例占一行。

样例输入：

2

4

样例输出：

4

22

问题分析：

因为递推策略强调的是由已知推出未知，又由于这道题让我们求的是第 1 天的桃子数，而第 n 天的桃子数是已知的，因此这道题适合使用倒推法。

根据题意，确定递推的数学模型如下，其中 a_i 表示第 i 天剩下的桃子数，a_{i+1} 为第 $i+1$ 天剩下的桃子数。

$$a_i=(a_{i+1}+1)\times 2$$

代码实现：

```
#include<stdio.h>
```

```
int main()
{    int i,n,x;
     while(scanf("%d",&n)!=EOF)
     { x=1;
       for(i=n;i>1;i--)
            x=(x+1)*2;
       printf("%d\n",x);
     }
     return 0;
}
```

例 2： LELE 的 RPG 难题（hdu 2045）

人称“AC 女之杀手”的超级偶像 LELE 最近忽然玩起了深沉，这可急坏了众多“Cole”（LELE 的粉丝），经过多方打探，某资深 Cole 终于知道了原因，原来，LELE 最近研究起了著名的 RPG 难题：

有排成一行的 n 个方格，用红（Red）、粉（Pink）、绿（Green）三色涂每个格子，每格涂一色，要求任何相邻的方格不能同色，且首尾两格也不同色，求全部满足要求的涂法。

以上就是著名的 RPG 难题，如果你是 Cole，我想你一定会想尽办法帮助 LELE 解决这个问题的；如果不是，看在众多漂亮的痛不欲生的 Cole 女的面子上，你也不会袖手旁观吧！

输入：

输入数据包含多个测试用例，每个测试用例占一行，由一个整数 n 组成（$0<n\leqslant 50$）。

输出：

对于每个测试用例，请输出全部满足要求的涂法，每个用例的输出占一行。

样例输入：

1

2

样例输出：

3

6

问题分析：

设满足 RPG 要求的 n 个方格的涂法为 $f(n)$。

按照相邻颜色不同的要求染色，涂到第 n（$n\geqslant 4$）格的时候讨论如下：

（1）当第 n–1 个方格的颜色与第 1 个方格不同，那么从 1 到 n–1 满足 RPG 涂色的要求，涂法为 $f(n-1)$，在此种情况下，第 1 个、第 n–1 个与第 n 个方格颜色都必须不同，因此，第 n 格只能是除了第 1 格、第 n–1 格外的颜色，故总的可能为 $f(n-1)\times 1$。

（2）当第 n–1 个方格的颜色和第 1 个方格相同，那么第 n–2 格和第 1 格的颜色就不同，从 1 到 n–2 满足 RPG 要求，涂法为 $f(n-2)$。第 n 格的颜色要求与第 n–1 格不同也就是与第1格也不同，那么第n格剩下两种颜色可选，故总的可能涂法有$f(n-2)\times 2$种。

综上，可得到数学模型如下：

$$f(n)=f(n-1)+2\times f(n-2)\ (n>=4)$$

初值为：$f(1)=3$，$f(2)=6$，$f(3)=6$。

参考代码：

```
#include <stdio.h>
int main()
{   __int64 a[51],i,n;a[1]=3;
    a[2]=6;
    a[3]=6;
    for(i=4;i<51;i++)
        a[i]=a[i-1]+2*a[i-2];
    while(scanf("%d",&n)!=EOF)
        printf("%I64d\n",a[n]);
      return 0;
}
```

例3：阿牛的EOF牛肉串（hdu 2047）

今年的ACM暑期集训队一共有18人，分为6支队伍。其中有一个叫作EOF的队伍，由04级的阿牛、XC以及05级的COY组成。在共同的集训生活中，大家建立了深厚的友谊，阿牛准备做点什么来纪念这段激情燃烧的岁月，想了想，阿牛从家里拿来了一块上等的牛肉干，准备在上面刻下一个长度为n的只能由‘E’、‘O’、‘F’三种字符组成的字符串（可以只有其中一种或两种字符，但绝对不能有其他字符），阿牛同时禁止在串中出现O相邻的情况，他认为，“OO”看起来就像发怒的眼睛，效果不好。

你，NEW ACMer，EOF的崇拜者，能帮阿牛算一下一共有多少种满足要求的不同字符串吗？

输入：

输入数据包含多个测试用例，每个测试用例占一行，由一个整数n（$0<n<40$）组成。

输出：

对于每个测试用例，请输出满足要求的字符串个数，每个用例的输出占一行。

样例输入：

1

2

样例输出：

3

8

问题分析：

设$f(n)$表示长度为n时有多少字符串满足要求。我们试图找到n取不同值时的递推关系式。

分情况讨论如下：

（1）当第 n 位取 ‘O’ 时，则可能存在的情形如下：

@@@@@@@@@@@@@@@@@@···@@@@@@@@@@@@@@@@@@@@@EO

@@@@@@@@@@@@@@@@@@···@@@@@@@@@@@@@@@@@@@@@FO

因为两个 ‘O’ 不能相邻，因此第 $n-1$ 位只能是 ‘E’ 和 ‘F’，而第 $n-2$ 位可以任意。因此有：

$$f(n)=2\times f(n-2)$$

（2）当第 n 位不取 ‘O’ 时，则可能存在的情形如下：

@@@@@@@@@@@@@@@@@@···@@@@@@@@@@@@@@@@@@@@@@E

@@@@@@@@@@@@@@@@@@···@@@@@@@@@@@@@@@@@@@@@@F

因此第 $n-1$ 位可以任意，因此有：

$$f(n)=2\times f(n-1)$$

综上分析建立数学模型如下：

$$f(n)=2\times f(n-1)+2\times f(n-2)\ (n>2)$$

初值为：$f(0)=0$，$f(1)=3$，$f(2)=8$。

参考代码 1——递推实现

```
#include<stdio.h>
int main()
{   int n,i;
    __int64 a[45]={0,3,8};
    for(i=3;i<45;i++)
    {
        a[i]=2*a[i-1]+2*a[i-2];
    }
    while(scanf("%d",&n)!=EOF)
    {
        printf("%I64d\n",a[n]);
    }
    return 0;
}
```

参考代码 2——递归实现

```
#include <stdio.h>
#include <stdlib.h>
long long num(int n)
{    if(n==1) return 3;
     if(n==2) return 8;
```

```
        return(2*num(n-1)+2*num(n-2));
}
int main()
{    int n;
     while(scanf("%d",&n)!=EOF)
     {  printf("%lld\n",num(n));
     }
}
```

6.4 本章小结

递推策略主要是通过寻找相邻阶段的关系表达式来一步一步推出最终想要的解。这种方法是利用前阶段已经得到的结果来推出当前阶段的值，这样可以大大降低问题的难度，因为只需知道相邻阶段的关系就可以通过迭代的方法来得到最终的结论。递推策略一般可以通过循环来实现，也可以通过递归来实现，但使用递归来实现效率会低一些。

思 考 题

1. 一辆吉普车穿越1000km的沙漠，吉普车的汽油总装载量为500gal，耗油率为1gal/km。由于沙漠中没有油库，必须先用这辆车在沙漠中建立临时油库，若吉普车用最少的耗油量穿越沙漠，应在哪些地方建立油库，以及各处存储的油量。

2. 某核反应堆有两类事件发生：①高能质点碰击核子时，质点被吸收，放出3个高能质点和1个低能质点；②低能质点碰击核子时，质点被吸收，放出2个高能质点和1个低能质点。假定开始的时候（0μs）只有一个高能质点射入核反应堆，每1μs引起一个事件发生（对于一个事件，当前存在的所有质点都会撞击核子），试确定n（μs）时高能质点和低能质点的数目（hdu 2085）。

输入：

输入包含一些整数n（$0 \leqslant n \leqslant 33$），以微秒为单位，若$n$为$-1$表示处理结束。

输出：

分别输出n（μs）时刻高能质点和低能质点的数量，高能质点与低能质点数量之间以逗号空格分隔。每个输出占一行。

样例输入：

5 2

−1

样例输出：

571，209

11，4

3. 已知一个$2\times n$的网格，现有2种不同规格的骨牌，骨牌规格分别是2×1和2×2。如果要使用这两种骨牌铺满这个网格，请问一共有多少种不同的铺设的方法（hdu 2501）。

输入：

输入的第一行包含一个正整数m（$m\leqslant 20$），表示一共有m组数据，接着是m行数据，每行包含一个正整数n（$n\leqslant 30$），表示网格的大小是$2\times n$列。

输出：

输出m行，每行一个整数，即不同铺设方法的个数。

样例输入：

3

2

8

12

样例输出：

3

171

2731

4. 现要把M个一模一样的苹果放在N个一模一样的盘子里，有的盘子可以不放，请问共有多少种不同的放法？注意：1、1、5和5、1、1是同一种放法（pku 1664）。

输入：

第一行是测试数据的数目T（$0\leqslant T\leqslant 20$）。以下每行均包含二个整数M和N，以空格分开。$1\leqslant M$，$N\leqslant 10$。

输出：

对输入的每组数据M和N，用一行输出相应的放法。

样例输入：

1

7 3

样例输出：

8

第 7 章　分治策略

7.1　分治策略的设计思想

将整个问题分解成若干个小问题后分而治之，如果分解得到的子问题相对来说还太大，则可反复使用分治策略将这些子问题分成更小的同类型子问题，直至产生出方便求解的子问题，必要时逐步合成这些子问题的解，从而最终得到原问题的解。

由分治策略的思想可知：用分治法求解问题时，我们自然而然会想到递归，因为采用分治法求解问题时需要寻找大规模问题与小规模问题之间的关系，而递归策略求解问题时也是如此。而实际上，分治策略就是递归设计方法的一种具体实现。当然，分治策略也可以使用非递归来实现。

7.2　分治策略的基本步骤

采用分治策略解决问题一般需要三步，即分解、解决和合并，具体解释如下：

分解：将原问题分解为若干个规模较小，与原问题形式相同的子问题。

解决：若子问题容易解决则直接解决，否则再继续分解为更小的子问题，直到容易解决。

合并：将已求解的各个子问题的解逐步合并为原问题的解。

7.3　分治策略算法框架

```
divide-and-conquer(n)
{     if(n<=n0)
          {解子问题;return(子问题的解);}
      for(i=1;i<=k;i++)
      {
          分解原问题为更小的子问题 pi;
```

```
        yi=divide-and-conquer(|pi|);// 解决子问题
    }
    T=merge(y1,y2,…,yk);// 合并子问题的解
    return(T);
}
```

7.4　经典例题解析

例 1：整数拆分（hdu 1028）

给定一个正整数，将其拆分成若干个正整数之和，并且正整数可以重复使用。例如正整数 6 的拆分如下：

6，5+1，4+2，4+1+1，3+3，3+2+1，3+1+1+1，2+2+2，2+2 +1+1，2+1+1+1+1，1+1+1+1+1+1。

现在给定一个正整数，请你算出拆分出不同正整数组合的个数。

输入：

输入包括多组用例，每组用例包含一个整数 n（$1≤n≤120$）。

输出：

针对每个输入用例，输出一个整数，即这个整数的拆分个数。

样例输入：

4

10

20

样例输出：

5

42

627

问题分析：

设 $Q(n, m)$ 的含义为分解数为 n，分解因子最大为 m 的拆分个数。假设 n=6，分解的所有可能排列如下，为了分析方便，将最大分解因子相同的组合写在同一行上：

6

5+1

4+2　4+1+1

3+3　3+2+1　3+1+1+1

2+2+2　2+2 +1+1　2+1+1+1+1

1+1+1+1+1+1

通过分析，不难得出如下结论：

$$Q(n, m)=1+Q(n, n-1)\ (m=n)$$

$$Q(n, m)=Q(n, m-1)+Q(n-m, m)\ (m<n)$$
$$Q(n, m)=Q(n, n)\ (n<m)$$

停止条件：

$$Q(n, 1)=1$$
$$Q(1, m)=1$$

$n<1$ or $m<1$ 无意义。

参考代码：

```
#include"stdio.h"
int s=0;
int qq(int n,int m)
{    if(n==1||m==1)
          return 1;
      else if(n>1&&m>1)
            {  if(n==m)
                   return 1+qq(n,n-1);
                if(m>n)
                    return qq(n,n);
                if(n>m)
                    return qq(n-m,m)+qq(n,m-1);
            }
}
main()
{   int n;
    while((scanf("%d",&n)!=EOF)
    {   s=qq(n,n);
         printf("%d\n",s);
    }
}
```

例 2： 最大中位数

给你一个由 n 个整数组成的数组 a，其中 n 是奇数。你可以使用它执行以下操作：选择数组中的一个元素（例如 a_i）并将其增加 1（即，将其替换为 a_i+1）。你需要使用最多 k 个操作使数组的中值最大（注意：经过 k 个操作之后，新生成的数组中的中值最大）。奇数数组的中值是数组按非降序排序后的中间元素。例如，数组 [1，5，2，3，5] 的中值为 3。

输入：

输入包括多组测试用例，每组用例第一行包含两个整数 n 和 k（$1\leqslant n\leqslant 2\times 10^5$，$n$ 为奇数，$1\leqslant k\leqslant 10^9$）表示数组中的元素个数和可以执行的最大操作数。

第二行包含 n 个整数 a_1，a_2，…，a_n（$1 \leqslant a_i \leqslant 10^9$）。

输出：

每组用例输出一个整数，即操作后的最大可能中值。

样例输入：

3 2

1 3 5

5 5

1 2 1 1 1

7 7

4 1 2 4 3 4 4

样例输出：

5

3

5

问题分析：

根据题意，k 次增 1 操作不能只对初始的中位数，因为它可能就不是中位数了；也不能只对中位数之前的数，因为会使初始中位数变成不是中位数；也不能只对中位数之后的其他数，因为这样处理之后，就无法得到最大的中位数。

为了保证 k 次增 1 操作之后，初始中位数仍然保持是中位数，并且使它的值尽可能最大，思路如下：

例如，样例输入如下：n=9，k=10。

9 10

16 4 2 9 10 17 19 22 26

使用数组 C 存放数据，首先对数组 C 进行升序排序，结果如下：

2　4　9　10　16　17　19　22　26

因为中位数为 16，增 1 操作最多 10 次，因此经过 10 次增 1 操作之后，中位数可能的最大值为 16+10=26，即中位数的变化范围为 16~26。为了快速确定最终的最大中位数，采用二分法。变量 b、e 分别存放中位数变化范围的首、尾指针，变量 m存放中位数，下列数组的中位数为 m=（16+26）/2=21。

16　17　18　19　20　21　22　23　24　25　26

↑ b　　↑ m=21　　↑ e

从有序数组 C 的中位数 16 开始，在小于 21 的所有数中，将这些数与 21 的差值进行累加。

2　4　9　10　16　17　19　22　26

↑→ i

16、17、19 与 21 的差分别是 5、4、2，因此累加和为 5+4+2=11>10，说明中位数不能超过 21，则采用二分法在前一半继续查找，变量 e 调整如下，中值为 18。

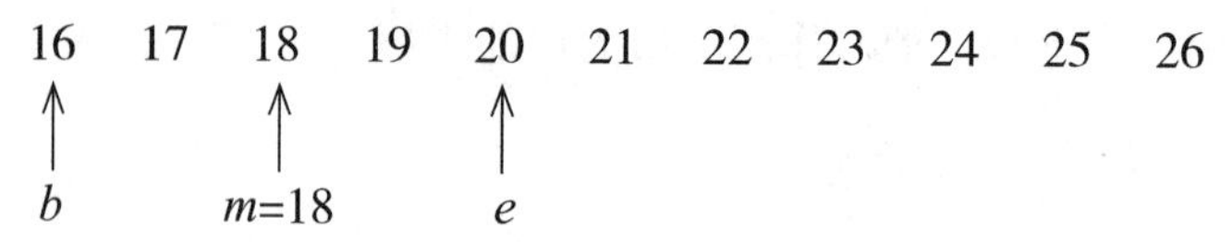

继续从数组 C 的中位数 16 开始，在小于 18 的所有数中，将这些数与 18 的差值进行累加。因为累加和为 2+1=3<10，说明中位数应该大于 18，则采用二分法在后一半查找，调整变量 b 如下：

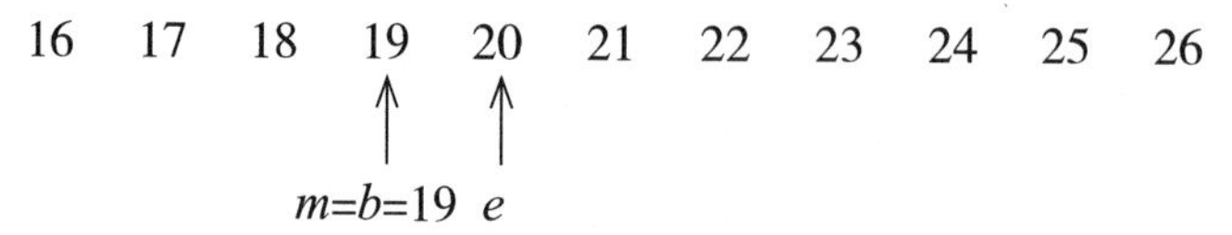

重复上述迭代过程，迭代结束时，变量 b、e中存放的数如下：

16 17 18 19 20 21 22 23 24 25 26

↑ e（20） ↑ b（21）

因此，最后一次迭代中变量 m 中存放的数 20 就是最大中位数。

参考代码：

```
#include<iostream>
#include<cstdio>
#include<algorithm>
#include<cstring>
#include<cmath>
#define ll long long
using namespace std;
ll a[200005];
ll n,k;
ll mm;
bool check(ll m)
{     if(a[mm]>=m)
          return true; //如果原中位数大于等于该值，返回true
      ll sum=0;
      for(ll i=mm;i<=n;i++)
      {   //从中位开始一直到结尾。
          if(a[i]<m)
               sum+=m-a[i]; //将a[i]与m的差值进行累加
            else
               break;     //sum<k且中位值取m仍然有余量，返回true
```

```
        if(sum>k)
            return false; //如果选择m，则k不够，返回false
        }
        return true;
}
int main()
{   while(scanf("%lld%lld",&n,&k)!=EOF)
    { for(ll i=1;i<=n;i++)
        scanf("%lld",&a[i]);
      sort(a+1,a+n+1);
      ll res;
      mm=(n+1)>>1; //中位数的位置
      ll l=a[mm];
      ll r=a[mm]+k; //对右边的区间进行操作
      while(l<=r)
      {  //开始二分查找
          ll mid=(l+r)>>1;
          if(check(mid)) //中位数可以是mid
          {     res=mid;
                l=mid+1; //在右半区间继续查找
          }
          else r=mid-1;  //在左半区间继续查找
      }
      printf("%lld\n",res);
      return 0;}
}
```

例 3：排序（hdu 1106）

输入一行数字，如果我们把这行数字中的‘5’都看成空格，那么就得到一行用空格分割的若干非负整数（可能有些整数以‘0’开头，这些头部的‘0’应该被忽略掉，除非这个整数就是由若干个‘0’组成的，这时这个整数就是0）。

你的任务是：对这些分割得到的整数，按从小到大的顺序输出。

输入：

输入包含多组测试用例，每组测试用例只有一行数字（数字之间没有空格），这行数字的长度不大于1000。

输入数据保证：分割得到的非负整数不会大于100000000；输入数据不可能全由‘5’组成。

输出：

对于每个测试用例，输出分割得到的整数排序的结果，相邻的两个整数之间用一个空格分开，每组输出占一行。

样例输入：

0051231232050775

样例输出：

0 77 12312320

问题分析：

输入数据经过预处理之后得到一系列整数，然后使用快速排序进行排序。

基于分治策略的快排思路就是一次确定一个元素在数列中的最终位置，然后这个元素前面的所有元素和后面的所有元素又形成了两个小规模的数列，对每个小规模的数列再使用相同的方法进行处理，直到所有的元素的位置都确定为止，一般使用递归实现。过程如下：

假设需要排序的数据如下：

15　20　11　10　23　33

现在，要确定元素 15 在数列中的最终位置。

```
15   20   11   10   23   33
      ↑                   ↑
      b—→             ←—e
```

设 b、e 两个指针，分别从两端相向而行，其中指针 b 定位比 15 大的元素，指针 e 定位比 15 小的元素。定位结果如下：

```
15   20   11   10   23   33
      ↑         ↑
      b         e
```

交换指针 b、e 所指向的元素，

```
15   10   11   20   23   33
      ↑         ↑
      b         e
```

再重复上述过程，直到指针 b 位置移动到指针 e 的后面为止。这时，指针 b 之后的所有元素都比 15 大，指针 e 之前的所有元素都比 15 小。

```
15   10   11   20   23   33
           ↑    ↑
           e    b
```

这时，交换 15 与指针 e 指向的元素，

```
11   10   15   20   23   33
           ↑    ↑
           e    b
```

这样元素 15 在数列当中的位置就确定了，然后元素 15 将这个数列分成两个子数列。再分别对这两个子数列采用递归方法重复上述过程，直到所有元素的位置确定为止。

参考代码：

```
#include <stdio.h>
#include <stdlib.h>
int cmp(const void*a,const void*b)
{  return(*(int*)a)-(*(int*)b);
}
int main()
{   char s[1010];
     int a[1010],len,sum,i,f;
     while(~scanf("%s",s))
      {   sum=0,len=0;f=0;
        for(i=0;s[i]!='\0';i++)
        {  if(s[i]!='5')
               {sum=sum*10+s[i]-'0';f=1;}
           else if(f==1)
              {a[len++]=sum;sum=0;f=0;}
        }
        if(f==1)a[len++]=sum;
        qsort(a,len,sizeof(int),cmp);
        printf("%d ",a[0]);
        for(i=1;i<len;i++)
             printf(" %d",a[i]);
        printf("\n");
      }
     return 0;
}
```

例 4：眼红的 Miss Medusa（洛谷 1571）

虽然 Miss Medusa 到了北京，领了科技创新奖，但是他还是觉得不满意。原因是：他发现很多人都和他一样获了科技创新奖，特别是其中的某些人，还获得了另一个奖项——特殊贡献奖。而越多的人获得了两个奖项，Miss Medusa 就会越眼红。于是她决定统计有哪些人获得了两个奖项，来知道自己有多眼红。

输入：

输入第一行有两个数 n、m（$n \leq 100000$，$m \leq 100000$），表示有 n 个人获得科技创新奖，m 个人获得特殊贡献奖。

第二行，n 个正整数，表示获得科技创新奖的人的编号。

第三行，m 个正整数，表示获得特殊贡献奖的人的编号。

输出：

输出一行，为获得两个奖项的人的编号，按在科技创新奖获奖名单中的先后次序输出。获得奖项的人的编号在 $2*10^9$ 以内。

样例输入：

4 3

2 15 6 8

8 9 2

样例输出：

2 8

问题分析：

采用二分查找方法，例如，用数组 kj 表示获得科技创新奖人的编号，ts 表示获得特殊贡献奖人的编号，先对数组 ts 进行升序排序，再依次确定数组 kj 中的元素是否在 ts 数组中出现。

二分法查找过程如下：

假设要确定 kj 中的元素 kj[i] 在 ts 是否存在，则首先使用 low 和 high 两个指针表示首和尾的位置，则中间指针 mid=（low+high）/2。

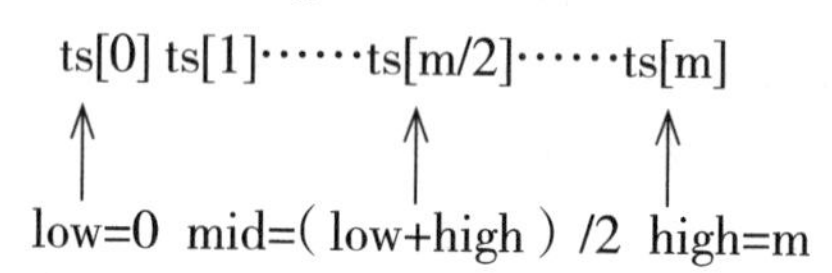

这时，

如果 kj[i]>ts[mid]，则调整指针 low=mid+1；high=high。

如果 kj[i]<ts[mid]，则调整指针 low=low；high=mid−1。

这样就把搜索的范围缩小了一半，再重复上述过程，直到发现 ts[mid] 的值等于 kj[i]，则找到；或者当循环到 low>high 的时候，则确定没找到。

参考代码：

```
#include<iostream>
#include<cstdio>
#include<algorithm>
using namespace std;
int main()
{   int kj[100005],ts[100005];
    int i,m,n,low,high,mid;
    scanf("%d%d",&n,&m);
    for(i=1;i<=n;i++)
      scanf("%d",&kj[i]);
    for(i=1;i<=m;i++)
       scanf("%d",&ts[i]);
    sort(ts+1,ts+1+m);
    for(int i=1;i<=n;i++)
    {   low=1,high=m;
```

```
        while(low<=high) // 二分查找条件
         { mid=(low+high)/2;
           if(ts[mid]==kj[i]) // 如果找到，则结束
           {     cout<<kj[i]<<" ";
                 break;
           }
           else if(ts[mid]<kj[i]) // 在后一半继续查找
                  low=mid+1;
           else
                  high=mid-1;   // 在前一半继续查找
         }
    }
    return 0;
}
```

例 5：求最大连续子段和

输入：

输入包括多组测试用例，每组用例的第一行输入一个整数 N（$1<N\leqslant 100$），表示这一组数有多少个，第二行是 N 个数。N=0 时结束。

输出：

输出每一组数的最大连续子段和。

样例输入：

8

2 –3 8 –4 15 –5 –2 17

0

样例输出：

29

问题分析：

分治策略一般要求分解的子问题相互独立，而这道题并不是，以样例输入为例分析如下：

2　–3　8　–4　15　–5　–2　17

如果按照分治法的一般思路，将这个数组的所有元素一分为二，如图 7.1 所示，然后分别对左、右两部分进行递归求解最大子段和，再根据两部分的结果，合并成整个数组的最大子段和。

2　–3　8　–4　　15　–5　–2　17

left　　　　　　right

图 7.1　等分分治策略

而实际上最大子段出现的位置如图 7.2 所示。如果按图 7.1 那样采取等分分治法，就会漏掉最优解。

2　−3　8　−4　15　−5　−2　17

maxsum

图 7.2　最大子段出现的位置

为了防止最大子段跨越中间区域的情况，必须针对中间区域进行单独考虑。如图 7.3 所示。首先从中间位置向左对元素依次进行累加，保存最大左子段和；再从中间位置向右对元素依次进行累加，保存最大右子段和。然后将左、右最大子段和相加就得到了跨越中间区域的最大子段和。则当前阶段的最大子段和就是递归求出的数组左半部分的最大子段值、递归求出的数组右半部分的最大子段和以及跨越中间区域的最大子段和三者当中的最大者。

2　−3　8　−4　15　−5　−2　17

图 7.3　处理中间区域子段和

参考代码：

```
#include <stdio.h>
int maxsum(int a[],int begin,int end)
{     int sum,mid,sumleft,sumright,sl,sr,lefttemp,righttemp;
      if(begin==end)
            return a[begin];
      else
      {     sum=0;
            mid=(begin+end)/2;
            sumleft=maxsum(a,begin,mid); //求左子段和
            sumright=maxsum(a,mid+1,end); //求右子段和
            sl=0,lefttemp=0;
            for(int i=mid;i>=begin;i--) //求从中间向左的子段和
            {     lefttemp+=a[i];
                  if(lefttemp>sl)
                        sl=lefttemp;
            }
            sr=0,righttemp=0;
            for(int i=mid+1;i<=end;i++) //求从中间向右的子段和
            {     righttemp+=a[i];
                  if(righttemp>sr)
                        sr=righttemp;
            }
            sum=sl+sr; //左、右两部分最大子段和合并
```

```
            if(sumleft>sum)
                sum=sumleft;
            if(sumright>sum)
                sum=sumright;
            return sum; //返回左、中、右中最大的值
        }
}
int main()
{   int a[105],i,n,sum;
    while(scanf("%d",&n)&&n)
    {     for(i=0;i<n;i++)
              scanf("%d",&a[i]);
         sum=maxsum(a,0,n-1);
         printf("%d\n",sum);
    }
    return 0;
}
```

例 6： 有一个 $2^k \times 2^k$（k>0）的棋盘，恰好有一个方格与其他方格不同，称之为特殊方格。现在要用如图 7.4 所示的四种 L 形骨牌覆盖除了特殊方格外的其他全部方格，骨牌可以任意旋转，并且任何两个骨牌不能重叠。请给出一种覆盖方法。

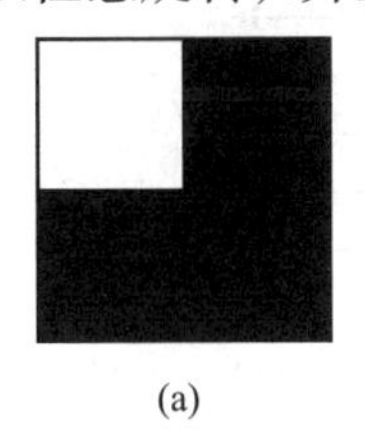
(a)

(b)

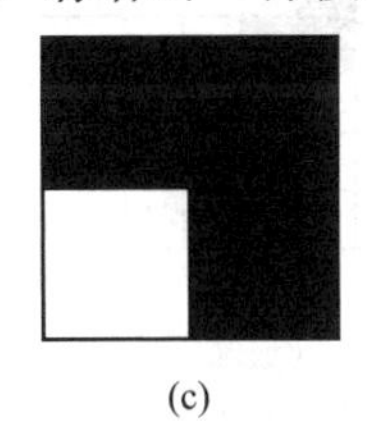
(c)

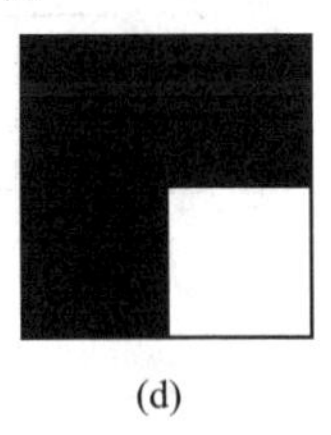
(d)

图 7.4　四种骨牌

输入：

输入 k，dr，dc（$8>k>0$，$2^7 \geqslant dr$，$dc \geqslant 0$）三个整数，其中 k 的含义如题所述，（dr，dc）为特殊方格坐标。

输出：

输出 2^k 行、2^k 列个整数，即覆盖结果。整数中间用一个空格隔开，相同的数字表示同一个骨牌。特殊方格输出 0。

样例输入：

2 2 2

样例输出：

2 2 3 3

2 1 1 3

4 1 0 5

4 4 5 5

问题分析：

采用等分分治方法，将棋盘划分成四等份，因为特殊方格只能出现在四个子棋盘中的一个中，而其他三个子棋盘没有特殊方格。因为分治策略处理的子问题应该具备相同的特点并且如果子棋盘中没有特殊方格，则使用L形骨牌也无法实现全覆盖。因此在将一个棋盘分成四个子棋盘的时候，每个子棋盘都应该存在一个特殊方格，这样才可以用分治策略。根据以上分析不难发现：在原棋盘的中心四个方格位置，除了特殊方格所在的子棋盘外，其他三个方格正好分布在三个没有特殊方格的子棋盘中，且正好组成一种L形骨牌。这样对原棋盘的处理就分解成了对四个子棋盘的独立处理，递归关系就建立起来了，以 k=3，dr=2，dc=7 为例。

图 7.5（a）说明特殊方格最初在整个棋盘第一象限的时候，L形骨牌放置的情况。由图可知：放完骨牌之后，每个象限都存在一个特殊方格。同理，图 7.5（b）说明在进入下一层递归处理的时候，在棋盘第二象限根据本象限内特殊方格的位置放置一种骨牌。图 7.5（c）说明在进入第三层递归处理的时候骨牌的放置情况。图 7.5（d）说明递归处理的最终结果。

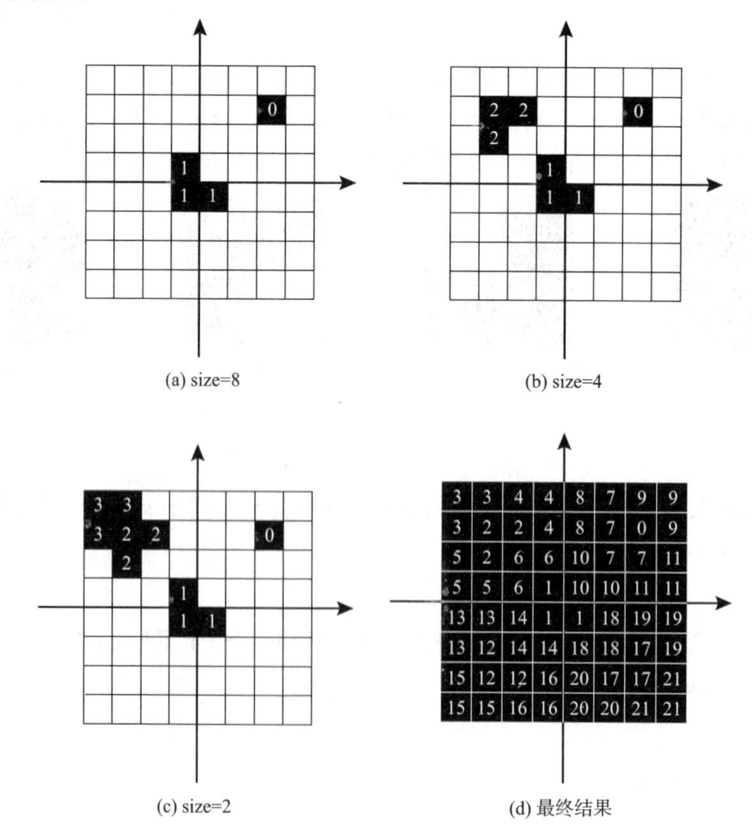

(a) size=8　(b) size=4　(c) size=2　(d) 最终结果

图 7.5　分治处理过程

参考代码：

```
#include<iostream>
using namespace std;
int board[1025][1025];
int tile=1;
//(tr,tc) 是棋盘左上角方格坐标；(dr,dc) 是特殊方格所在坐标；size 是棋盘的行数和列数
void ChessBoard(int tr,int tc,int dr,int dc,int size)
{     if(size==1)return; // 递归边界
      int t=tile++; //L 形骨牌号
      int s=size/2; // 分割棋盘
      if(dr<tr+s && dc<tc+s) // 特殊方格在棋盘左上角
           ChessBoard(tr,tc,dr,dc,s);
      else // 棋盘左上角无特殊方格，用 t 号 L 形骨牌覆盖棋盘左上部分的右下角
      {     board[tr+s-1][tc+s-1]=t;
            ChessBoard(tr,tc,tr+s-1,tc+s-1,s); // 覆盖其余方格
      }
      if(dr<tr+s && dc>=tc+s) // 特殊方格在棋盘右上角
            ChessBoard(tr,tc+s,dr,dc,s);
      else  // 此棋盘中无特殊方格，用 t 号 L 形骨牌覆盖棋盘右上部分的左下角
      {     board[tr+s-1][tc+s]=t;
            ChessBoard(tr,tc+s,tr+s-1,tc+s,s); // 覆盖其余方格
      }
      if(dr>=tr+s && dc<tc+s)// 特殊方格在棋盘左下角
             ChessBoard(tr+s,tc,dr,dc,s);
      else   // 此棋盘中无特殊方格，用 t 号 L 形骨牌覆盖棋盘左下部分的右上角
      {      board[tr+s][tc+s-1]=t;
          ChessBoard(tr+s,tc,tr+s,tc+s-1,s); // 覆盖其余方格
      }
      if(dr>=tr+s && dc>=tc+s)// 特殊方格在棋盘右下角
            ChessBoard(tr+s,tc+s,dr,dc,s);
      else  // 此棋盘中无特殊方格，用 t 号 L 形骨牌覆盖棋盘右下部分的左上角
      {     board[tr+s][tc+s]=t;
            ChessBoard(tr+s,tc+s,tr+s,tc+s,s); // 覆盖其余方格
      }
}
int main()
{     int i,j,k;
```

```
    while(cin>>k)
    {     int size=1<<k;
          int x,y;
          cin>>x>>y;
          board[x][y]=0;
          ChessBoard(0,0,x,y,size);
          for(i=0;i<size;i++)
          {      for(j=0;j<size;j++)
                      cout<<board[i][j]<<" ";
                 cout<<"\n";
          }
    }
    return 0;
}
```

7.5 本章小结

适合使用分治策略处理的问题具有如下特征：①该问题缩小规模后变得容易解决；②该问题可分解为若干个规模较小的相同问题，即该问题具有最优子结构性质；③通过利用该问题分解出的子问题的解可合并为该问题的解；④该问题所分解出的各个子问题是相互独立的，即子问题之间不包含公共的子问题。其中，特征②是应用分治法的前提，此特征反映的是递归思想。能否利用分治法的关键完全取决于问题是否具有特征③。如果具备了特征①和②，而不具备特征③，则可以考虑用贪心法或动态规划法。特征④涉及分治法的效率，如果各子问题是不独立的，则分治法要做许多不必要的工作，需要考虑如何解决公共子问题，虽然可用分治法来解决，但较麻烦。针对这种问题使用动态规划是最佳选择。

思 考 题

1. 对于给定的含有 n 个元素的无序序列，求这个序列中最大和次大的两个不同的元素。

输入：

第一行：整数 n（$n \leqslant 100$），表示序列元素的个数。

第二行：n 个整数，中间用空格分隔。

输出：

输出两个数，最大数和次大的数。

样例输入：

5

−1 12 3 8 5

样例输出：

12 8

2. 众所周知，度度熊喜欢的字符只有两个：‘B’和‘D’。今天，它发明了一种用‘B’和‘D’组成字符串的规则：

S（1）=B

S（2）=BBD

S（3）=BBDBBDD

……

S（n）=S（n−1）+B+reverse（flip（S（n−1））

其中，reverse（s）指将字符串翻转，比如 reverse（BBD）=DBB，flip（s）指将字符串中的‘B’替换为‘D’，‘D’替换为‘B’，比如 flip（BBD）=DDB。目前它已经算出了 S（2^{1000}）的内容，但它现在想知道，这个字符串的第 L 位（从 1 开始）到第 R 位，含有‘B’的个数是多少？（hdu 5694）

输入：

第一行输入一个整数 T（$1 \leqslant T \leqslant 1000$），表示 T 组数据。

每组数据包含两个数 L 和 R（$1 \leqslant L \leqslant R \leqslant 10^{18}$）。

输出：

对于每组数据，输出 S（2^{1000}）表示的字符串的第 L 位到第 R 位中‘B’的个数。

样例输入：

3

1 3

1 7

4 8

样例输出：

2

4

3

3. 设有 $n=2^k$ 个运动员，要进行网球循环赛。现在要设计一个满足以下要求的比赛日程表。

（1）每个选手必须与其他 $n-1$ 个选手各赛一场。

（2）每个选手一天只能赛一次。

（3）循环赛一共进行 $n-1$ 天。

输入：

输入一个整数 k。

输出：

一个循环赛日程表，数字之间用一个空格分隔。

样例输入：

2

样例输出：

1 2 3 4

2 1 4 3

3 4 1 2

4 3 2 1

4. 农民工老张以卖烤玉米为生，他收的大多都是面值 1 元的硬币，一天他收到了一枚假币，假币看上去和真币一模一样，就是重量轻了一些。可不幸的是，晚上回家数钱的时候不小心把它混进了真币里面。老张家里有一个天平，他想用最快的时间把假币找出来。

输入：

输入有多行，每一行的值为硬币的数目 n（$1 \leq n \leq 2^{30}$），输入 0 结束程序。

输出：

对应输入硬币的数目，每行输出最少的称量次数。

样例输入：

3

12

0

样例输出：

1

3

5. 给你两个长度都为 n（$n<100$）的整数 A、B，求 $A \times B$ 的值。

输入：

输入多组测试用例，每组用例包括两个数，中间用空格分隔。0 0 表示输入结束。

输出：

输出两者之积。

样例输入：

1234 6789

0 0

样例输出：

8377626

第 8 章　贪心策略

贪心算法又叫登山法，就像一个人想要到达山顶，在爬往山顶的过程中，每一步都会选择眼前他认为是最近的路线，采用这种方式到达山顶，虽然眼前的速度是最快的，但所选的登山路线不一定是最优的。

有时候，在知道问题解的范围的情况下，可以采用蛮力法搜索所有解，但是这样做效率会很低，而如果采用贪心策略就可以在有限的时间内找到问题的解。

需要注意的是，适合用贪心算法的问题一般具有无后向性的特点，就是当前阶段局部解只与当前阶段的状态有关，而与前面阶段的状态无关，这种特性叫作无后向性。在处理实际问题的时候，适合用贪心算法的问题并不多，因此要好好分析所要解决的问题是否具有无后向性的特点。一般情况下通过分析实际的例子就可以简单地判定一个问题适不适合采用贪心策略来解决，当然利用数学方法来证明贪心策略的可行性是最可靠的。

如果确定可以使用贪心算法，那么代码执行的效率往往是非常高的。很多经典的算法都是采用贪心策略，如：霍夫曼树、构造最小生成树以及图的最短路径算法等。

8.1　贪心算法的定义

贪心算法（又称贪婪算法）是指在对问题求解时，总是做出在当前看来是最好的选择。却不是从整体最优上加以考虑，他所做出的仅是在某种意义上的局部最优解。因此，使用贪心算法的前提是局部最优策略能导致产生全局的最优解。

8.2　贪心算法的步骤

（1）建立数学模型来描述问题。

（2）把求解的问题分成若干个子问题。

（3）对每一子问题求解，得到子问题的局部最优解。

（4）把子问题局部最优解合成原问题的解。

8.3 贪心算法的框架

实现该算法的过程：
从问题的某一初始解出发；
while（能朝给定总目标前进一步 do）
　　利用可行的决策，求出可行解的一个解元素；
由所有解元素组合成问题的一个可行解。

8.4 经典例题解析

例 1： 换钱币

某单位给每个职工发工资（精确到元），为了保证不要临时兑换零钱且取款的张数最少，取工资前要统计出所有职工的工资所需各种币值（100、50、20、10、5、2、1 元共 7 种）的张数，请编程完成。

输入：

输入多行，每行一个整数 n（$n<10000$），表示取款的钱数，单位：元。

输出：

输出多行，每行 7 个数，分别表示使用 100、50、20、10、5、2、1 元的张数，中间使用空格分开，最后没有空格。

样例输入：

123

188

样例输出：

1 0 1 0 0 1 1

1 1 1 1 1 1 1

问题分析：

从币种最大的 100 元开始，看所取款的钱中有多少个 100 元。然后在剩下的钱中，看有多少个 50 元。然后在剩下的钱中看有多少个 20 元。以此类推，最后就可以得到各种币种的个数。

参考代码：

```
#include "stdio.h"
int main()
{     int i,j,x,y,z,a,b[8]={0,100,50,20,10,5,2,1},s[8]={0};
      while(scanf("%d",&z)!=EOF)
      {
              for(i=1;i<=7;i++)
              {
```

```
            a=z/b[i];s[i]=a;z=z-a*b[i];
        }
        for(i=1;i<=6;i++)
            printf("%d ",s[i]);
        printf("%d",s[7]);
        printf("\n");
    }
    return 0;
}
```

例 2：数列极差（hit 1062）

在黑板上写了 N 个正整数组成的一个数列，进行如下操作：每次擦去其中的两个数 a 和 b，然后在数列中加入一个数 $a \times b+1$，如此下去直至黑板上剩下一个数，在所有按这种操作方式最后得到的数中，最大的为 max，最小的为 min，则该数列的极差定义为 M=max−min。请你编程，对于给定的数列计算极差。

输入：

第一个数 N 表示正整数序列长度（$0 \leqslant N \leqslant 50000$），随后是 N 个正整数。

输出：

在一行内输出结果。

样例输入：

3 1 2 3

样例输出：

2

问题分析：

根据题意，一次取两个数进行相乘再加 1，这两个数可以分成三类：或者是最小的两个；或者是最大的两个；或者是一个最小的和一个最大的。不妨取三个数 a、b、c，且 $a<b<c$，取两个正整数 $k1$，$k2$，设：a，$b=a+k1$，$c=a+k1+k2$。则：

$(a*b+1)*c+1=a*a*a+(2k1+k2)*a*a+(k1(k1+k2)+1)*a+k1+k2+1$；

$(a*c+1)*b+1=a*a*a+(2k1+k2)a*a+(k1(k1+k2)+1)*a+k1+1$；

$(b*c+1)*a+1=a*a*a+(2k1+k2)a*a+(k1(k1+k2)+1)*a+1$。

由上可知：取最小的两个数相乘，最后得到的数最大；取最大的两个数相乘，最后得到的数最小。因此，解题方法如下：

第一步：先对输入的数组进行排序，这里采用 C++ 库函数 sort 进行排序。

第二步：擦掉最小的两个数，然后插入 $a*b+1$，继续擦掉最小的两个数，重复上述过程，最后得到最大值 max。

第三步：擦掉最大的两个数，然后插入 $a*b+1$，继续擦掉最大的两个数，重复上述过程，最后得到最小值 min。

第四步：输出 max−min。

参考代码：

```
#include<iostream>
#include<algorithm>
#include<cstdio>
using namespace std;
int main()
{   int i,j,n,min,max;
    int  num[1000];
    while(scanf("%d",&n)!=EOF)
    {  for(i=0;i<n;i++)
            scanf("%d",&num[i]);
       sort(num,num+n);
       min=num[n-1];
       for(i=0;i<n-1;i++)
           min=min*num[n-i-2]+1;
       for(i=0;i<n;i++)
       {   num[i+1]=num[i]*num[i+1]+1;
           for(j=i+1;j<n-1;j++)
              if(num[j]>num[j+1])
                    swap(num[j],num[j+1]);
       }
       max=num[n-1];
       printf("%d\n",max-min);
    }
    return 0;
}
```

例 3： 包裹数量（pku 1017）

工厂生产的产品尺寸分别为 1×1、2×2、3×3、4×4、5×5、6×6。这些产品总是装在尺寸为 6×6 的方形包裹中再交付给客户。为了节省费用，希望尽量减少从工厂向客户交付订购产品所需的包裹数量。请你编一个程序可以根据订单得到所需的最少包裹数量。

输入：

输入由多组测试用例组成，每组用例包含 6 个整数，依次代表产品尺寸从 1×1 到 6×6 的数量，数字之间用一个空格分隔，输入 0 0 0 0 0 0 时结束。

输出：

输出也包含若干行。每一行输出与输入对应行中订单所需的最少包裹数。

样例输入：

0 0 4 0 0 1

7 5 1 0 0 0

0 0 0 0 0 0

样例输出：

2

1

问题分析：

为了节约空间，应该按照尺寸大的产品先装，尺寸小的产品用来“溜缝”的原则。

（1）对于 6×6 的产品，有多少个就要使用多少个包裹。

（2）对于 5×5 的产品，也是有多少个就要使用多少个包裹，但是这些产品装好之后，每个包裹会剩下 11 个 1×1 的空间，这时就要使用 1×1 的产品去“溜缝”，如图 8.1 所示。

（3）对于 4×4 的产品，也是有多少个就要使用多少个包裹，但是这些产品装好之后，每个包裹会最多剩下 5 个 2×2 的空间，这时就需要先使用 5 个 2×2 的产品去“溜缝”。需要注意的是，如果 2×2 的产品用完，这时，如果 1×1 的产品有剩余，就要使用 1×1 的产品继续“溜缝”，如图 8.2 所示。

图 8.1　5×5 产品剩余空间

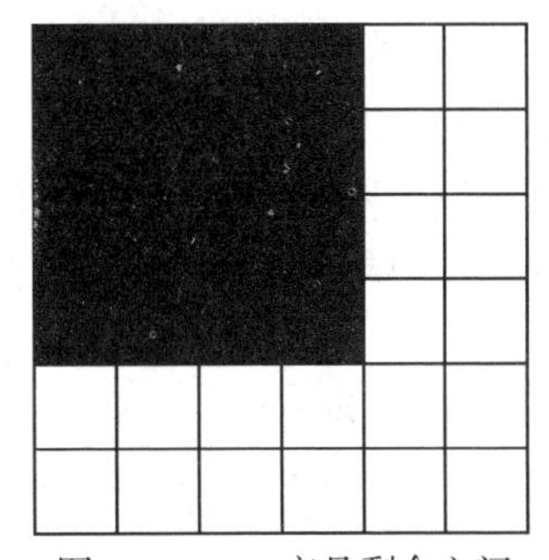

图 8.2　4×4 产品剩余空间

（4）对于 3×3 的产品，因为 4 个 3×3 的产品能使用一个包裹，因此 3×3 产品的数量除以 4 就是所需要的包裹数，需要注意的是，最后一个包裹可能装 1 个或 2 个或 3 个 3×3 的产品，因此相应的剩余空间先用 2×2 产品“溜缝”。如果 2×2 产品用完，再使用 1×1 的产品进行“溜缝”，不同剩余空间如图 8.3 所示。

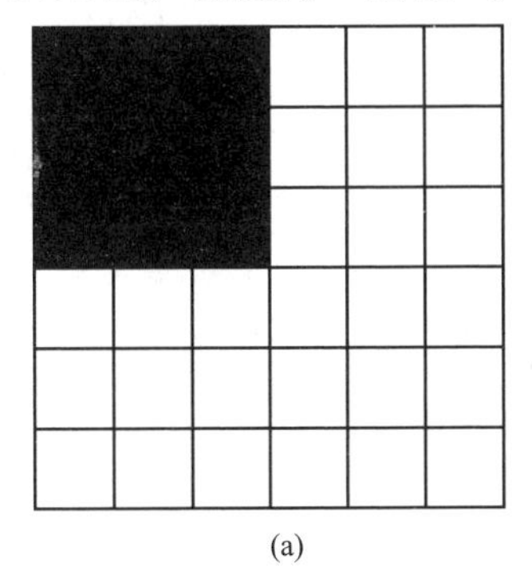

(a)

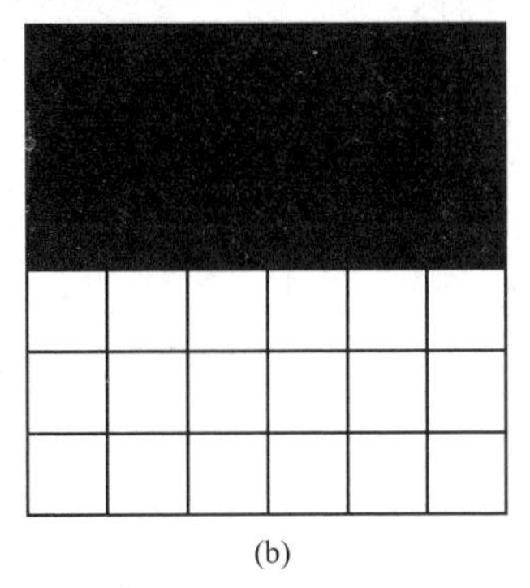

(b)

(c)

图 8.3　（a）（b）（c）分别代表最后一个包裹装了 1、2、3 个 3×3 的产品

（5）对于 2×2 的产品，因为 9 个 2×2 的产品能使用一个包裹，因此 2×2 产品的数量除以 9 就是所需要的包裹数。这时，如果有剩余的空间，则需要使用 1×1 的产品“溜缝”。

（6）对于 1×1 的产品，因为 36 个产品能够装在一个包裹里面，因此 1×1 的产品的数量除以 36 就是所需要的包裹数。

参考代码：

```
#include "stdio.h"
int main()
{ int j=0,t,yu;
  int number=0;
  int a[6];
  scanf("%d%d%d%d%d%d",&a[0],&a[1],&a[2],&a[3],&a[4],&a[5]);// 读入一行
  while(a[0]!=0||a[1]!=0||a[2]!=0||a[3]!=0||a[4]!=0||a[5]!=0)
  {   number=0 ;
      // 由 6*6 到 1*1 逐个填充
      if(a[5]!=0) // 填充 6*6
            number=number+a[5];
      if(a[4]!=0) // 填充 5*5
          {   number=number+a[4];
              if(11*a[4]-a[0]>=0)
                 a[0]=0;
              else
                 a[0]=a[0]-11*a[4];
          }
      if(a[3]!=0) // 填充 4*4
         {   number=number+a[3];
             if(5*a[3]-a[1]>=0)
             {  t=5*a[3]-a[1];
                if(t*4-a[0]>=0)
                      a[0]=0;
                else
                      a[0]=a[0]-t*4;
                a[1]=0;
             }
             else
                a[1]=a[1]-5*a[3];
         }
```

```
if(a[2]!=0)  //填充 3*3
  {    number=number+a[2]/4;
       yu=a[2]%4;
       if(yu>0)
         {   number++;
             if(yu==1)
               {  if(a[1]>=5)
                  {   a[1]=a[1]-5;
                      if(a[0]>=7)
                            a[0]=a[0]-7;
                      else
                            a[0]=0;
                  }
                  else
                      {    if(a[0]>=(5-a[1])*4+7)
                           {  a[0]=a[0]-((5-a[1])*4+7);
                           }
                          else
                              a[0]=0;
                          a[1]=0;
                      }
               }
             else if(yu==2)
                 {   if(a[1]>=3)
                       {a[1]=a[1]-3;
                        if(a[0]>=6)
                             a[0]=a[0]-6;
                       else
                             a[0]=0;
                       }
                    else
                    {   if(a[0]>(3-a[1])*4+6)
                             a[0]=a[0]-((3-a[1])*4+6);


                         else
                              a[0]=0;
                        a[1]=0;
```

```
                        }
                    }
                else  if(yu==3)
                    {    if(a[1]>=1)
                        {    a[1]=a[1]-1;
                             if(a[0]>=5)
                                 a[0]=a[0]-5;
                             else
                               a[0]=0;
                        }
                    }
                }
            }
        if(a[1]!=0) //填充2*2
            {  number=number+a[1]/9;
               a[1]=a[1]%9;
               if(a[1]!=0)
               {   number++;
                   if((9-a[1])*4<=a[0])
                      {  a[0]=a[0]-(9-a[1])*4;
                      }
                   else
                      a[0]=0;
               }
            }
            if(a[0]!=0) //填充1*1
                {  number=number+a[0]/36;
                    if(a[0]%36!=0)
                         number++;
                }
            printf("%d\n",number);
            scanf("%d%d%d%d%d%d",&a[0],&a[1],&a[2],&a[3],&a[4],&a[5]);
  }
    return 0;
}
```

例 4：埃及分数

在古埃及，人们使用单位分数（形如 1/*a*，*a* 是自然数）的和表示一切有理数。如：

2/3= 1/2+1/6，但不允许 2/3=1/3+1/3，因为加数中有相同的。对于一个分数 a/b，表示方法有很多种，但是哪种最好呢？首先，加数少的比加数多的好。其次，加数个数相同的，最左端分数越大，最右端的分数越小越好。如：19/45=1/3+1/12+1/180，19/45=1/3+1/15+1/45，19/45=1/3+1/18+1/30，19/45=1/4+1/6+1/180，19/45=1/5+1/6+1/18。最好的是第一种。给出 a，b（$0<a<b<1000$），编程计算最好的表达方式。

输入：

a/b

输出：

自大到小若干个埃及分数组成的表达式。

样例输入：

19/45

样例输出：

1/3+1/12+1/180

问题分析：

采用贪心策略的分析过程如下：

$$\frac{a}{b}=\frac{1}{\frac{b}{a}} \Longrightarrow \frac{1}{1+\left\lfloor\frac{b}{a}\right\rfloor}<\frac{1}{\frac{b}{a}}<\frac{1}{0+\left\lfloor\frac{b}{a}\right\rfloor}$$

设$\left\lfloor\frac{b}{a}\right\rfloor+1=c$，则小于$\frac{a}{b}$的最大埃及分数为$\frac{1}{c}$。

则$\frac{a}{b}-\frac{1}{c}=\frac{a*c-b}{b*c}$

再令 $a=a*c-b$　$b=b*c$

上述过程不断迭代，直到 $a=1$ 时或 $b\%a=0$ 结束。

参考代码：

```
#include<stdio.h>
int main()
{      long int a,b,c;
       while(scanf("%ld/%ld")&a,&b)!=EOF) //输入分子 a 和分母 b
        {    while(1)
             {
                 if(b%a) //若分子不能整除分母，则分解出一个分母为 b/a+1 的埃及分数
                      c=b/a+1;
                 else  //否则，输出化简后的真分数（埃及分数）
                    {  c=b/a;
                       a=1;
                    }
                 if(a==1)
```

```
                {   printf("1/%ld\n",c);
                    break; //a 为 1 标志结束
                }
            else
                printf("1/%ld+",c);
            a=a*c-b; // 求出余数的分子
            b=b*c; // 求出余数的分母
        }
    }
    return 0;
}
```

例 5： 今年暑假不 AC（hdu 2037）

“今年暑假不 AC？”

“是的。”

“那你干什么呢？”

“看世界杯呀，笨蛋！”

“@#$%^&*%…”

确实如此，世界杯来了，球迷的节日也来了，估计很多 ACMer 也会抛开电脑，奔向电视了。作为球迷，一定想看尽量多的完整比赛，当然，作为新时代的好青年，你一定还会看一些其他的节目，比如《新闻联播》（永远不要忘记关心国家大事）、《非常6+1》、《超级女声》，以及王小丫的《开心辞典》等，假设你已经知道了所有你喜欢看的电视节目的转播时间表，你会合理安排吗？（目标是能看尽量多的完整节目）

输入：

输入数据包含多个测试用例，每个测试用例的第一行只有一个整数 n（$n \leqslant 100$），表示你喜欢看的节目的总数，然后是 n 行数据，每行包括两个数据 T_{i_s}、T_{i_e}（$1 \leqslant i \leqslant n$），分别表示第 i 个节目的开始和结束时间，为了简化问题，每个时间都用一个正整数表示。n=0 表示输入结束。

输出：

对于每个测试用例，输出能完整看到的电视节目的个数，每个测试用例的输出占一行。

样例输入：

12

1 3

3 4

0 7

3 8

15 19

15 20

10 15

8 18

6 12

5 10

4 14

2 9

0

样例输出：

5

问题分析：

根据题意，结束越早的节目，可能被看完整的概率越大，因此先按照节目结束时间进行升序排序如下：

1 3

3 4

0 7

3 8

2 9

5 10

6 12

4 14

10 15

8 18

15 19

15 20

接下来，寻找距离第 1 个节目最近的，并且其开始的时间大于等于第 1 个节目结束时间的节目，即第 2 个节目：3 4。同理，距离第 2 个节目最近的下一个节目其开始时间大于等于第 2 个节目结束时间的节目是第 6 个节目：5 10。以此类推，直到找出所有的节目为止。

这道题的贪心体现在：结束时间越早越先处理，每次都寻找距离上一个节目最近的符合条件的节目。

参考代码：

```
#include<stdio.h>
struct data
{     int begin;
      int   end;
}jm[105],t;
```

```
int main()
{    int n,i,j,num;
     while(scanf("%d",&n)!=EOF && n!=0)
     {    num=1;
          for(i=0;i<n;i++)
               scanf("%d%d",&jm[i].begin,&jm[i].end);
          for(i=0;i<n-1;i++)
               for(j=0;j<n-1-i;j++)
                    if(jm[j].end>jm[j+1].end)
                    {    t=jm[j];
                         jm[j]=jm[j+1];
                         jm[j+1]=t;
                    }
          t.end=jm[0].end;
          for(i=1;i<n;i++)
          {    if(jm[i].begin>=t.end)
               {    num++;
                    t.end=jm[i].end;
               }
          }
          printf("%d\n",num);
     }
     return 0;
}
```

例 6： 导弹防御（hdu 1257）

某国为了防御敌国的导弹袭击，设计出一种导弹拦截系统。但是这种导弹拦截系统有一个缺陷：虽然它的第一发炮弹能够到达任意的高度，但是以后每一发炮弹都不能超过前一发的高度。某天，雷达捕捉到敌国的导弹来袭。由于该系统还在试用阶段，所以只有一套系统，因此有可能不能拦截所有的导弹。怎么办呢？多搞几套系统呗！你说说倒蛮容易，成本呢？成本是个大问题啊。所以俺就到这里来求救了，请帮助计算一下最少需要多少套拦截系统。

输入：

输入若干组数据，每组数据包括：导弹总个数（正整数），导弹依次飞来的高度（雷达给出的高度数据是不大于 30000 的正整数，用空格分隔）。

输出：

对应每组数据输出拦截所有导弹最少要配备多少套这种导弹拦截系统。

样例输入：

8 389 207 155 300 299 170 158 65

样例输出：

2

问题分析：

根据题意，每个导弹都要被拦截，因此，第 1 个导弹拦截系统的最大高度就是第 1 枚导弹的高度，后面的导弹如果比第 1 个导弹拦截系统低，那么第 1 个导弹拦截系统的最大高度调整为该导弹的高度；如果后面的导弹比第 1 个导弹拦截系统的目前高度高，那么就需要第 2 个导弹拦截系统，并且第 2 个导弹拦截系统的初始最大拦截高度就是该导弹的高度。这样以此类推，当新导弹来的时候，从前到后遍历所有当前已经存在的导弹拦截系统的目前高度，找到第 1 个比该导弹高的拦截系统，更新该拦截系统的高度。重复上述过程，直到所有导弹处理完，则导弹拦截系统的个数也随之确定了。

以样例输入为例，拦截系统的确定过程如图 8.4 所示。

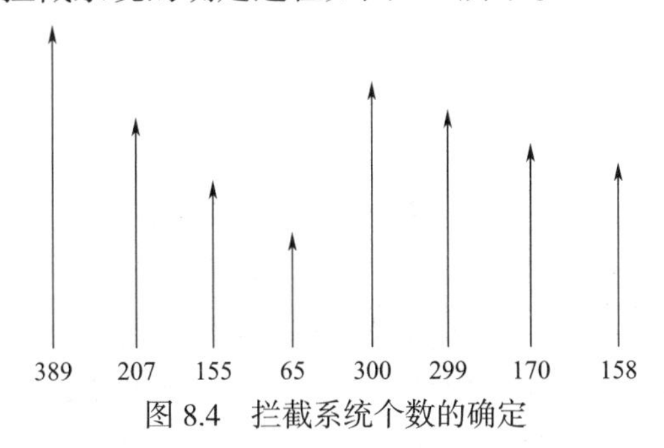

图 8.4　拦截系统个数的确定

第 1 个导弹拦截系统的高度变化依次为：389，207，155，65。

第 2 个导弹拦截系统的高度变化依次为：300，299，170，158。

贪心的思想体现在：例如当高度为 65 的导弹飞来的时候，从低到高遍历当前导弹拦截系统的高度（155 和 158），选高于 65 的第 1 个导弹拦截系统，因为这样选择就能充分利用目前拦截高度低的导弹拦截系统。如果选择高度是 158 的导弹拦截系统，则第 2 个导弹拦截系统的高度就要调整为 65，那么，如果下一个导弹的高度是 157，则目前两个导弹拦截系统都用不了，只能重新配一套新的导弹拦截系统。

参考代码：

```
#include<stdio.h>
int main()
{   int daodan[30001];
    int lanjie[30001];
    int i,j,k,n;
    while(scanf("%d",&n)!=EOF)
    {    k=0;
         for(i=0;i<n;i++)
```

```
            {    scanf("%d",&daodan[i]);
                 for(j=0;j<k;j++)
                 {  if(lanjie[j]>=daodan[i])
                     {   lanjie[j]=daodan[i];
                         break;
                     }
                 }
                 if(j==k)
                 lanjie[k++]=daodan[i];
            }
            printf("%d\n",k);
        }
    }
```

8.5 本章小结

采用贪心策略是通过选择每个阶段的局部最优解来获得最终的全局最优解。并且每个阶段的解一旦确定就不会被改变。采用这种策略最关键的问题是：能否确定待解决的问题到底适不适合采用贪心策略，本章例题大多采用经验和直觉的方法，如果采用数学的方法来证明，有时会非常困难。如果在不能确定的情况下使用贪心策略，就容易造成“漏解”。因此贪心算法虽然效率高、代码简单，但一定要谨慎使用。

思 考 题

1. 输入一个正整数 n，去掉 s 个数字后剩下的数字按原左右次序将组成一个新的正整数。求所有可能组成的正整数中最小的正整数。

输入：

输入的第一行是一个正整数 n（长度 <100），第二行是一个正整数 s，表示去掉数字的个数。

输出：

输出一行，表示所形成的最小正整数。

样例输入：

357621

3

样例输出：

321

2. 有 n 根长度和重量都已知的木棍。这些木棍要用机器一根一根地加工。机器准备加工木棍需要一段时间，称为设置时间。设置时间用于清洗和更换机器中的刀具。机器设置时间如下：

（a）第一根木棍的安装时间为 1min。

（b）在加工长度为 l、重量为 w 的木棍后，如果下一根待加工木棍的长度 l' 和重量 w' 满足：$l \leqslant l'$ 和 $w \leqslant w'$，则机器将不需要重新设置。否则，需花费 1min 重新设置机器。

请你找到最短的设置时间来处理 n 根木棍。例如，如果您有五个木棍，它们的长度和重量分别为（4，9）、（5，2）、（2，1）、（3，5）和（1，4），则由于存在一个系列对：（1，4）、（3，5）、（4，9）、（2，1）、（5，2），因此最短设置时间应为 2min（hdu 1501）。

输入：

第一行输入一个整数，即测试用例的数量。每个测试用例由两行组成：第一行是一个整数 $n(1 \leqslant n \leqslant 5000)$，代表测试用例中木棒的数量；第二行包含 $2n$ 个正整数：l_1，w_1，l_2，w_2，…，l_n，w_n，每个数的数量级不超过 10000，其中 l_i 和 w_i 分别是第 i 根木棍的长度和重量。$2n$ 个整数由一个或多个空格分隔。

输出：

每个用例输出以分钟为单位的最小设置时间。

样例输入：

2

5

4 9 5 2 2 1 3 5 1 4

3

2 2 1 1 2 2

样例输出：

2

1

3. 输入 n 个正整数，现请你将他们连接在一起成为一个最大的数字。

输入：

输入的第一个数 $n(n<20)$ 表示整数个数，后面 n 个数用一个空格隔开。

输出：

输出一行，表示所形成的最大正整数。

样例输入：

3 56 231 9

样例输出：

956231

4. 假设有 m 个人，包括你，在玩一个特殊的纸牌游戏。开始时，每个玩家收到 n 张牌。每张牌上的点是一个最大为 $n \times m$ 的正整数，并且没有两张牌具有相同的点。在一轮中，每个玩家选择一张牌与其他人进行比较。点数最大的玩家获胜。在 n 轮之后，赢得最多回合的玩家就是游戏的赢家。考虑到你在开始时收到的牌，写一个程序告诉你在整个游戏中你至少可以赢的最大回合数（hdu 1338）。

输入：

输入由多个测试用例组成。每个用例的第一行包含两个整数 m（$2 \leqslant m \leqslant 20$）和 n（$1 \leqslant n \leqslant 50$），分别表示玩家数量和每个玩家在游戏开始时收到的牌数。后面是一行 n 个正整数，表示您在开始时收到的每张牌的点数。输入 0 0 时结束。

输出：

对于每个测试用例，输出一个整数，即至少可以赢的回合数。

样例输入：

2 5

1 7 2 10 9

6 11

62 63 54 66 65 61 57 56 50 53 48

0 0

样例输出：

2

4

5. 某粮食加工厂员工小李开着一辆载重量为 W 的货车去乡下某农场收购农产品，该农场共种植了 N 种农产品，他想一次拉回价值尽可能多的农产品，你能帮助他吗?

输入：

输入第一行包括两个数，货车载重量 W（$W<10^{10}$），农产品的种数 N（$N<100$）。第二行 $2N$ 个数，表示 N 个农产品的总重量和总价值。

输出：

拉回农产品的最大价值，保留两位小数。

样例输入：

10 5

3 2 1 4 5 5 4 3 6 2

样例输出：

12.00

第 9 章　动态规划

引例：数塔（hdu 2084）

已知一个数塔，如图 9.1 所示，要求找出从塔顶到塔底的一条路径，使该路径上的数字之和最大。

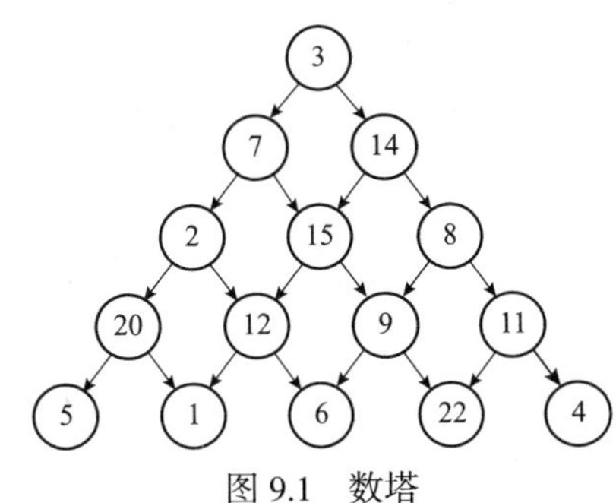

图 9.1　数塔

输入：

输入数据首先包括一个整数 C，表示测试用例的个数，每个测试用例的第一行是一个整数 N（$1 \leqslant N \leqslant 100$），表示数塔的高度，接下来用 N 行数字表示数塔，其中第 i 行有 i 个整数，且所有的整数均在区间 [0，99] 内。

输出：

对于每个测试用例，输出可能得到的最大和，每个用例的输出占一行。

样例输入：

1

5

3

7 14

2 15 8

20 12 9 11

5 1 6 22 4

样例输出：

63

问题分析：

这道题如果使用贪心策略，即每步总是选择最大的数，则得到的路径是 3 → 14 → 15 → 12 → 6，则和为 50。显然，最优路径为 3 → 14 → 15 → 9 → 22，和为 63。因此，这道题并不能使用贪心策略。而如果采用蛮力策略虽然可以找到最优解，但却非常耗时。

根据数塔结构特征，可以考虑从第 4 层（倒数第 2 层）开始分步计算，因为每一个数只与下一层的两个数相连，因此，如果第 4 层选择数 20，那么第 5 层一定选择数 5。同理，如果第 4 层选择数 12，则第 5 层一定选择 6；如果第 4 层选择数 9，则第 5 层一定选择 22；如果第 4 层选择数 11，则第 5 层一定选择 22。这样，把第 4 层、第 5 层的选择结果累加到第 4 层当中，则第 4 层存放的就是 4、5 层的最优结果。同理，再分别计算出第 3 层、第 2 层和第 1 层的累加结果，最终 1~5 层的最优结果就放在第 1 层里，实现过程如图 9.2 所示。

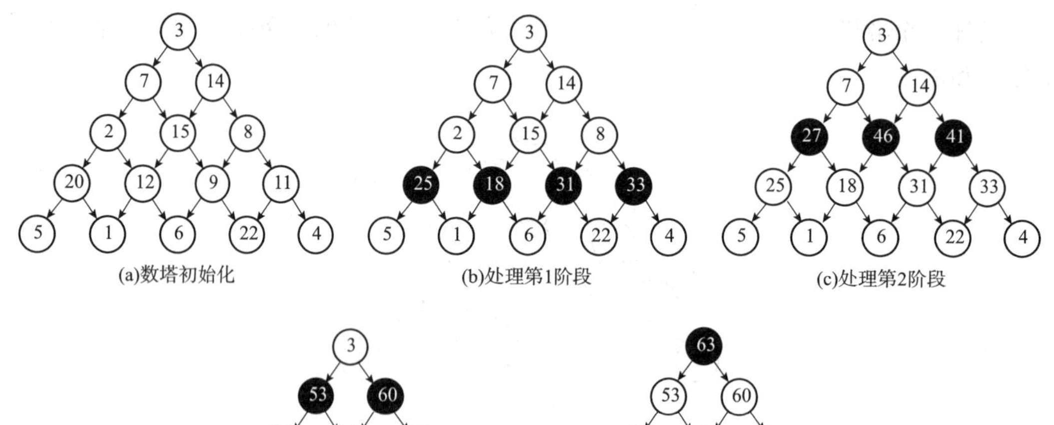

(a)数塔初始化 (b)处理第1阶段 (c)处理第2阶段

(d)处理第3阶段 (e)处理第4阶段

图 9.2　分阶段实现过程

代码实现：

```
#include <stdio.h>
#define max(x,y)(x>y?x:y)
int main()
{   int t;
    scanf("%d",&t);
    while(t--)
    {   int a[101][101],i,j,n;
            scanf("%d",&n);
            for(i=1;i<=n;i++)
                for(j=1;j<=i;j++)
                    scanf("%d",&a[i][j]);
```

```
            for(i=n;i>=2;i--)                              // 分成 n-1 个阶段
                for(j=1;j<=n-1;j++)
                    a[i-1][j]+=max(a[i][j],a[i][j+1]);     // 状态转移方程
            printf("%d\n",a[1][1]);                        // 输出最终结果
        }
    return 0;
}
```

9.1　动态规划所要解决问题的特征

1. 最优解具有最优子结构

问题的最优解所包含的子问题的解也是最优的。例如数塔问题的最优解是 63，每层所选的数由上向下依次为 3、14、15、9、22。第 2 层选择的数是 14，以 14 为塔顶的金字塔的最优解为 60；第 3 层选择的数是 15，以 15 为塔顶的金字塔的最优解为 46；第 4 层选择的数是 9，以 9 为塔顶的金字塔的最优解为 31。由此可知：该最优路径上以每个数为顶点的金字塔的解也是最优的。

2. 阶段的解具有无后向性

当前阶段的状态一旦确定，在后续阶段就不会被改变。例如图 9.2 中第 1 阶段的处理结果 25、18、31、33 在第 2、3、4 阶段没有被改变过。同理，第 2 阶段的处理结果 27、46、41 在第 3、4 阶段没有被改变过。第 3 阶段的处理结果 53、60 在第 4 阶段也没有被改变过。

3. 子问题重叠

当前阶段一个子问题的解可能被以后阶段求解子问题时多次用到。例如图 9.2（b）中第 1 阶段产生的 18，分别在第 2 阶段处理 2 和 15 时被用到。这个问题特征虽然并不是使用动态规划的必要条件，但是如果问题不满足该性质，则动态规划与其他策略相比就不具备明显优势。

9.2　动态规划处理问题的思想

1. 分阶段实现

把问题分成若干个阶段，并按一定的次序来分别处理，每个阶段可能包含若干个子问题，并且每个子问题具有局部最优解（最优子结构、最优化原理），因此可采用贪心策略来实现。因为无法确定当前阶段所有子问题的解是不是全局最优解的一部分，因此

需要将所有子问题的解进行存储。并且这些被存储的子问题的解不会在后续阶段被改变（无后向性）。

2. 处理当前阶段时要用到过去阶段的处理结果

当前阶段子问题的解可以通过使用存储的过去阶段子问题的解来得到，并且当前阶段存储的解是过去所有阶段的最优解，即当前状态是“过去历史的总结”，这是动态规划策略之所以效率高的一个主要原因。

因此，动态规划策略的主要动作可概括如下：

动态规划 = 阶段递推 + 局部贪心 + 存储各阶段的处理结果

9.3　动态规划处理问题的步骤

1. 划分阶段

按照问题的时间或空间特征，将问题划分成若干个阶段，并且阶段之间一定是有次序的。

2. 选择状态

状态要根据问题的要求来确定，并且状态一旦确定就不能在后续阶段被改变，即要满足无后向性的特点。

3. 确定状态转移方程

这是动态规划的难点，即如何根据已存储的、前阶段的状态来确定当前阶段的状态。

9.4　经典例题解析

例 1：汉明码（hdu 3199）

给定三个素数 $p1$，$p2$ 和 $p3$，让我们定义汉明码序列：H_i（p1，p2，p3），i=1，⋯该序列包含一个递增的自然数序列，这些自然数只有 $p1$，$p2$ 或 $p3$ 三个素数因子。

例如，H（2，3，5）= 2，3，4，5，6，8，9，10，12，15，16，18，20，24，25，27，⋯因此，H_5（2，3，5）=6。

输入：

输入的每一行是由空格分隔的整数：$p1$ $p2$ $p3$ i。

输出：

输出一个整数——H_i（p1，p2，p3），所有的数小于 10^{18}。

样例输入：

7 13 19 100

样例输出：

26590291

问题分析：

由题意可知：任意一个汉明码都是由若干个素数因子的乘积得到的。例如：120=2×2×2×3×5 是由 5 个因子相乘，它也可以由 120=24×5 得到。换而言之，任意一个汉明码可以直接由一个已经存在的汉明码或者乘以 2，或者乘以 3，或者乘以 5 得到，因此该问题具有最优子结构特征。另外，由题意可知：已经确定的汉明码不会被后续新生成的汉明码所改变，因此也满足无后向性的特征。再者，已经存在的汉明码可以被 2 乘，也可被 3 乘，也可被 5 乘，因此也满足了子问题重叠的特征。因此，该问题可以通过动态规划来解决。

实现步骤：

1. 阶段划分

每个汉明码的生成就是一个阶段。

2. 状态选择

因为所求的是汉明码序列，因此本题的状态就是待生成的汉明码，状态存储采用线性表。

3. 确定状态转移方程

由题意可知：因为待生成的汉明码是由已生成的汉明码通过乘 2，或乘 3，或乘 5 得到，因此状态转移方程可以确定为：

num（i）=min（num（a）*2，num（b）*3，num（c）*5）

其中 i 为待生成的汉明码序列的位置，a、b、c 为已生成的汉明码序列的某一位置。具体过程如表 9–1 所示。其中，a、b、c 依次从最左端 1 开始遍历已经生成的汉明码，在遍历的过程中使用状态转移方程生成新的汉明码。如表 9.1 中新生成的第 20 个汉明码为：

num（20）=min（num（a）*2，num（b）*3，num（c）*5）=min（20*2，15*3，9*5）=40。

表 9.1　汉明码生成过程

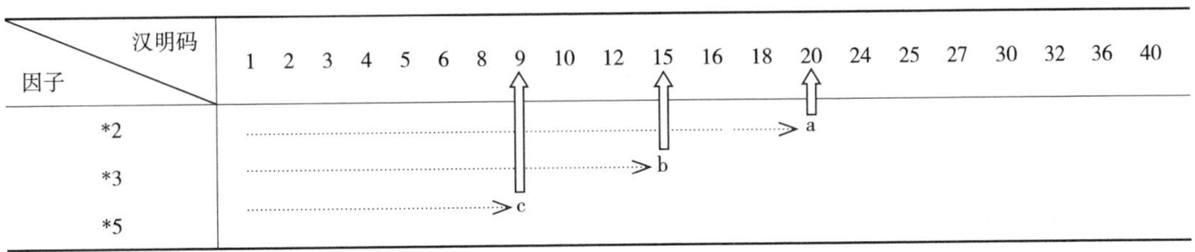

参考代码：

```
#include "stdio.h"
_int64 minx(_int64  p1,_int64  p2,_int64  p3)
```

```
{   _int64  min=p1;
    if(p2<min)min=p2;
    if(p3<min)min=p3;
    return min;
}
int main()
{   int p1,p2,p3,t,i;
    int a,b,c;
    _int64  num[10000],min;
    scanf("%d%d%d%d",&p1,&p2,&p3,&t);
    a=b=c=0;
    num[0]=1;
    for(i=1;i<=t;i++)
    {    num[i]=minx(p1*num[a],p2*num[b],p3*num[c]); //状态转移方程
         if(num[i]==p1*num[a])
                 a++;
         if(num[i]==p2*num[b])
                 b++;
         if(num[i]==p3*num[c])
                 c++;
    }
   printf("%I64d\n",num[t]);
}
```

例 2： 滑雪（pku 1088）

Michael 喜欢滑雪这并不奇怪，因为滑雪的确很刺激。可是为了获得速度，滑的区域必须向下倾斜，而且当你滑到坡底，你不得不再次走上坡或者等待升降机来载你。Michael 想知道在一个区域中最长的滑坡。区域由一个二维数组给出，数组的每个数字代表点的高度。下面是一个例子：

1	2	3	4	5
16	17	18	19	6
15	24	25	20	7
14	23	22	21	8
13	12	11	10	9

一个人可以从某个点滑向上、下、左、右四个比该点低的相邻点之一。在上面的例子中，一条可滑行的滑坡为 24-17-16-1，当然 25-24-23-…-3-2-1 更长，事实上，这是最长的一条。

输入：

输入的第一行表示区域的行数 R 和列数 C（$1 \leqslant R, C \leqslant 100$）。下面是 R 行，每行有 C 个整数，代表高度 h（$0 \leqslant h \leqslant 10000$）。

输出：

输出最长的滑行长度。

样例输入：

4 4

4 16 11 5

13 8 2 12

10 1 7 6

15 9 3 14

样例输出：

3

问题分析：

由题意可知：在以二维数组表示山的不同位置高度的情况下，在某个位置的上、下、左、右四个位置中，假设比中间位置低的位置的滑行最长距离能确定的话，假设值为 x，则该中间位置最长的滑行距离为 $x+1$，因此该问题具有最优子结构特征。另外，低位置的滑行长度一旦确定就不会被改变，因此该问题又具有无后向性。再者，根据题意，任何一个位置滑行长度求出之后，在确定与之相邻的位置滑行长度的时候，可以重复使用，所以该问题具有子问题重叠特征。因此该问题适合采用动态规划来解决。

实现步骤：

1. 阶段划分

按位置的高低由低到高排序，对每个位置的处理就是一个阶段。

2. 状态的选择

位置的滑行长度作为状态。

3. 状态转移方程

根据题意，某个位置的状态与该位置的上、下、左、右四个位置的状态有关，处理的次序按照位置的高度由低到高依次进行，确定状态转移方程如下：

`len[i][j]=len[m][n]+1(heigh[i][j]>heigh[m][n] 并且 len[i][j]<=len[m][n])`

其中，`len[m][n]` 存放位置 `(m,n)` 的最大滑行长度，`len[i][j]` 为 `len[m][n]` 四邻域内元素，`heigh[i][j]` 存放位置 `(i,j)` 的高度。

图 9.3 为分阶段处理过程，由图 9.3（c）开始，数组中背景为黑色的数字是正在处理的点的最长滑行长度。按照图 9.3（a）的初始各点的高度由低到高的次序进行处理。结果如图 9.3（r）所示。该数组中最大的数 +1 就为最长的滑行长度。

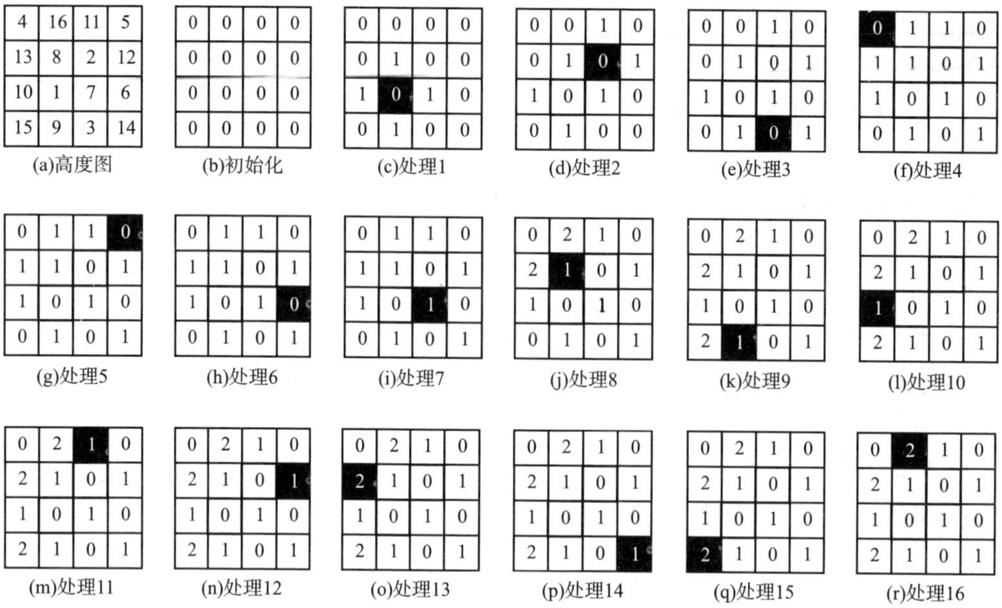

4	16	11	5
13	8	2	12
10	1	7	6
15	9	3	14

(a)高度图

0	0	0	0
0	0	0	0
0	0	0	0
0	0	0	0

(b)初始化

0	0	0	0
0	1	0	0
1	0	1	0
0	1	0	0

(c)处理1

0	0	1	0
0	1	0	1
1	0	1	0
0	1	0	0

(d)处理2

0	0	1	0
0	1	0	1
1	0	1	0
0	1	0	1

(e)处理3

0	1	1	0
1	1	0	1
1	0	1	0
0	1	0	1

(f)处理4

0	1	1	0
1	1	0	1
1	0	1	0
0	1	0	1

(g)处理5

0	1	1	0
1	1	0	1
1	0	1	0
0	1	0	1

(h)处理6

0	1	1	0
1	1	0	1
1	0	1	0
0	1	0	1

(i)处理7

0	2	1	0
2	1	0	1
1	0	1	0
0	1	0	1

(j)处理8

0	2	1	0
2	1	0	1
1	0	1	0
2	1	0	1

(k)处理9

0	2	1	0
2	1	0	1
1	0	1	0
2	1	0	1

(l)处理10

0	2	1	0
2	1	0	1
1	0	1	0
2	1	0	1

(m)处理11

0	2	1	0
2	1	0	1
1	0	1	0
2	1	0	1

(n)处理12

0	2	1	0
2	1	0	1
1	0	1	0
2	1	0	1

(o)处理13

0	2	1	0
2	1	0	1
1	0	1	0
2	1	0	1

(p)处理14

0	2	1	0
2	1	0	1
1	0	1	0
2	1	0	1

(q)处理15

0	2	1	0
2	1	0	1
1	0	1	0
2	1	0	1

(r)处理16

图 9.3　分阶段处理过程

参考代码：

```
#include<stdio.h>
#include<iostream>
#include<algorithm>
#include<string.h>
using namespace std;
struct point
{ int x;
  int y;
  int h;
};
int cmp(point a,point b)
{   return a.h<b.h;
}
int main()
{ int r,c;
  int i,j;
  int num=0;
  int height[101][101];
  int len[101][101];
  memset(len,0,sizeof(len));
  point points[10001];
```

```
scanf("%d%d",&r,&c);
for(i=0;i<r;i++)
{  for(j=0;j<c;j++)
   {    scanf("%d", &height[i][j]);
        points[num].x=i; //记录坐标，下同
        points[num].y=j;
        points[num].h=height[i][j];
        num++;
   }
 }
sort(points,points+r*c,cmp); //按照高度从小到大排序
for(i=0;i<r*c;i++) //从小到大依次处理
 {    if(height[points[i].x][points[i].y]<height[points[i].x][points[i].
    y+1]&&len[points[i].x][points[i].y]>=len[points[i].x][points[i].
    y+1]&&points[i].y+1<c)
        {
        len[points[i].x][points[i].y+1]=len[points[i].x][points[i].y]+1;
        }
     if(height[points[i].x][points[i].y]<height[points[i].x+1]
     [points[i].y]&&len[points[i].x][points[i].y]>=len[points[i].x+1]
     [points[i].y]&&points[i].x+1<r)
        {len[points[i].x+1][points[i].y]=len[points[i].x][points[i].
        y]+1;
         }
     if(height[points[i].x][points[i].y]<height[points[i].x]
     [points[i].y-1]&&len[points[i].x][points[i].y]>=len[points[i].x]
     [points[i].y-1]&&points[i].y-1>=0)
        {
         len[points[i].x][points[i].y-1]=len[points[i].x][points[i].
        y]+1;
        }
     if(height[points[i].x][points[i].y]<height[points[i].x-1]
     [points[i].y]&&len[points[i].x][points[i].y]>=len[points[i].x-1]
     [points[i].y]&&points[i].x-1>=0)
        {len[points[i].x-1][points[i].y]=len[points[i].x][points[i].
        y]+1;
        }
```

```
    }
    int max=0;
    for(i=0;i<r;i++)
    {       for(j=0;j<c;j++)
            {     if(len[i][j]>max)
                      max=len[i][j]; //找出最大的滑行长度
            }
    }
    printf("%d\n",max+1);
    return 0;
}
```

例 3： 毛毛虫（hdu 2151）

Mary 在她家门口水平种了一排苹果树，共有 N 棵。突然 Mary 发现在左起第 P 棵树上（从 1 开始计数）有一条毛毛虫。为了看到毛毛虫变蝴蝶的过程，Mary 在苹果树旁观察了很久，虽然没有看到蝴蝶，但 Mary 发现了一个规律：每过 1min，毛毛虫会随机从一棵树爬到相邻的一棵树上。比如刚开始毛毛虫在第 2 棵树上，过 1min 后，毛毛虫可能会在第 1 棵树上或者第 3 棵树上。如果刚开始时毛毛虫在第 1 棵树上，过 1min 以后，毛毛虫一定会在第 2 棵树上。现在告诉你苹果树的数目 N，以及毛毛虫刚开始所在的位置 P，请问：在 M（min）后，毛毛虫到达第 T 棵树，一共有多少种行走方案数。

输入：

本题目包含多组测试用例，每组用例占一行，包括四个正整数 N、P、M、T（含义见题目描述，$0<N$、P、M、$T<100$）。

输出：

对于每组用例，在一行里输出可能的方案数。题目数据保证答案小于 10^9。

样例输入：

3 2 4 2

3 2 3 2

样例输出：

4

0

提示：

第一组测试中有以下四种走法：

2->1->2->1->2

2->1->2->3->2

2->3->2->1->2

2->3->2->3->2

问题分析：

由题意可知：毛毛虫只能向相邻的左右两棵树进行移动，因此，在第 *M*（min）时，到达第 *T* 棵树的不同走法等于第 *M*–1（min）到达 *T*–1 棵和 *T*+1 棵树不同走法之和。因此该问题具有最优子结构特征和子问题重叠特征。另外，第 *M*（min）到达第 *T* 棵树的不同走法一旦确定了，在第 *M*（min）之后就不会变化，因此该问题也具有无后向性。因此，该问题可以用动态规划来做。例如 *P*=8，计算毛毛虫不同走法过程如表 9.2 所示。

表 9.2　毛毛虫每分钟到达每棵树的不同走法

树号 时间	0	1	2	3	4	5	6	7	8	9	10	11	12	13	14	15	16	17
0	0	0	0	0	0	0	0	0	1	0	0	0	0	0	0	0	0	0
1	0	0	0	0	0	0	0	1	0	1	0	0	0	0	0	0	0	0
2	0	0	0	0	0	0	1	0	2	0	1	0	0	0	0	0	0	0
3	0	0	0	0	0	1	0	3	0	3	0	1	0	0	0	0	0	0
4	0	0	0	0	1	0	4	0	6	0	4	0	1	0	0	0	0	0
5	0	0	0	1	0	5	0	10	0	10	0	5	0	1	0	0	0	0
6	0	0	1	0	6	0	15	0	20	0	15	0	6	0	1	0	0	0
7	0	1	0	7	0	21	0	35	0	35	0	21	0	7	0	1	0	0
8	0	0	8	0	28	0	56	0	70	0	56	0	28	0	8	0	1	0

实现步骤：

1. 阶段划分

根据题意，按照经过的时间进行阶段的划分。

2. 状态选择

因为题目问的是在第 *M*（min）到达第 *T* 棵树不同的走法，因此可以直接选择第 *M*（min）到达第 *T* 棵树不同的走法作为状态。

3. 状态转移方程

因为第 *M*（min）时，到达第 *T* 棵树的不同走法等于第 *M*–1（min）到达 *T*–1 棵和 *T*+1 棵树不同走法之和。因此状态转移方程可以表示如下：

```
a[M][T]=a[M-1][T-1]+a[M-1][T+1]
```

参考代码：

```
#include <stdio.h>
int a[2000][2000];
int main(void)
{     int N,P,M,T,i,k;
      while(scanf("%d%d%d%d",&N,&P,&M,&T)!=EOF)
      {    for(i=0;i<=N+1;i++)
                a[0][i]=0;
           a[0][P]=1;
```

```
                for(k=1;k<=M;k++)
                {   a[k-1][0]=0;
                    a[k-1][N+1]=0;
                    for(i=1;i<=N;i++)
                        a[k][i]=a[k-1][i-1]+a[k-1][i+1]; //状态转移方程
                }
                printf("%d\n",a[M][T]);
        }
        return 0;
    }
```

例 4：最长上升子序列

一个数的序列 B，当 $B_1<B_2<B_3$，…，$<B_S$ 的时候，称这个序列是上升的。对于给定的一个序列（A_1，A_2，…，A_N），可以得到一些上升的子序列（A_{I1}，A_{I2}，…，A_{IK}），这里 $1\leq I1<I2<$，…，$<IK\leq N$，比如，对于序列（1，7，3，5，9，4，8），它的一些上升子序列如（1，7），（3，4，8）等。这些子序列中最长的长度是 4，比如子序列（1，3，5，8）。你的任务就是对于给定的序列，求出最长上升子序列的长度。

输入：

输入的第一行是序列的长度 N（$1\leq N\leq 1000$），第二行给出序列中的 N 个整数，这些整数的取值范围都在 0 到 10000。

输出：

最长上升子序列的长度。

样例输入：

7

1 7 3 5 9 4 8

样例输出：

4

问题分析：

根据题意，以第 1 个元素 A_1 开始，以待处理的当前元素 A_I 为结尾的子序列的最长上升子序列的长度 B_I。该值的确定方法如下：在子序列 A_1，A_2，…，A_{I-1} 中遍历所有的子序列 A_1，A_2，…，A_X（$X\leq I-1$ 且 $A_X<A_I$），其中具有最长上升子序列的长度为 B_Y（$Y\leq I-1$），则 $B_I=B_Y+1$，因此该问题具有最优子结构特征。另外，最长上升子序列的长度 B_I 一旦确定就不会被改变，因此满足无后向性特征。再者，B_I 的值会在处理后面元素的时候反复用到，因此该问题具有子问题重叠特征。

实现步骤：

1. 阶段的划分

每确定一个元素 A_I 的最长上升子序列的长度 B_I 就是一个阶段。

2. 状态的选择

子序列 A_1~A_I 的最长上升子序列的长度 B_I 就是状态。

3. 状态转移方程

$$B_I=B_Y+1$$

其中 B_I 为序列 A_1，A_2，…，A_I 的最长上升子序列的长度，B_Y 为序列 A_1，A_2，…，A_{I-1} 的所有子序列 A_1，A_2，…，A_X（$X \leqslant I-1$ 且 $A_X<A_1$）中最长上升子序列长度。例如序列 {1，7，3，5，9，4，8} 的最长上升子序列的最大长度为 4 的推导过程如表 9.3 所示。

表 9.3　最长上升子序列计算方法过程表

序号 1	1	2	3	4	5	6	7
A_I	1	7	3	5	9	4	8
B_I	1	2	2	3	4	3	4

其中：

$B_1=1$ ；

$B_2=B_1+1$ ；

$B_3=B_1+1$ ；

$B_4=B_3+1$ ；

$B_5=B_4+1$ ；

$B_6=B_3+1$ ；

$B_7=B_6+1$ ；

参考代码：

```
#include<stdio.h>
#define MAX 1001
int a[MAX];
int lis(int x)
{   int num[MAX];
    for(int i=0;i<x;i++)
    {   num[i]=1;
        for(int j=0;j<i;j++)
        {   if(a[j]<a[i]&&num[j]+1>num[i])
                num[i]=num[j]+1;
        }
    }
    int maxx=0;
    for(int i=0;i<x;i++)
```

```
            if(maxx<num[i])
                maxx-num[i];
        return maxx;
}
int main()
{   int n;
    scanf("%d",&n);
    for(int i=0;i<n;i++)
        scanf("%d",&a[i]);
     printf("%d\n",lis(n));
     return 0;
}
```

例 5：最长公共子序列（hdu 1159）

我们称序列 Z 是序列 X 的子序列，当且仅当序列 X 中存在严格上升的子序列（即不一定连续），使得对 j=1，2，…，k，有 $X_i=Z_j$。比如 Z= “abcf” 是 X= “addbedcf” 的子序列。现在给出两个序列 X 和 Y，任务是找到 X 和 Y 的最大公共子序列，也就是说要找到一个最长的序列 Z，使得 Z 既是 X 的子序列也是 Y 的子序列。

输入：

输入包括多组测试数据，每组数据包括一行，给出两个长度不超过 200 的字符串，表示两个序列，两个字符串之间由若干个空格隔开。

输出：

对每组输入数据，输出一行，给出两个序列的最大公共子序列的长度。

样例输入：

abcfbc abfcab

programming contest

abcd mnp

样例输出：

4

2

0

问题分析：

假设求串 Y= “abfcab” 和串 X= “abcfbc” 的最大公共子序列长度，分别以两个串为横、纵坐标建立二维数组，如图 9.4 所示。数组中的数字表示当前两个子串的最大公共子序列长度，例如图中子串 “abfc” 和子串 “abc” 的最大公共子序列长度为 3。因为两个串中最后一个字符相同，都是 ‘c’，因此最长公共子序列的长度为子串 “abf” 和 “ab” 最长公共子序列长度加 1；而子串 “abf” 和子串 “ab” 的最后一位字符不同，因此，最大公共子序列长度为子串 “ab” 和子串 “ab” 的最大公共子序列长度和子串 “abf” 和子串“a”的最大公共子序列长度两者的最大值，为 2。图中箭头表示当前最大公共子序列是依据哪个值得到的。由以上分析可知，该问题具有最优子结构和无后向性的特点。同时，一对子串的最大公共子序列长度可以被以后运算重复使用，因此，该问题也具有子问题重叠特征。

实现步骤：

1. 阶段划分

如图 9.4 所示，二维数组中每一行就是一个阶段。

X \ Y		0	1	2	3	4	5	6
		×	a	b	f	c	a	b
0	×	0	0	0	0	0	0	0
1	a	0	1	1	1	1	1	1
2	b	0	1	2	2	2	2	2
3	c	0	1	2	2	3	3	3
4	f	0	1	2	3	3	3	3
5	b	0	1	2	3	3	3	4
6	c	0	1	2	3	4	4	4

图 9.4　最长公共子序列求解过程

2. 状态选择

根据题意，状态就是当前两个子串的最大公共子序列的长度，对应图中二维数组中的数值。

3. 状态转移方程

假设图中二维数组用 C 表示，两个串分别用 X、Y 表示。则状态转移方程表示如下：

C[i][j]=C[i-1][j-1]+1　　当 X[i-1]=Y[j-1]；

C[i][j]=max（C[i-1][j], C[i][j-1]）当 X[i-1] ≠ Y[j-1];

参考代码：

```
int a[1005][1005];
char s1[1005],s2[1005];
#include "string.h"
#include "stdio.h"
int max(int i,int j)
{   if(i>j) return i;
    else    return j;
}
main()
{   int i,j,l1,l2;
```

```
    while(scanf("%s%s",s1,s2)!=EOF)
    {   l1=strlen(s1);
        l2=strlen(s2);
        for(i=0;i<l2;i++)
             a[i][0]=0;
        for(i=0;i<l1;i++)
             a[0][i]=0;
        for(i=0;i<l1;i++)
            for(j=0;j<l2;j++)
            { //状态转移方程
                  if(s1[i]==s2[j])
                       a[i+1][j+1]=a[i][j]+1;
                  else
                       a[i+1][j+1]=max(a[i][j+1],a[i+1][j]);
            }
        printf("%d\n",a[l1][l2]);
    }
}
```

例 6：求序列的最大子段和

输入：

输入包括多组测试数据，每组测试数据的第一行输入一个 N（$1<N\leqslant 50000$），表示这一组数有多长，第二行是 N 个数。N=0 时输入结束。

输出：

对每组测试数据，输出这一组数的最大子段和。如果最大子段和为负数，则输出 0。

样例输入：

5

–2 5 4 –3 7

10

9 –3 8 –28 98 –30 –20 50 –24 10

0

样例输出：

13

98

问题分析：

因为负数对求最大子段和没有贡献，因此可以采用从左边的数开始进行累加，每累加一个数就判断一下当前所得到的累加和是不是当前最大值，当累加和为负数的时候，则累加和清 0，并从下一位开始重新累加。以样例输入中的第二组数据为例，计算过程如图 9.5 所示。

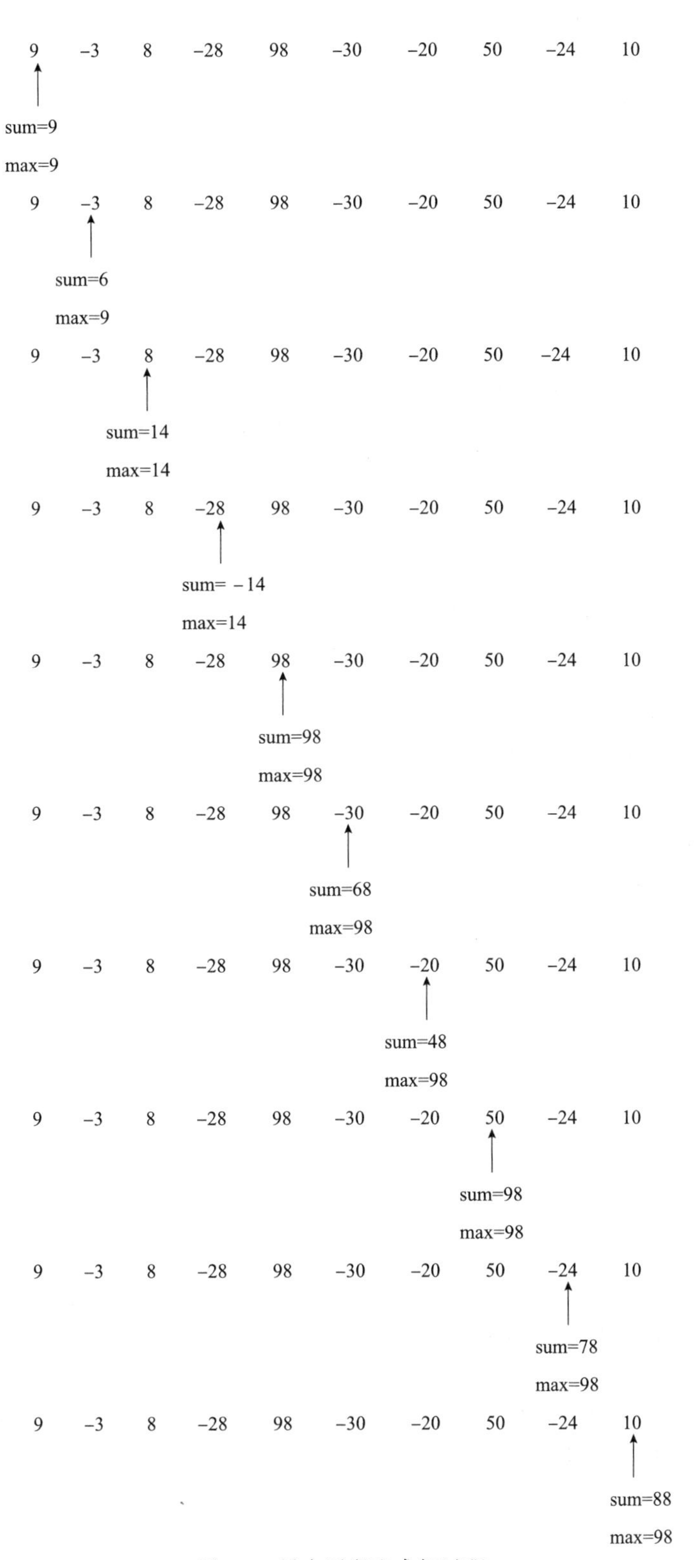

图 9.5　最大子段和求解过程

由上述过程可知：max 的值依次为 9、14、98，因此具有无后向性特点；因为 max 的值是通过累加得到，因此具有子问题重叠特点；每累加一个数，就要保存当前最大的子段和，因此具有最优子结构的特点。

实现步骤：

1. 阶段划分

累加每个数就是一个阶段。

2. 状态选择

当前最大子段和 max 的值为状态。

3. 状态转移方程

状态 max 的值等于目前累加和 sum 与当前 max 的最大值。

max=max(max,sum)

参考代码：

```
#include <stdio.h>
int main()
{ int n;
  long long a[50005],ans=0,dp=0;
  while(scanf("%d",&n)&&n!=0)
   { for(int i=0;i<n;i++)
          scanf("%lld",&a[i]);
     for(int i=0;i<n;i++)
      { if(dp>0)
               dp+=a[i];
            else
               dp=a[i];
            if(dp>ans)
               ans=dp;
      }
     printf("%lld\n",ans);
     ans=0;dp=0;
   }
  return 0;
}
```

例 7： 寻找最大值（hdu 1081）

给定由正整数和负整数组成的二维数组，子矩形是指位于整个数组中的大小为 1×1 或更大的任何相邻子数组。矩形的和是该矩形中所有元素的和。在这个问题中，总和最大的子矩形称为最大子矩形。

例如有如下数组：

0 -2 -7 0

9 2 -6 2

–4 1 –4 1

–1 8 0 –2

其最大子矩阵在左下角：

9 2

–4 1

–1 8

和是 15。

输入：

输入的第一行是一个正整数 N，$N \times N$ 表示二维正方形数组的大小。后面是 N^2 个整数，用空格（空格和换行符）分隔。按行顺序显示。也就是说，第一行中的所有数字，从左到右，然后第二行中的所有数字从左到右，以此类推。N 可以大到 100。数组中的数字将在 [–127 127] 范围内。

输出：

输出最大的子矩阵的和

样例输入：

4

0 –2 –7 0

9 2 –6 2

–4 1 –4 1

–1 8 0 –2

样例输出：

15

问题分析：

以样例输入为例，根据题意，可以分别以第 1 行为起始行，计算第 1 行，第 1、2 行，第 1、2、3 行，第 1、2、3、4 行的各列之和。得到 4 个由 4 个元素组成的一维数组。分别计算这 4 个一维数组的最大子段和，保存最大的值。再分别以第 2 行为起始行，计算第 2 行，第 2、3 行，第 2、3、4 行的各列之和。得到 3 个由 4 个元素组成的一维数组，分别计算这 3 个一维数组的最大子段和，保存最大值。同理，再分别以第 3 行、第 4 行开始，重复上面的步骤，如图 9.6 所示，最后得到的最大值就是解。

0	–2	–7	0
9	2	–6	2
–4	1	–4	1
–1	8	0	–2

图 9.6　求最大子矩阵的过程

实现步骤：

这道题是采用枚举 + 动态规划，采用枚举方法获得所有的一维数组，然后对每一个一维数组采用动态规划的方法求最大子段和，其方法与【例 6】相同。

参考代码：

```
#include<stdio.h>
#include<memory.h>
int max(int n);
int h[101][101];
int te[110];
int main()
{     int i,n,k,sum,j,s;
      while(scanf("%d",&n)!=EOF)
      {   for(i=0;i<n;i++)
              for(k=0;k<n;k++)
                  scanf("%d",&h[i][k]);
          sum=h[0][0];
          for(i=0;i<n;i++) // 生成所有的一维数组
           {   memset(te,0,sizeof(te));
               for(k=i;k<n;k++)
               {   for(j=0;j<n;j++)
                           te[j]+=h[k][j];
                       s=max(n); // 求该一维数组的最大子段和
                       if(s>sum)sum=s;
               }
           }
             printf("%d\n",sum);
      }
      return 0;
}
int max(int n)
{   int i,k,r,t,s=te[0],m=te[0];
    for(i=1;i<n;i++)
    {  if(te[i]>0)
       {  if(m<0)
             m=0;
          m+=te[i];
          if(m>s)
             s=m;
       }
       else if(te[i]<0)
       {  if(m+te[i]>0)
            {   if(m>s)
                    s=m;
```

```
                m=m+te[i];
            }
          else
            {   if(m>s)
                    s=m;
                  m=te[i];
            }
        }
    }
    return s;
}
```

例 8：采药（01 背包问题 NOIP 2005）

辰辰是个很有潜能、天资聪颖的孩子，他的梦想是成为世界上最伟大的医师。为此，他想拜附近最有威望的医师为师。医师为了判断他的资质，给他出了一个难题。医师把他带到一个到处都是草药的山洞里对他说："孩子，这个山洞里有一些不同的草药，采每一株都需要一些时间，每一株也有它自身的价值。我会给你一段时间，在这段时间里，你可以采到一些草药。如果你是一个聪明的孩子，你应该可以让采到的草药的总价值最大。"

如果你是辰辰，你能完成这个任务吗？

输入：

输入的第一行有两个整数 T（$1 \leqslant T \leqslant 1000$）和 M（$1 \leqslant M \leqslant 100$），$T$ 代表总共能够用来采药的时间（单位：min）；M 代表山洞里草药的数目。接下来的 M 行，每行包括两个在 1 到 100 之间（包括 1 和 100）的整数，分别表示采摘某株草药的时间（单位：min）和这株草药的价值（单位：元）。

输出：

输出只包括一行，这一行只包含一个整数，表示在规定的时间内，可以采到的草药的最大总价值。

样例输入：

6 3

3 2

4 3

3 2

样例输出：

4

问题分析：

这道题很容易想到用贪心策略，即每次都选价值 / 时间比值最高的草药，直到用完所有的时间。例如样例中三株草药价值 / 时间的比值分别为 0.67、0.75、0.67，显然先摘第 2 株，可是摘完第 2 株之后，剩余时间为 2 分钟，无法再摘其他的草药，则采摘草药的最大价值为 3 元。实际上应该采摘第 1 和第 3 株草药，得到的最大价值为 4 元。因此这道题不适合用贪心策略。

使用动态规划策略解决该问题的思路如下：

先考虑采集第 1 株草药在所给时间范围内，各个时间段所能获得的最大价值，如表 9.4 所示。

表 9.4　考虑第 1 株草药在各个时间所能获得的最大价值

草药序号＼时间	0	1	2	3	4	5	6
1（3，2）	0	0	0	2	2	2	2

然后再考虑采集前两株草药在各个时间段所能获得的最大价值，如表 9.5 所示。这时，第 2 株草药就可能有两种情况：采还是不采，这时就需要讨论，以表 9.5 中时间为 5 分钟的时候为例，如果采集第 2 株草药，则需要花费 4 分钟，获得 3 元，那么给第 1 株草药剩余的时间为 1 分钟，而第 1 株草药在 1 分钟时间内可能获得的最大价值为 0 元。因此如果采集第 2 株草药，则获得的最大价值为 3+0=3 元；而如果不采集第 2 株草药，则时间都用在第 1 株草药上，则最大价值为 2 元，因为 3>2，因此，需要采集第 2 株草药，这样，在 5 分钟内考虑前两株草药的时候，可能获得的最大价值为 3 元。使用该方法就可以计算出考虑前两株草药在各个时间段所获得的最大价值。

表 9.5　考虑前两株草药在各个时间所能获得的最大价值

草药序号＼时间	0	1	2	3	4	5	6
1（3，2）	0	0	0	2	2	2	2
2（4，3）	0	0	0	2	3	3	3

同理，考虑前三株草药在各个时间段所能获得的最大价值如表 9.6 所示。当处理在 6 分钟内所能获得的最大价值的时候，同样分两种情况讨论：如果采集第 3 株草药，则花费 3 分钟，获得 2 元，剩余 3 分钟，而在剩余的 3 分钟内，考虑前两株草药所能获得的最大价值是 2 元，因此如果采集第 3 株草药所能获得的最大价值为 2+2=4 元；如果不采集第 3 株草药，则前两株草药在 6 分钟内可能获得的最大价值为 3 元，因为 4>3，因此需要采集第 3 株草药。

表 9.6　考虑前三株草药在各个时间所能获得的最大价值

草药序号＼时间	0	1	2	3	4	5	6
1（3，2）	0	0	0	2	2	2	2
2（4，3）	0	0	0	2	3	3	3
3（3，2）	0	0	0	2	3	3	4

实现步骤：

1. 阶段划分

一株草药一个阶段，如表 9.6 所示，每个阶段包含若干个不同状态。

2. 状态选择

选择前 m 株草药在第 n 分钟内所能获得的最大价值为状态。

3. 状态转移方程

```
a[m][n]=max(a[m-1][n],a[m-1][n-b[m].t]+b[m].v)
```

其中，a[m][n] 表示考虑前 m 株草药在 n 分钟内能够获得的最大价值，b[m].t 为采集第 m 株草药需要花费的时间，b[m].v 表示采集第 m 株草药所能获得的最大价值。

参考代码 1：

```
#include<stdio.h>
#include<string.h>
int main()
{ int T,M,i,j,t,w,dp[100][1005];
  while(~scanf("%d%d",&T,&M))
  {    memset(dp,0,sizeof(dp));
       for(i=1;i<=M;i++)
       {     scanf("%d%d",&t,&w);
             memcpy(dp[i],dp[i-1],sizeof(dp[0]));
             for(j=T;j>=t;j--)
             {    if(dp[i-1][j]<dp[i-1][j-t]+w)
                        dp[i][j]=dp[i-1][j-t]+w;
                  else
                        dp[i][j]=dp[i-1][j];
             }
       }
       printf("%d\n",dp[M][T]);
  }
  return 0;
}
```

参考代码 2：

```
#include<stdio.h>
#include<string.h>
int main()
{     int T,M,i,j,t,w,dp[1005];
      while(~scanf("%d%d",&T,&M))
      {    memset(dp,0,sizeof(dp));
```

```
            for(i=0;i<M;i++)
            {     scanf("%d%d",&t,&w);
                  for(j=T;j>=t;j--)
                  {    if(dp[j]<dp[j-t]+w)
                             dp[j]=dp[j-t]+w;
                   }
            }
            printf("%d\n",dp[T]);
        }
        return 0;
    }
```

9.5 本章小结

动态规划的核心思想还是递推策略，即找到合适的状态转移方程。只不过在递推的过程中加入了“规划”的思想，而不是简单的递推。与贪心策略相比，虽然速度没有贪心快，但是却不会“漏解”，是一种考虑周到的贪心策略。

本章介绍的是动态规划的基本思想，作为一门基础教材，很多高级动态规划方法并没有涉及，如：树形动态规划、数位动态规划、状态压缩类动态规划、单调队列优化动态规划等。读者掌握了动态规划基本思想之后可以自己去深入地学习和研究。

思 考 题

1. n 个整数围成一个圆圈，现在请你求出在这个圆圈中数字和最大的一段弧。并输出和值。

输入：

第一行输入一个整数 N(N<100000)，第二行为 N 个整数，数与数之间用空格分隔。

输出：

一个整数，最大的一段弧上数字之和。

样例输入：

6

-1 2 3 4 -2 6

样例输出：

13

2. 给定两个字符串 A 和 B，现要求你使用最少的操作将字符串 A 转换为字符串 B，可以进行的操作包括：

（1）插入一个字符。

（2）删除一个字符。

（3）改变一个字符。

输入：

包含多个用例，每个用例包括两个字符串 A、B，其长度均小于 100。中间用空格隔开。

输出：

最少的操作次数。

样例输入：

abcd bcdf

样例输出：

2

3. 大一的新生要进行军训，其中有一项内容是长跑，要求以班为单位随机地站成 1 列进行，一个学生在队伍中只能看到他前面比他高的学生。例如有如下 5 个人站成 1 列，每个人的身高由前到后如下：

7 3 2 8 5 9

其中第 3 个人看到两个人，因为 3、7 都比 2 大，且 3 小于 7。第 5 个人只能看到 1 个人，因为 8 比 7 大，将 7 挡住了。

输入： 输入数据有多组，第一行一个整数 N（N<1000），表示输入组数，第二行一个整数 M（M<100000），表示一列的学生数，第三行 M 个数，依次表示从前到后每个人的身高。

输出： 对每组数据，输出一个整数，表示所有人中能看到的最多人数。

样例输入：

2

6

5 4 3 2 6 7

10

5 6 7 8 7 6 5 3 2 4

样例输出：

3

5

4. 对一个算术表达式在不同的位置加括号就会得到不一样的运算结果，例如：1+2×3，如果是（1+2）×3，结果就是 9；而如果是 1+（2×3），结果就是 7。现在给你一个只由“+”和“×”组成的整数表达式，在什么位置加一对括号才能使得最终的运算结果最大。

输入：

第一行一个整数 N（N<1000），表示 N 组测试数据，接下来的 N 行，每行是一个只由“+”“×”和整数组成的算术表达式，数字和符号用一个空格分开。

输出：

N 行数，每行一个整数，表示表达式所能产生的最大值。

样例输入：

2

1 + 2*3

–3*3 + 2*4

样例输出：

9

−1

5. 平衡数是一个非负整数，如果把其中的某个数字当作支点，则可以使其平衡。更具体地说，将每个数字想象为一个由该数字表示重量的物体，这样，根据一个数字和一个支点之间的距离，就可以计算出一个数左、右两部分的扭矩。如果它们相同，就认为是平衡的。一个平衡数必须在它的某位数字上存在扭矩平衡。例如，4139 是一个支点为 3 的平衡数。左侧和右侧的扭矩分别为 $4\times2+1\times1=9$ 和 $9\times1=9$。你的工作是计算给定范围 $[x, y]$ 中平衡数的个数（hdu 3709）。

输入：

输入包含多个测试用例。第一行是用例总数 T（$0<T\leqslant30$）。每行中包括两个被空格隔开的整数：x 和 y（$0\leqslant x\leqslant y\leqslant10^{18}$）。

输出：

对于每种情况，输出一个整数，表示 $[x, y]$ 范围内平衡数的个数。

样例输入：

2

0 9

7604 24324

样例输出：

10

897

6. 一个旅行者要在 n 个城市间旅行 m 天，在旅游期间他不但要花钱，同时也能获得一些收入。他每天可以去另一个城市，也可能住在一个城市。当他来到一个城市，他要花费一些钱，他待在城里 1 天也要花费一些钱。同时，他某天在某个城市也能得到一些收入，只是各个城市每天可以获得的收入是变化的。旅行者总是从城市 1 出发。现在请你为旅行者寻找旅行的最佳方式，使总收入最大化（pku 3230）。

输入：

输入包含多个测试用例，每个用例的第一行是两个正整数，n 和 m（$n<100$，$m<100$），n 是城市数，m 是旅行天数。后面有 n 行，每一行有 n 个整数，其中第 i 行中的第 j 个整数是从 i 城市到 j 城市的旅行费用。如果 i 等于 j，则表示在该城市停留 1 天的费用。空行后有 m 行，每一行有 n 个整数。其中第 i 行中的第 j 个整数表示第 i 天在第 j

个城市可以获得的收入。输入以 0 0 结束。

输出：

每个用例输出一行，即可以获得的最高收入。

样例输入：

3 3

3 1 2

2 3 1

1 3 2

2 4 3

4 3 2

3 4 2

0 0

样例输出：

8

提示：

在这个用例中，旅行者从城市 1 出发，先去城市 2，然后去城市 1，然后在城市 2 中结束他的旅行，总收入为：−1+4−2+4−1+4=8。

第 10 章　搜索

搜索是利用计算机的高性能来有目的地穷举一个问题解空间的部分或所有可能情况，从而求出问题解的一种常用方法。

图是一种应用非常广泛的数据结构，很多难题都可以通过抽象成图来解决，例如八皇后问题、着色问题以及全排列问题等。这种实际当中并不存在的图就叫作状态空间树（或解空间树），树的每一个结点可以看作是一个不同的状态结点，搜索算法就是在这种状态空间树中，找出满足一定约束条件的一些状态结点。根据搜索策略的不同，分为回溯法和分支限界法。

10.1　图的基本概念

数据结构当中提到的图一般都是显性给出的，这种图叫作显式图，在显式图中一般会明确给出顶点、边、权重、入度、出度、有向、无向等相关信息，一般意义上的图就是指显式图。

除了显式图之外，还有一类图并不是实际给出，而是在搜索问题解的过程中才存在的一种解空间结构，即解空间树，这种图就是隐式图，搜索一般就是针对这种隐式图来寻找问题的解。

10.1.1　显式图

1. 显式图相关术语

（1）图的定义：图（Graph）是由顶点的有穷非空集合和顶点之间边的集合组成，通常表示为：G（V，E），其中 G 表示一个图，V 是图 G 中顶点的集合，E 是图 G 中边的集合。

（2）有向图：如果图中任意两个顶点之间的边都是有向边（简而言之就是有方向的边），则称该图为有向图，如图 10.1 所示。

（3）无向图：如果图中任意两个顶点之间的边都是无向边（简而言之就是没有方向的边），则称该图为无向图，如图 10.2 所示。

（4）顶点的度：指在图中与 V_i 相关联的边的条数。

（5）入度：在有向图中，以顶点 V_i 为终点边的条数。

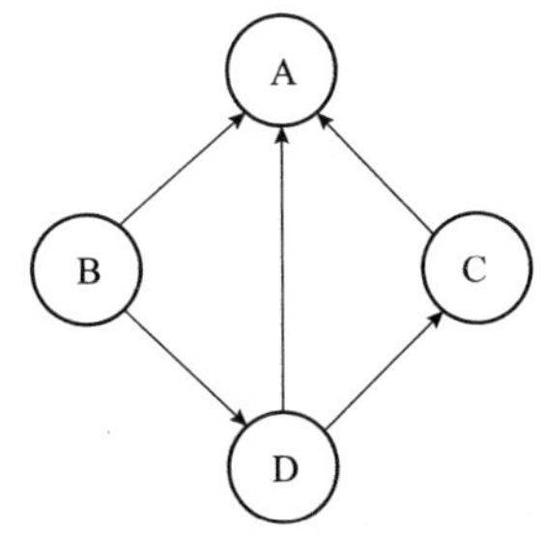

图 10.1　有向图

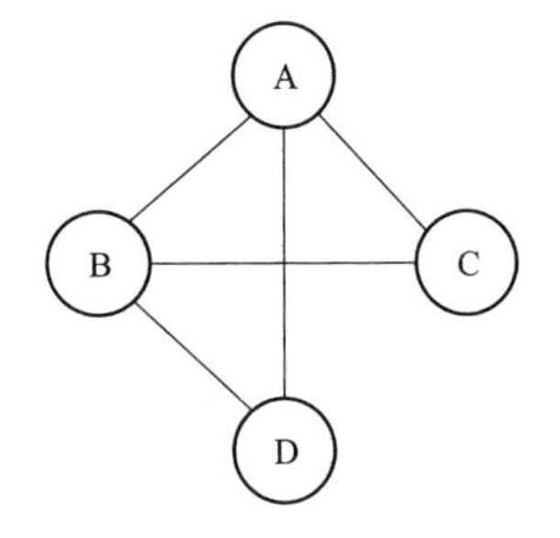

图 10.2　无向图

（6）出度：在有向图中，以顶点 V_i 为起点边的条数。

（7）邻接：若无向图中的两个顶点 V_1 和 V_2 存在一条边（V_1，V_2），则称顶点 V_1 和 V_2 邻接。若在有向图中则表示成弧 $<V_1, V_2>$。

（8）权：有些图的边或弧具有与它相关的数字，这种与图的边或弧相关的数叫作权，如图 10.3 所示。

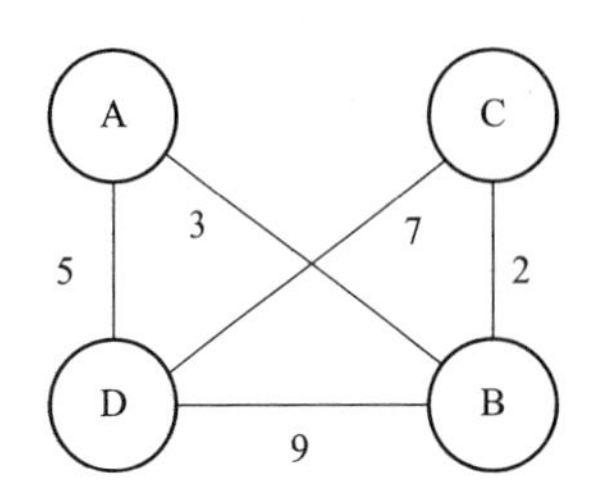

图 10.3　带权图

（9）连通图：若从 V_i 到 V_j 有路径可通，则称顶点 V_i 和顶点 V_j 连通。如果图中任意两个顶点是连通的，则称该图为连通图。

（10）网络：带权的连通图。

（11）路径及长度：在图 G（V，E）中，如果存在不同的边（V_i，V_j），（V_j，V_k），（V_k，V_l）…（V_m，V_n）或是弧 $<V_i, V_j>$，$<V_j, V_k>$，$<V_k, V_l>\cdots<V_m, V_n>$ 组成的序列，则称顶点 V_i，V_n 是连通的，从顶点 V_i 到顶点 V_n 就是一条路径。路径长度是指路径上所有边的权值之和。

（12）无向完全图：在无向图中，如果任意两个顶点之间都存在边，则称该图为无向完全图，如图 10.4 所示。含有 n 个顶点的无向完全图有［$n\times(n-1)$］/2 条边。

（13）有向完全图：在有向图中，如果任意两个顶点之间都存在方向互为相反的两条弧，则称该图为有向完全图，如图 10.5 所示。含有 n 个顶点的有向完全图有 $n\times(n-1)$ 条边。

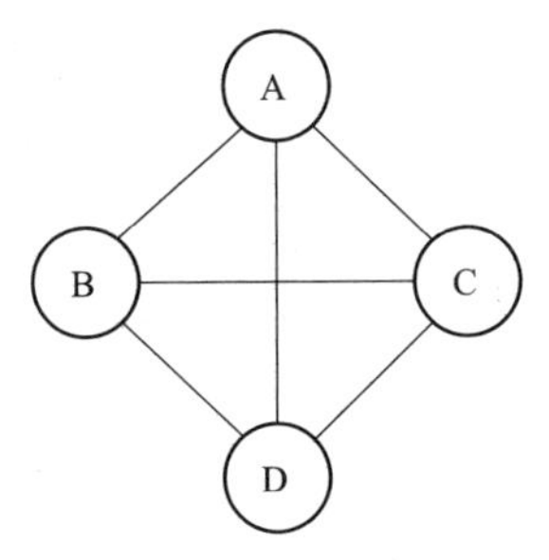

图 10.4　无向完全图

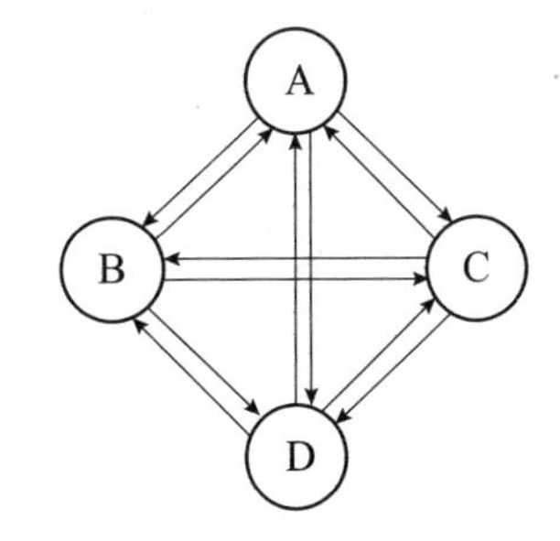

图 10.5　有向完全图

（14）稀疏图与稠密图：当一个图含有较少的边时，则称它为稀疏图；当一个图接近完全图时，则称它为稠密图。稀疏与稠密只是一个模糊概念。

2. 显式图的存储结构

图的存储就是对图中的边、点以及边上的权值等信息进行存储。一般采用邻接矩阵或邻接表。

（1）邻接矩阵

使用一个二维数组存储边或弧以及边或弧上的权值等信息，存储图 10.6 的邻接矩阵如图 10.7 所示，对应的二维数组如图 10.8 所示。邻接矩阵中的横、纵坐标对应有向图中点的信息。矩阵中的值表示横、纵两个点所对应边的权值。如果是 0 表示对应的边不存在；如果是不带权值的有向图，则对应边的权值默认值是 1；如果是无向图，则邻接矩阵必定关于主对角线对称。

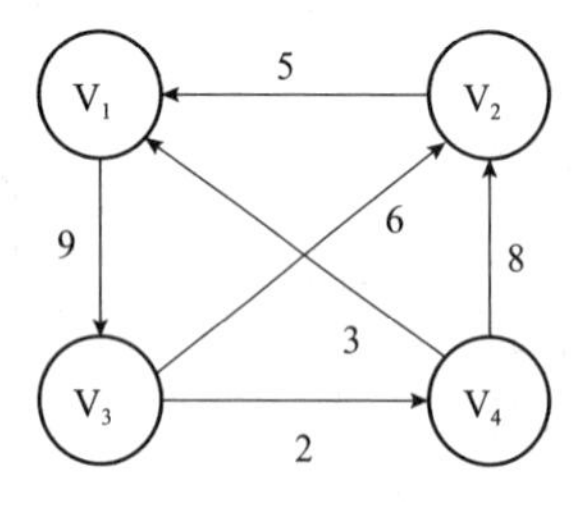

图 10.6　带权有向图

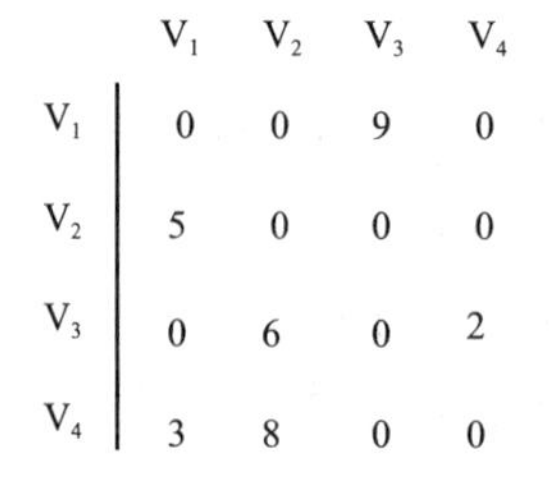

	V_1	V_2	V_3	V_4
V_1	0	0	9	0
V_2	5	0	0	0
V_3	0	6	0	2
V_4	3	8	0	0

图 10.7　邻接矩阵

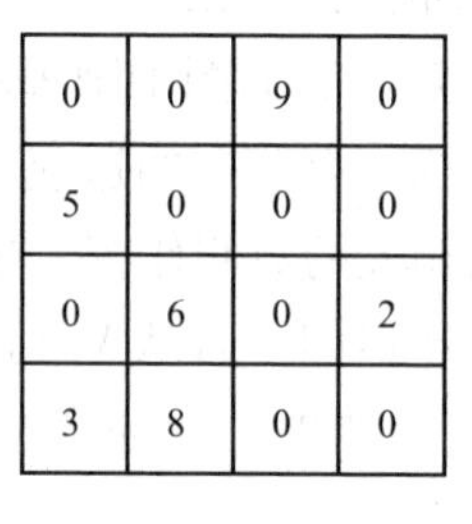

0	0	9	0
5	0	0	0
0	6	0	2
3	8	0	0

图 10.8　对应的二维数组

邻接矩阵的优点是：寻找与每个顶点相关联的所有点特别方便，例如图 10.7 中，第 3 行中非 0 值有两个 6、2，表示 V_3 指向的结点是 V_2 和 V_4。同理，第 2 列中非 0 值有两个 6、8，表示指向 V_2 的结点是 V_3 和 V_4。

邻接矩阵的缺点是：如果是稠密图，则存储效率会很高；而如果是稀疏图，则会浪费大量的存储空间。

（2）邻接表

为了解决稀疏图会浪费存储空间的问题。对于稀疏图的存储往往采用邻接表的形式，图 10.11 为稀疏图 10.9 的邻接表存储形式，图 10.10 为邻接矩阵存储形式。

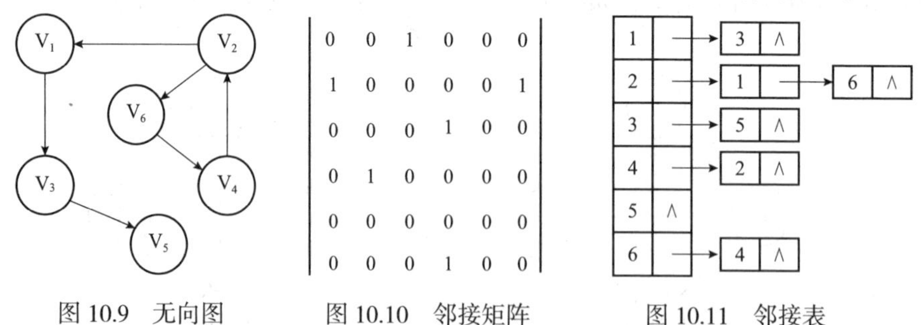

图 10.9　无向图　　图 10.10　邻接矩阵　　图 10.11　邻接表

从图 10.10 和图 10.11 对比可以看出，对于稀疏矩阵的存储，同邻接矩阵相比，由于邻接表只存储边的信息，因此存储效率大大提高。但是邻接表的缺点是：在查找指向某结点的所有结点的时候，不如邻接矩阵灵活。

10.1.2　隐式图

隐式图并不是真正存在的图，而是指搜索算法在执行的过程中所形成的搜索空间，是一种树结构，即解空间树。因为树是图的一种特例，因此也称作隐式图。隐式图的构造一般是由问题的初始结点出发，为了求出问题的可行解或最优解，根据问题的约束条件来逐步生成扩展结点，直到获得所有可行解或最优解。这个过程所形成的树就是隐式图。因为它并不实有，也就不需要专门的存储空间。一般常用的隐式图有子集树和排列树两种。

（1）子集树

当问题的解是 n 个元素的一个子集，其搜索空间就被称作子集树。被选中的元素标记为 1，没被选中的元素标记为 0，这样搜索空间可表示如下：

$$(0,0,\cdots,0,0),(1,1,\cdots,0,0),\cdots,(0,0,\cdots,1,1),(1,1,\cdots,1,1)$$

共 2^n 个状态，若表示为一棵树就是有 2^n 个叶子结点的二叉树，例如 n=3 的子集树如图 10.12 所示。

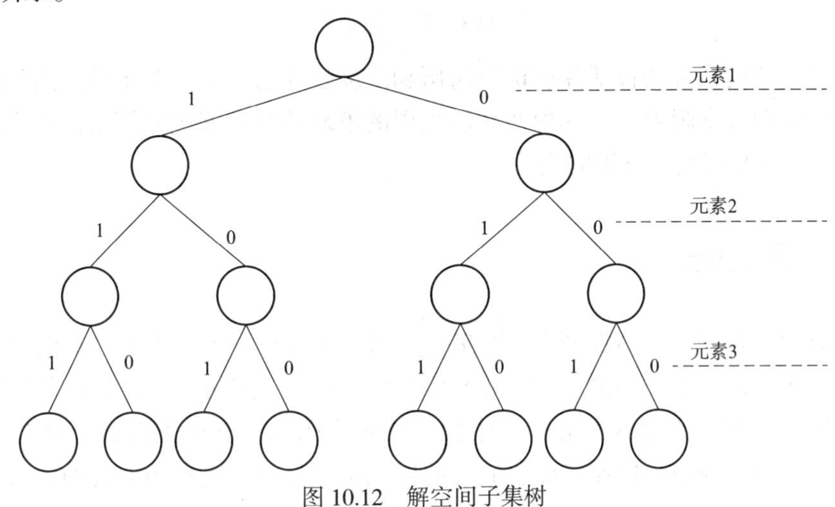

图 10.12　解空间子集树

（2）排列树

当所求问题的解是在 n 个元素的排列中搜索时，解空间树就被称为排列树，其搜索空间为：

$$(1,2,3,\cdots,n-1,n),(2,1,3,\cdots,n-1,n),\cdots,(3,2,1,\cdots,n-1,n),(n,n-1,\cdots,3,2,1)$$

第一个元素有 n 种选择，第二个元素有 n–1 种选择，第三个元素有 n–2 种选择，……，第 n 种元素有 1 种选择，共有 n！个不同的状态。若表示成树形结构就是一棵度为 n 的树，该树共有 n！的叶子，例如 n=3 的排列树如图 10.13 所示。

图中结点中的数字表示回溯搜索的顺序，边上的数字表示当前元素的选择。与子集树不同的是，排列树的分支由上到下递减，这样就避免了不同元素选择了相同的数字。每条从树根到树叶路径上的数字序列就是一个排列。

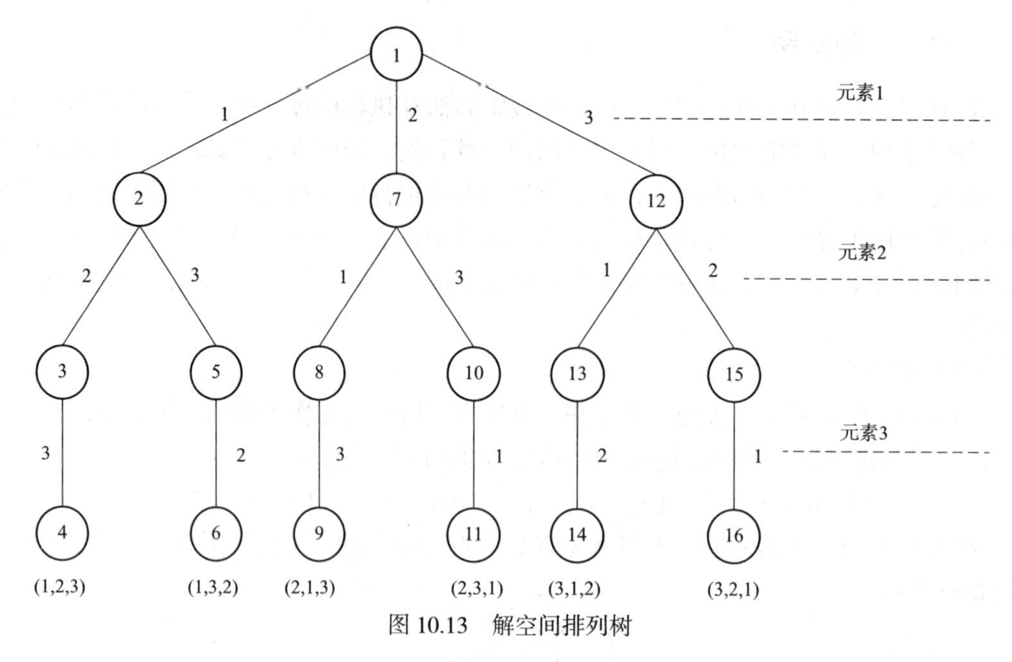

图 10.13　解空间排列树

对显式图的搜索方法包括深度优先遍历和广度优先遍历；而对于隐式图的搜索方法则包括回溯法和分支限界法。其中回溯法采用的策略就是深度优先策略；而广度优先策略是分支限界法采用的搜索策略之一。

10.2　回溯法

回溯的含义是“按原路返回”。当在解空间搜索的过程中，无路可走的时候，就按原路返回到最近的结点（回溯），如果该结点存在其他的路可以走，就接着搜索；如果没有，就继续回溯。按照这种方式搜索图，就叫作图的深度优先搜索（DFS），DFS 是对显式图进行的一种遍历操作，而我们说的回溯法，是针对隐式图而言的，虽然搜索过程中与 DFS 一样都是采用了“回溯”思想，但与 DFS 不同的是：回溯法为了提高搜索效率，在搜索过程中还要用到“剪枝”策略，而不像 DFS 那样就是进行简单的结点遍历操作。

回溯法根据搜索方法的不同又分为子集树和排列树。一般而言，子集树主要解决“组合”问题；而排列树主要解决“排列”问题。但有些问题既可以使用子集树来解决又可以使用排列树来解决。

10.2.1　图的深度优先遍历

DFS 是指在访问图中某一起始结点 v 后，由 v 出发，访问它的任一邻接结点 w1；再从 w1 出发，访问与 w1 邻接但还没有访问过的结点 w2；然后再从 w2 出发，进行类似的访问，……如此进行下去，直到所有的结点都被访问过为止。

深度优先遍历算法框架如下：

```
void   DFS(Graph G,int v)
{   cout<<GetValue(v)<<' '; // 访问顶点 v
    visited[v]=1; // 顶点 v 作访问标记
    int w=GetFirstNeighbor(v); // 取 v 的第一个邻接顶点 w
    while(w!=-1) // 若邻接顶点 w 存在
    {  if(!visited[w])
           DFS(G,w); // 若顶点 w 未访问过，递归访问顶点 w
       w=GetNextNeighbor(v,w); // 取顶点 v 的排在 w 后面的下一个邻接顶点
    }
}
```

以采用 DFS 方法遍历无向图 10.14 为例，起始结点为 A，先对结点 A 进行访问，这时 A 为“活结点”，A 有三个相邻结点 B、D、E，选择其中的一个结点 B 访问之，这时，B 为“活结点”，以此类推，B 再访问 C，当访问完结点 C 之后，这时已经没有与 C 相邻且没有被访问过的结点，C 结点就变成了“死结点”，这时从 C 按原路回退到最近经过的结点 B，同样 B 也是“死结点”，再回退到 A，这时 A 仍然是“活结点”，再依次选择 D、F、G，访问完 G 之后，G 又成了“死结点”，这时再按原路依次返回到 F、D、A，这时 A 仍然是“活结点”，再从 A 出发访问 E 结点，最后再由 E 结点返回到 A 结点，这时 A 结点也变成了“死结点”，整个遍历过程结束，访问的结点次序为 ABCDFGE。

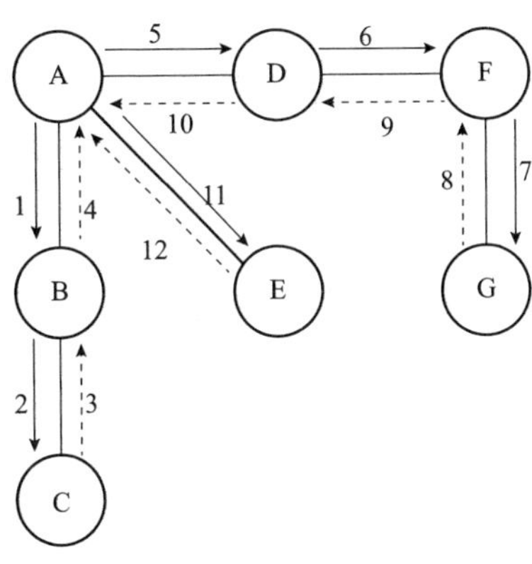

图 10.14　无向图 DFS 遍历过程

参考代码如下：

```
#include<stdio.h>
int a[7][7]={{0,1,0,1,1,0,0}, // 采用邻接矩阵存储无向图
             {1,0,1,0,0,0,0},
             {0,1,0,0,1,0,0},
             {1,0,0,0,1,1,0},
             {1,0,1,1,0,0,0},
             {0,0,0,1,0,0,1},
             {0,0,0,0,0,1,0}};
int visit[7]={0};     // 存放访问过的标记
int getfirst(int k)  // 得到与结点 k 相邻的第一个结点
{   int i;
    for(i=0;i<7;i++)
        if(a[k][i]!=0)break;
    if(i==7)  return -1;
```

```
        else
            return i;
    }
    int getnext(int i,int j)//在邻接矩阵中得到与结点i相邻的所有结点中，j结点后面的结点
    {   int k;
        for(k=j+1;k<7;k++)
        {
            if(a[i][k]==1)break;
        }
        if(k==7)
           return -1;
         else
            return k;
    }
    void dfs(int k)
    {     int w;
          printf("%d",k);
          visit[k]=1;
          w=getfirst(k);
          while(w!=-1)
          {
              if(visit[w]==0)
                      dfs(w);
              w=getnext(k,w);
          }
    }
    int main()
    {   dfs(0);
        return 0;
    }
```

10.2.2 回溯法 1——子集树

当问题的解是在 n 个元素中搜索符合约束条件的 m 个元素的时候，就可以使用子集树来解决。解向量是一个由元素“1”或“0”组成的一维数组，其对应的子集树为“二选一”子集树，其中“1”表示被选中，“0”表示没被选中。例如在图 10.15 所表示的集合中，子集 $\{a_1, a_3, a_6, a_7\}$ 被选中。

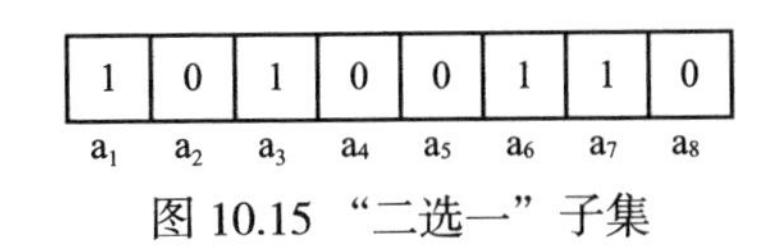

图 10.15 “二选一”子集

每个元素也可以有多个状态供选择，如图 10.16 所示，每个元素可以在 1~9 个状态中选择一个，其对应的子集树就是“多选一”子集树。

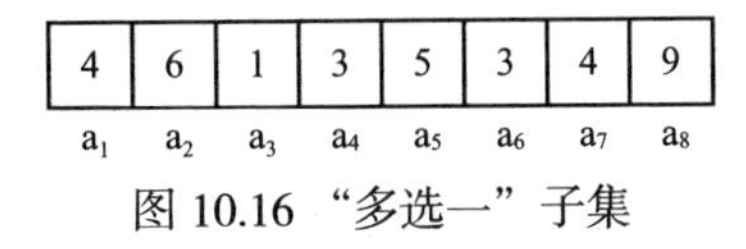

图 10.16 “多选一”子集

1. 子集树的算法框架

```
int a[n];
try(int i)
{
   if(i>n)
        输出结果;
   else
        for(j= 下界 ;j<= 上界 ;j++)
          if(f(j))                 //满足限界函数和约束条件则剪枝;
          {
                 a[i]=j;
                 …
                 try(i+1)
                 回溯前的清理工作(如 a[i] 置空值等);
          }
}
```

2. 子集树的应用

（1）“二选一”子集树

例 1： 最佳装载问题

有 n 个集装箱要装上一艘载质量为 W 的轮船，其中集装箱 i（$1 \leqslant i \leqslant n$）的质量为 w_i。不考虑集装箱的体积限制，现要从这些集装箱中选出质量和小于等于 W 并且集装箱总质量最大的若干个装上轮船。请你求出轮船所能装载的最大集装箱质量。

输入：

第一行输入一个整数 W（$1 \leqslant W \leqslant 100000$），表示船的载质量，第二行输入一个整数 n（$1 \leqslant n \leqslant 20$），表示集装箱的数量。接下来的一行，共 n 个整数，表示每个集装箱的质量，中间用一个或多个空格隔开。

输出：

输出一个整数，表示轮船所能装载的最大集装箱质量之和。

样例输入：

10

4

2 6 4 3

样例输出：

10

问题解析：

假设 W=10，n=4，w={2，6，4，3}。因为每个元素都有两种可能，选还是不选，因此其解空间为高度为 5 的满二叉树，如图 10.17 所示。从树根到树叶路径上的 4 个数字序列就表示 4 个集装箱选择情况，1 表示选择，0 表示不选。结点中的数字表示从树根到当前结点路径所选择集装箱质量之和，从图中可以看出，黑结点对应的路径为 {0，1，1，0}，表示第 2、3 个集装箱被选；1、4 集装箱没有被选，因此其总质量为 6+4=10。

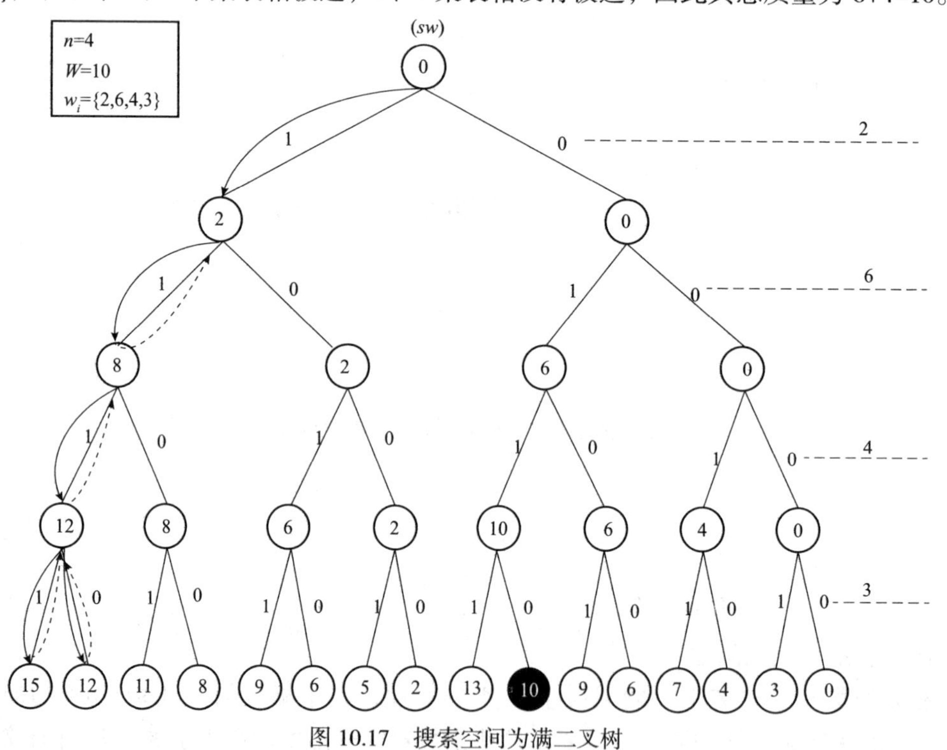

图 10.17　搜索空间为满二叉树

回溯算法可以用递归算法实现，也可以用非递归算法实现，递归算法相对非递归算法更简单、更容易实现。本章主要使用递归方式来实现回溯，有兴趣的读者可以自己实现相应的非递归算法。

回溯算法的搜索过程采用的是树的“先序遍历”原则，即按“中→左→右”的原则，从上到下，从左到右依次对树的结点进行访问。图 10.17 表示该搜索问题的解空间树，图中实线表示函数递归调用过程中父函数调用子函数；虚线表示回溯操作，即子函数运行结束后返回到父函数的操作。需要说明的是，递归算法的回溯操作是由函数调用结束的时候自动完成的。搜索过程首先从根结点 0 出发，依次访问结点：0 → 2 → 8 → 12 → 15，到达叶子 15 之后无路可走，开始“回溯”，回溯到结点 12，如图中虚线所示，从结点 12 出发再遍历右孩子结点 12，再从叶子结点 12 出发回溯到父结点 12，再接着回溯到结点 8，再回溯到结点 2，以此类推。实现代码如下。

参考代码：

```
#include<stdio.h>
int n;
int W;
int t[25],w[25];
int maxw=-1;
void dfs(int i)// 求解简单装载问题
{     int tw=0;
      if(i>n-1)                          // 找到一个叶子结点
      {    for(int j=0;j<n;j++)   // 计算当前所选择集装箱的总质量
                 tw +=t[j]*w[j];
           if(tw>maxw&&tw<=W)     // 保存最优解
                 maxw=tw;
      }
      else                               // 尚未找完所有集装箱
      {    t[i]=1;                       // 选取第 i 个集装箱
           dfs(i+1);
           t[i]=0;                       // 不选取第 i 个集装箱，回溯
           dfs(i+1);
      }
}
int main()
{     int i;
      scanf("%d",&W);
      scanf("%d",&n);
      for(i=0;i<n;i++)
          scanf("%d",&w[i]);
      dfs(0);
      printf("%d\n",maxw);
      return 0;
}
```

从上述实现过程可以发现：很多搜索路径其实是完全没有必要的。例如在搜索过程中发现当前所选的集装箱质量之和已经超过船的载质量了，这时就没有必要再沿着这

条路径继续搜索下去；另外，当发现如果把剩下的所有集装箱都选上也不会超过目前的最优解，这时也没有必要再沿着这条路径继续搜索下去。因此为了提高搜索效率需要对解空间树进行“剪枝”，如图 10.18 所示。图中每个结点处保存两个变量 *sw*、*rw*，*sw* 表示当前所选集装箱质量之和，*rw* 表示当前剩余集装箱的质量之和，初始值为 *sw*=0，*rw*=15。剪枝条件如下：

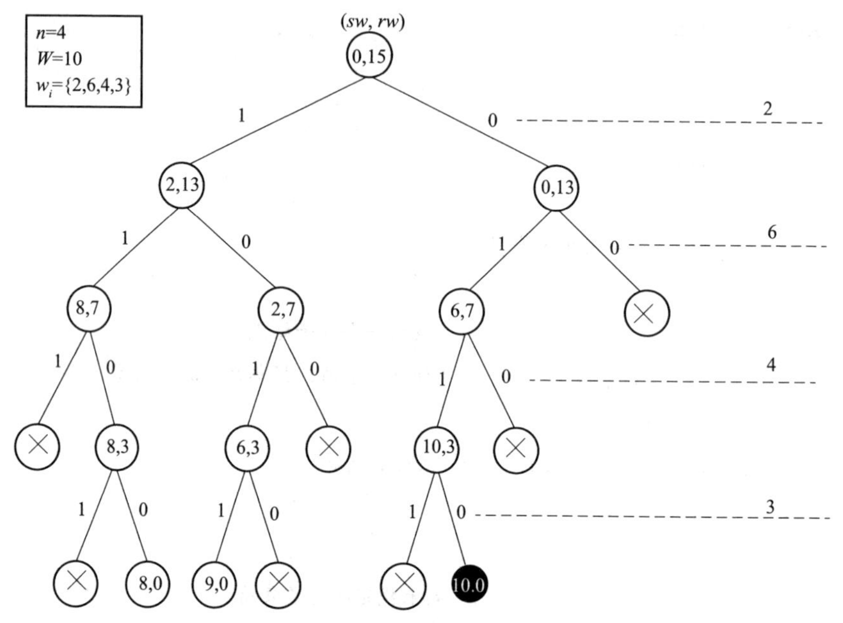

图 10.18　经过“剪枝”的搜索空间

左剪枝条件：sw+w[i]>W。

右剪枝条件：sw+rw−w[i]≤maxw。

其中 w[i] 为第 *i* 个集装箱的质量，maxw 为当前搜索所得到的最优解，*W* 为轮船载质量。其中左剪枝条件的含义是如果当前再选择 w[i]，则超过了载质量，所以必须剪枝；右剪枝条件的含义是如果不选择当前结点而把剩下的所有集装箱都加上也不会超过当前最优解，则剪枝。

修改过的代码如下：

```
#include<stdio.h>
int n,W;
int t[25],w[25];
int maxw=-1;
void dfs(int i,int sw,int rw)
// i：递归深度；sw：当前获得的集装箱总质量；rw：剩余集装箱总质量
{   int tw=0;
    if(i>n-1)                      //找到一个叶子结点
    {   for(int j=0;j<n;j++)    //保存最优解
```

```
            tw+=t[j]*w[j];
        if(tw>maxw)
            maxw=tw;
    }
    else                                    //尚未找完所有集装箱
    {   if(sw+w[i]<=W)                      //左孩子结点剪枝
        {       t[i]=1;                     //选取第 i 个集装箱
                dfs(i+1,sw+w[i],rw-w[i]);
        }
        if(sw+rw-w[i]>maxw)                 //右孩子结点剪枝
        {    t[i]=0;                        //不选取第 i 个集装箱，回溯
             dfs(i+1,sw,rw-w[i]);
        }
    }
}
int main()
{   int i,rw=0;
    scanf("%d",&W);
    scanf("%d",&n);
    for(i=0;i<n;i++)
    {   scanf("%d",&w[i]);
        rw+=w[i];
    }
    dfs(0,0,rw);
    printf("%d\n",maxw);
    return 0;
}
```

例 2： 阿里巴巴的难题（背包问题）

阿里巴巴发现一个藏有宝藏的山洞，里面存放有 n 个质量分别为 $\{w_1, w_2, \cdots, w_n\}$ 的宝贝，它们的价值分别为 $\{v_1, v_2, \cdots, v_n\}$，而他的小毛驴的载质量是 W。请问如何挑选宝贝使得在不超过小毛驴的载质量的前提下可以获得最大价值。

输入：

第一行输入一个整数 W（$1 \leq W \leq 100000$），表示小毛驴的载质量。第二行输入一个整数 n（$1 \leq n \leq 20$），表示宝贝的数量。第三行，共 n 个整数，表示每个宝贝的质量，中间用一个或多个空格隔开。接下一行，共 n 个整数，表示每个宝贝的价值，中间用一个或多个空格隔开。

输出：

输出一个整数，阿里巴巴可能获得的最大价值。

样例输入：

6

4

2 3 3 4

1 2 2 3

样例输出：

4

问题分析：

这个问题仍然是“选择”问题，每个宝贝只存在两个状态：“选”还是“不选”，属于“二选一”回溯法。与例 1 最佳装载问题不同的是：每个宝贝包括两个属性，即质量、价值，解空间仍然是一棵满二叉树，遍历的次序仍然是按深度优先，即树的先序遍历规则。每条从树根到树叶的路径就表示一种选择方式，每个结点都保存当前所选宝贝总质量和总价值，即 {*sw*，*sv*}，剪枝条件如下：

左剪枝条件：sw+w[i]>W。

右剪枝条件：sv+bound≤maxw。

maxw 为递归过程中得到的当前最优解，w[i] 为第 *i* 个宝贝的质量，bound 为界限函数，表示所有剩余宝贝的总价值。左剪枝是因为“不可能”，因为超过了载质量；右剪枝是因为“没必要”，因为即使剩下的宝贝都被选中也超不过当前最优解。经过剪枝后的搜索空间如图 10.19 所示。

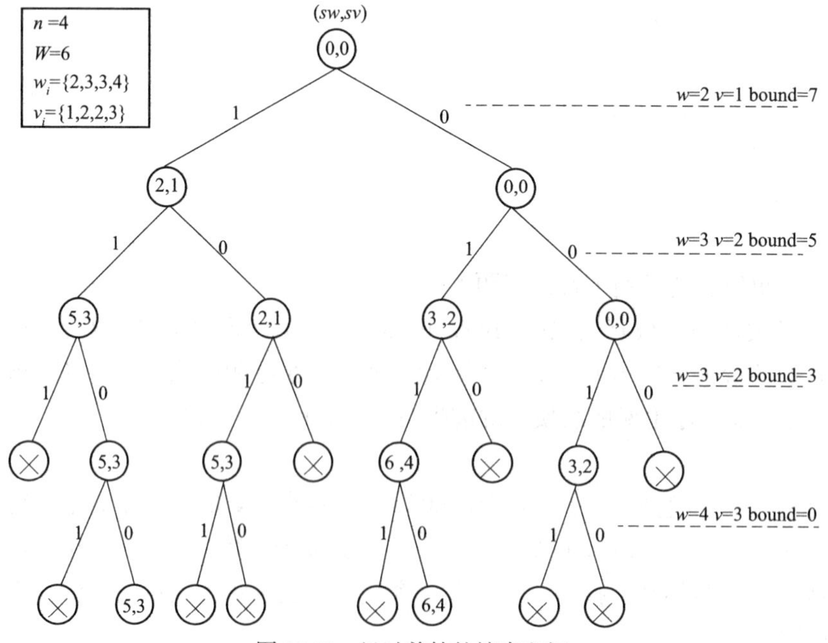

图 10.19　经过剪枝的搜索空间

上述剪枝效果并不是最理想的，还可以进一步优化。通过分析，不难看出如果按照物品的“性价比”，即单位质量宝贝的价值由高到低的次序来处理，即“性价比”高的宝贝优先考虑，这样，剩下宝贝的总价值就会较小，从而也越容易被剪枝。另外，并不是所有剩余的宝贝都需要被考虑，只需考虑当在剩余载质量允许的前提下，在剩下的宝贝中所能获得的最大价值即可，其剪枝条件如下：

左剪枝条件：sw+w[i]>W。

右剪枝条件：sv+bound≤maxw。

与之前的剪枝处理不同，第二个条件中的 bound 界限函数表示在不超过剩余载质量的前提下，可能获得的宝贝最大价值。基于以上优化之后，剪枝效果明显提升，如图 10.20 所示。优化后的代码如下：

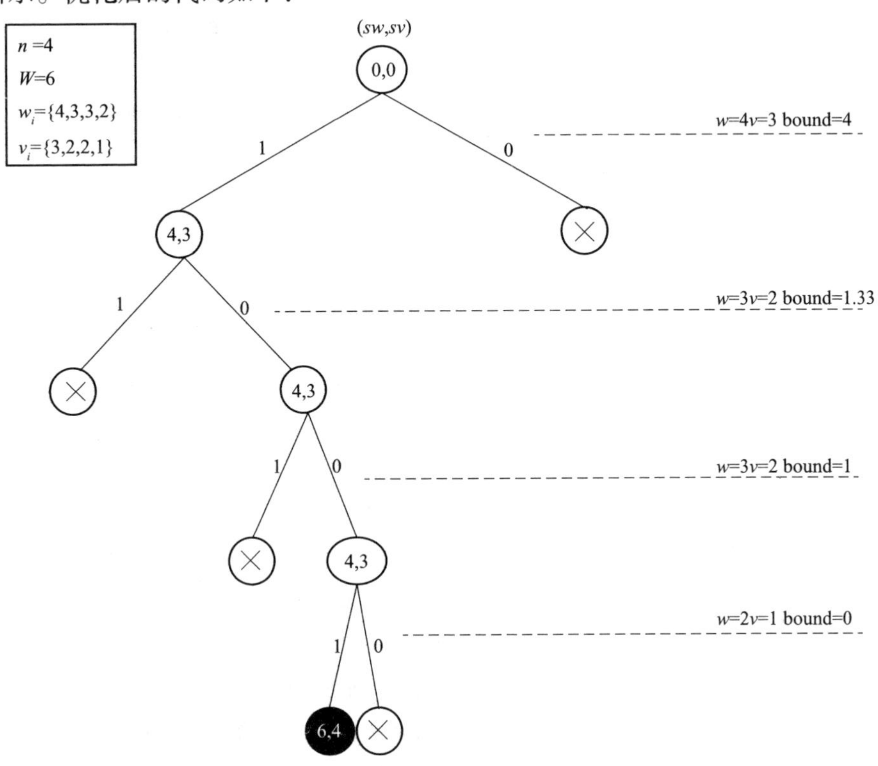

图 10.20　按“性价比”降序处理的剪枝搜索空间

参考代码：

```
#include<algorithm>//sort 函数所用的头文件
#include<iostream>
using namespace std;
#define MAXN 25
typedef struct gem
{    int w;      // 宝贝质量
     int v;      // 宝贝价值
```

```
    double cp;  // 宝贝性价比
} gem;
gem g[MAXN];
int n;                          // 宝贝数量
int W;                          // 小毛驴的载质量
int x[MAXN];                    // 存放最终解
int maxv=-1;                    // 存放最优解的总价值
bool cmp(gem a,gem b)          // 按性价比由高到低排序
{    return a.cp>b.cp;
}
int bound(int i,int sw,int sv)        // 求最多还能获得多少价值
{    i++;                             // 从 i+1 开始
    while(i<=n && sw+g[i].w<=W)      // 计算所有剩余宝贝的价值总和
    {    sw+=g[i].w;
         sv+=g[i].v;
         i++;
    }
   if(i<=n)
       return sv+(W-sw)*g[i].cp;     // 序号为 i 的宝贝不能整个放入
   else
       return sv;
}
void dfs(int i,int sw,int sv) // 求解 0/1 背包问题
{    if(i>n)                      // 找到一个叶子结点
         maxv=sv;                 // 存放更优解
    else                          // 尚未找完所有宝贝
    {    if(sw+g[i].w<=W)         // 如果超出载质量则左孩子结点剪枝
              dfs(i+1,sw+g[i].w,sv+g[i].v);  // 选取序号为 i 的宝贝
// 如果右孩子分枝可能获得最大价值不超过当前最优解，则剪枝
         if(bound(i,sw,sv)>maxv)
              dfs(i+1,sw,sv); // 不选取序号为 i 的宝贝，回溯
    }
}
int main()
{    int i;
    scanf("%d",&W);
    scanf("%d",&n);
```

```
    for(i=0;i<n;i++)
        scanf("%d",&g[i].w);
    for(i=0;i<n;i++)
        scanf("%d",&g[i].v);
    for(i=0;i<n;i++)
        g[i].cp=(double)g[i].v/g[i].w; //求每件宝贝的性价比，即单位质量的价值
    sort(g,g+n,cmp); //按照每件宝贝的性价比由高到低排序
    dfs(0,0,0);
    printf("%d\n",maxv);
    return 0;
}
```

（2）“多选一”子集树

例 3：图的着色问题

给定无向连通图 G 和 m 种不同的颜色。用这些颜色为图 G 的各顶点着色，每个顶点着一种颜色。如果有一种着色法使 G 中每条边的两个顶点着不同颜色，则称这个图是 m 可着色的。给定图 G 和 m 种颜色，请找出有多少种不同的着色法。

输入：

第 1 行有 3 个小于 20 的正整数 n、k 和 m，分别表示给定的图 G 有 n 个顶点、k 条边和 m 种颜色。顶点编号为 1，2，…，n。接下来的 k 行中，每行有两个正整数 u、v，表示图 G 的一条边（u，v）。

输出：

输出不同的着色方案数，如果不能着色，程序输出 0。

样例输入：

4 8 3
1 2
1 3
1 4
2 1
2 4
3 1
4 1
4 2

样例输出：

12

问题分析：

根据所给边的信息建立无向图，如图 10.21 所示，其对应的邻接矩阵如图 10.22 所示。与“二选一”子集树不同的是：每个顶点可以在 n 个数当中选择一个，即“多选

一”。“二选一”对应的解空间为二叉树，则“多选一”对应的解空间就是多叉树，如图10.23 所示。

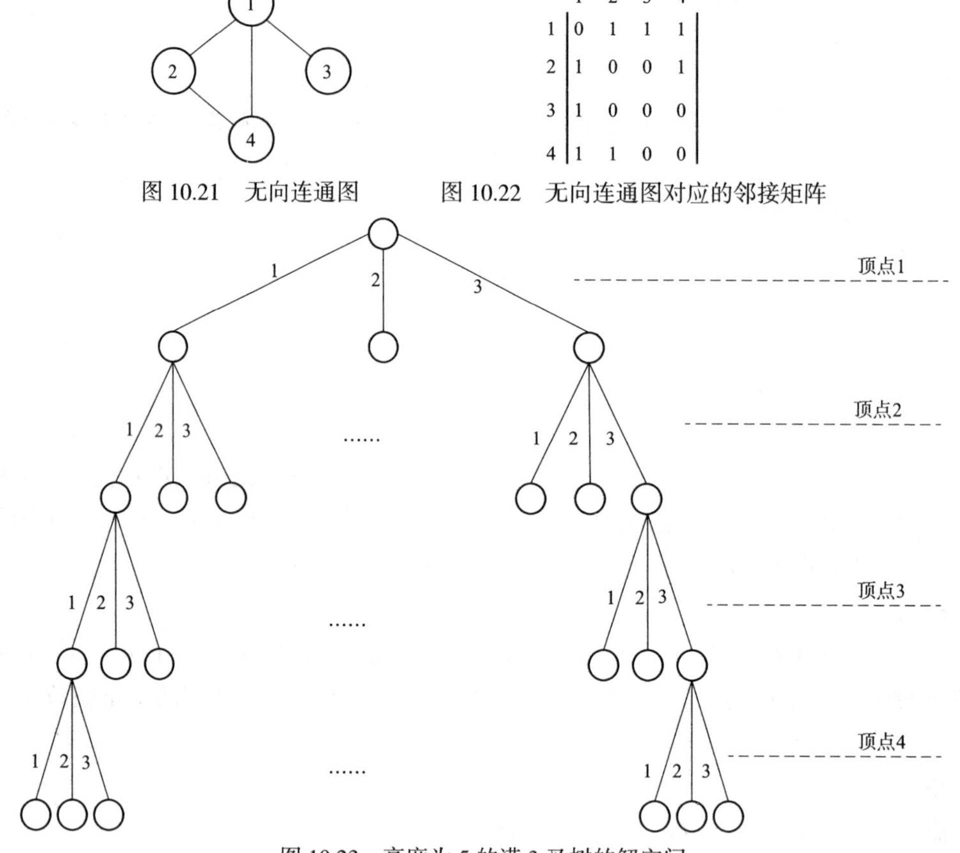

图 10.21　无向连通图　　图 10.22　无向连通图对应的邻接矩阵

图 10.23　高度为 5 的满 3 叉树的解空间

从树根到树叶的一条路径就对应一种各点的颜色选择方案。

其剪枝条件为：当前顶点的所选颜色如果与该顶点相连的顶点颜色相同，则剪枝。顶点之间的相邻关系可以通过邻接矩阵得到，其所有着色方案如下：

第 1 个着色方案：1 2 2 3

第 2 个着色方案：1 2 3 3

第 3 个着色方案：1 3 2 2

第 4 个着色方案：1 3 3 2

第 5 个着色方案：2 1 1 3

第 6 个着色方案：2 1 3 3

第 7 个着色方案：2 3 1 1

第 8 个着色方案：2 3 3 1

第 9 个着色方案：3 1 1 2

第 10 个着色方案：3 1 2 2

第 11 个着色方案：3 2 1 1

第12个着色方案：3 2 2 1

参考代码：

```
#include<cstdio>
#define N 20
int x[N];
int grap[N][N];
int count;
int n,k,m;
bool  color(int i)      // 判断顶点 i 是否与相邻顶点存在相同的着色
{   for(int j=1;j<i;j++)
        if(grap[i][j]==1 && x[i]==x[j]) // 如果顶点 i 与相邻顶点颜色相同，则返回假
              return false;
    return true; // 如果顶点 i 与所有相邻顶点颜色都不相同，则返回真
}
void dfs(int i)          // 求解图的 m 着色问题
{   if(i>n)                    // 到达叶子结点
        count++;               // 着色方案数增 1
    else
    {   for(int j=1;j<=m;j++) // 试探每一种着色
        {       x[i]=j;        // 试探着色 j
             if(color(i))              // 可以着色 j，进入下一个顶点着色
                  dfs(i+1);
             x[i]=0;    // 清理现场
        }
    }
}
int main()
{   int b,e;
    scanf("%d%d%d",&n,&k,&m);
    for(int i=0;i<k;i++)
    {   scanf("%d%d",&b,&e);
        grap[b][e]=1;
        grap[e][b]=1;
    }
    dfs(1);
    printf("%d\n",count);
    return 0;
```

}

例 4：任务分配问题

现有 n 个任务要分配给 n 个人完成，因为每个人的特长不一样，因此不同的人完成不同任务的成本就会不同。现要求每个人只能完成一个任务，每个任务只能被一个人完成。已知第 i 个人执行第 j 个任务的成本 $c[i][j]$（$1 \leqslant i, j \leqslant n$）。请问如何分配任务才能使花费的总成本最小，并输出最小的总成本。

输入：

第 1 行输入一个整数 n（$20 \geqslant n \geqslant 1$），接下来共 n 行，每行 n 个数，表示每个人完成 n 个任务所用的成本。

输出：

输出一个整数，表示最小总成本。

样例输入：

4

1 2 4 5

3 5 6 7

2 9 3 8

4 2 5 7

样例输出：

13

问题分析：

因为每个人要在 4 个任务中选择一个，因此可以使用"多选一"回溯法来解决。其对应的解空间树是一棵满 4 叉树。

考虑为第 i 个人员分配任务（i 从 1 开始），由于每个任务只能分配给一个人员，为了避免重复分配，用一个 distributed 布尔数组来存放某个任务是否被分配过，初始时均为 false，表示没有被分配。当任务 j 被分配后，则 distributed[j]=true。在搜索过程中，如果发现任务 j 已经被分配了则进行剪枝。另外，如果发现第 i 个人分配第 j 个任务所得到的当前累计成本之和 cost 加上 c[i][j] 大于等于已经获得的最优解 mincost，则剪枝。

剪枝条件 1：distributed[j]=true

剪枝条件 2：cost+c[i][j]≥mincost

样例输入的最优方案如下：

第 1 个人安排任务 1，成本为 1

第 2 个人安排任务 4，成本为 7

第 3 个人安排任务 3，成本为 3

第 4 个人安排任务 2，成本为 2

总成本 =13

参考代码：

```
#include <cstdio>
```

```
#include <climits>
#define N 20
int x[N];               // 临时分配方案
int cost=0;             // 临时解的成本
int bestdis[N];         // 最优分配方案
int mincost=INT_MAX;    // 最优解的成本
bool distributed[N]; //distributed[j] 表示任务 j 是否已经被分配，初始值为 false
int c[N][N];           //c[i][j] 表示第 i 个人完成第 j 个任务所花的成本
int n;
void dfs(int i)                     // 为第 i 个人员分配任务
{    if(i>n)                        // 到达叶子结点
     {    if(cost<mincost)          // 保留最优解
          {    mincost=cost;
               for(int j=1;j<=n;j++) // 保存最优分配方案
                    bestdis[j]=x[j];
          }
     }
     else
     {    for(int j=1;j<=n;j++)                 // 为人员 i 试探任务 1~n
               if(!distributed[j]&&cost+c[i][j]<mincost) // 剪枝条件
               {    distributed[j]=true;
                    x[i]=j;                          // 任务 j 分配给人员 i
                    cost+=c[i][j];
                    dfs(i+1);                   // 为人员 i+1 分配任务
                    distributed[j]=false;       // 清理现场
                    x[i]=0;                      // 清理现场
                    cost-=c[i][j];               // 清理现场
               }
    }
}
int main()
{    scanf("%d",&n);
     for(int i=1;i<=n;i++)
          for(int j=1;j<=n;j++)
                scanf("%d",&c[i][j]);
     dfs(1);
     printf("%d\n",mincost);
```

```
    return 0;
}
```

10.2.3 回溯法 2——排列树

1. 排列树的定义

当求解的问题需要在 n 个元素的排列中搜索问题的解时，则解空间被称作排列树，搜索空间为：

$$(1,2,3,\cdots,n-1,n),(2,1,3,\cdots,n-1,n),(2,3,1,\cdots,n-1,n),\cdots,(n,n-1,\cdots,3,2,1)$$

2. 排列树的算法框架

根据全排列的概念，定义数组 a 的初始值（1，2，3，4，…，N），然后通过数据间两两交换得到所有不同的排列。算法伪代码框架如下：

```
int a[N]={1,2,3,4,…,N};
per_tree(int i)
{ int j;
   if(i>N)
     { 输出一种排列结果：a[N] }
   else
      for(j=i;j<=N;j++)
      { swap(a[i],a[j]); // 交换 a[i],a[j] 元素的值
        per_tree(i+1);
        swap(a[i],a[j]); // 恢复原来的排列
      }
}
```

递归调用语句：per_tree（1）。

算法的实现思路是：以 N=4 为例，数组的初始值为 a[4]={1，2，3，3}。递归由 i=1 开始，i=1 意味着要对 a[1]~a[4] 进行排列；i=2 的时候，意味着要对 a[2]~a[4] 进行排列，同理，i=3 的时候，意味着要对 a[3]~a[4] 进行排列；i=4 的时候，意味着要对 a[4]~a[4] 进行排列。当调用 per_tree（1）的时候，即 i=1，因为第 1 位有 4 种可能，即 1、2、3、4，而 1、2、3、4 正好分别是数组第 1、2、3、4 位上的数，因此通过语句 swap（a[i]，a[j]）生成一种试探排列，然后开始递归调用 per_tree（2），当 per_tree（2）递归结束的时候，再次使用语句 swap（a[i]，a[j]）恢复原来的排列，这样就可以正确生成下一种试探排列。同理，当 i=2 时要处理剩下 a[2]~a[4] 等 3 位数字的排列，其方法与当 i=1 时处理 4 位数字的过程是一样的。以此类推，当 i>4 的时候，一组排列就产生了，再进行回溯，直至生成所有排列。

3. 排列树的应用

例 5：活动安排

学校有 n 个班级要借用学校的大学生活动中心举行活动，已知该活动中心同一个时间段只能被一个班级占用，每个班级的活动 i 都有一个开始时间 b_i 和结束时间 e_i（$b_i<e_i$），其执行时间为 e_i-b_i，假设最早活动执行时间为 0。一旦某个活动开始执行，中间不能被打断，直到其执行完毕。若活动 i 和活动 j 有 $b_i \geqslant e_j$ 或 $b_j \geqslant e_i$，则称这两个活动互相兼容。设计算法求一种最优活动安排方案，使该活动中心可以安排尽可能多的活动。

输入：

第 1 行输入一个整数 n（$n \leqslant 20$），接下来共 n 行，每行两个数，表示每个活动的开始时间和结束时间。

输出：

输出一个整数，表示最多的活动安排个数。

样例输入：

4

2 6

5 7

4 10

9 11

样例输出：

2

问题分析：

首先产生活动的所有排列，每个排列 $x=$（x_1，x_2，x_3，x_4）对应一种调度方案。然后，计算每种调度方案的兼容活动个数 sum。再求出最大的兼容活动个数 maxsum 和最优方案 bestx。

对于一种调度方案，如何计算所有兼容活动的个数呢？因为其中可能存在不兼容的活动。以表 10.1 所示调度方案（1，2，3，4）为例。其活动安排进度图如图 10.24 所示。

兼容活动个数计算过程如下：

（1）首先活动 1 执行，其结束时间为 end_time=6。活动兼容个数 sum=1，当前活动最后时间 last_time=6；

（2）因为活动 2 的开始时间 begin_time=5<last_time，因此活动 1 与活动 2 不兼容，这时仍然是 sum=1，last_time=6；

（3）同理，活动 3 的开始时间 begin_time=4<last_time，因此活动 1 与活动 3 不兼容，这时仍然是 sum=1，last_time=6；

（4）活动 4 的开始时间 begin_time=9>last_time，因此活动 1 与活动 4 兼容，这时 sum=2，last_time=11；

（5）调度方案（1，2，3，4）的最大兼容个数为 2。

表 10.1 调度方案（1，2，3，4）

活动编号	开始时间	结束时间
1	2	6
2	5	7
3	4	10
4	9	11

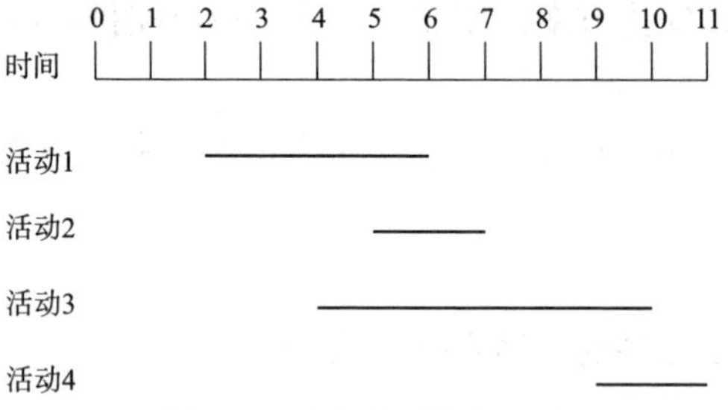

图 10.24 活动安排进度图

如果当前获得的兼容活动个数与剩余活动个数之和不大于当前最优解则剪枝。剪枝条件如下：

剪枝条件：sum+n−i ≤ maxsum

上式中 sum 为当处理第 *i* 个活动时获得的最多兼容活动个数，*n* 为活动总个数。maxsum 为目前搜索过程中已经获得的最优解。因为在搜索过程中，当发现即使剩余的所有活动都可以执行也不可能超过当前已经得到的最大活动兼容个数 maxsum，那么就没有必要继续进行搜索了，则剪枝。

参考代码：

```
#include<cstdio>
#include<algorithm>
using namespace std;
#define N 20
struct action
{     int begin_time;                        // 活动起始时间
      int end_time;                          // 活动结束时间
};
int n;
action a[N];
int x[N];               // 临时解向量
int bestx[N];           // 最优解向量
int laste_time=0;       // 一个调度方案中最后兼容活动的结束时间，初值为 0
int sum=0;              // 一个调度方案中所有兼容活动个数，初值为 0
int maxsum=0;
```

```
void dfs(int i)
{     if(i>n)              //到达叶子结点，产生一种调度方案
    {    if(sum>maxsum)
        {    maxsum=sum;
             for(int k=1;k<=n;k++)
                 bestx[k]=x[k];
        }
    }
    else
    {    for(int j=i;j<=n;j++)          //没有到达叶子结点，考虑 i 到 n 的活动
         {    //第 i 层结点选择活动 x[j]
              swap(x[i],x[j]);
              int sum1=sum;             //保存 sum,laste 以便回溯
              int laste1=laste_time;
              if(a[x[j]].begin_time>=laste_time)    //活动 x[j] 与前面兼容
              {    sum++;               //兼容活动个数增 1
                   laste_time=a[x[j]].end_time;   //修改本方案的最后兼容时间
              }
        //如果当前获得的兼容活动个数与剩余活动个数之和不大于当前最优解则剪枝
              if(sum+n-i>maxsum)
                   dfs(i+1);            //进入下一层
                   swap(x[i],x[j]);
                   sum=sum1;            //恢复现场
                   laste_time=laste1;   //恢复现场
         }
    }
}
void main()
{    int i;
     scanf("%d",&n);
     for(i=1;i<=n;i++)
        x[i]=i;
     for(i=1;i<=n;i++)
          scanf("%d%d",&a[i].begin_time, &a[i].end_time);
     dfs(1);              //i 从 1 开始搜索
     printf("%d\n",maxsum);
}
```

例 6：产品加工安排问题

现有 n 个待加工的产品（编号为 1-n），每个产品需要两道工序，分别要在两台机器 M1 和 M2 组成的流水线上加工完成。所有产品的第一道加工工序需要在 M1 上完成，第二道加工工序需要在 M2 上完成。产品 i 的两道工序所需的加工时间分别为 $a[i]$ 和 $b[i]$（$1 \leqslant i \leqslant n$）。

现要求确定这 n 个产品的最优加工顺序（每个产品的两道工序分别在两台机器上加工顺序是一样的），使得从第一个产品在机器 M1 上开始加工，到最后一个产品在机器 M2 上加工完成为止所需的时间最少。规定任何产品一旦开始加工，就不允许被中断，直到该产品被完成。

输入：

输入多个测试用例，每个用例第一行是待加工的产品数 n（$1 \leqslant n \leqslant 1000$），接下来 n 行，每行两个非负整数，第 i 行的两个整数分别表示第 i 个产品在第一台机器和第二台机器上加工的时间。以 n=0 结束。

输出：

每个用例输出一行，表示采用最优调度所用的总时间，即从第一台机器加工开始到第二台机器加工结束的时间。

样例输入：

4

5 6

12 2

4 14

8 7

0

样例输出：

33

问题分析：

首先通过回溯法得到 n 个产品的所有排列，对每种排列计算总的加工时间，通过比较得出最优解。假设产品的加工序列为（1，2，3，4），则计算总的加工时间方法如下：

设 f_n 为前 n 个产品在 M1 上完成的时间，s_n 为前 n 个产品在 M2 上完成的时间，因为任何一个产品只能先在 M1 上加工后，才能在 M2 上加工，因此有的时候需要等待。如图 10.25 所示，产品 1 在 M1 上加工完成后，不需要等待就可以直接在 M2 上加工。而产品 4 在 M1 上加工完后，在 M2 上就得等待，因为产品 3 在 M2 上没有加工完。因此产品在 M2 上的完成时间为：s_n=max（f_n，s_{n-1}）+$b[n]$，其中 $b[n]$ 为第 n 个产品在 M2 上加工所需要的时间，例如：s_1=f_1+$b[1]$=11，s_4=max（f_4，s_3）+$b[4]$=42。

产品编号	1	2	3	4
M1时间*a*	5	12	4	8
M2时间*b*	6	2	14	7

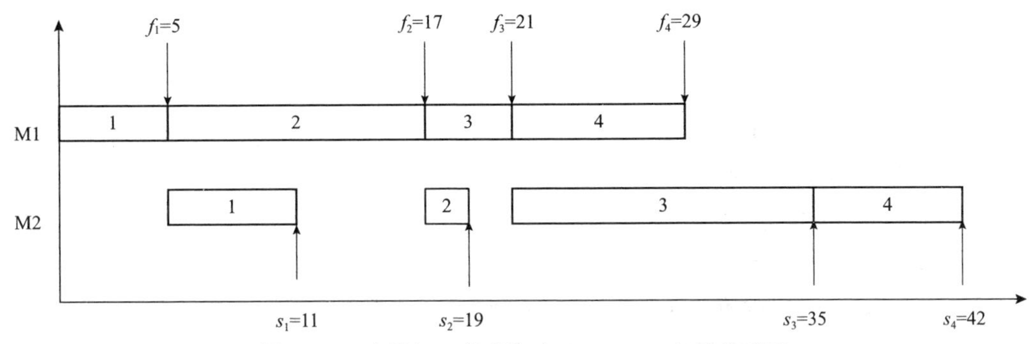

图 10.25　产品加工序列为（1，2，3，4）的总时间

而如果加工序列为（3，1，2，4），则各个产品在 M1、M2 上加工完成时间如图 10.26 所示，则最优加工时间为 36。

因为求的是最少加工时间，因此在搜索排列树的时候，当发现当前第 i 个产品在 M2 上加工完成时间 s_i 大于等于当前最优解 mintime，则没有必要继续搜索了，因此剪枝条件如下：

剪枝条件：$s_i \geqslant$ mintime

产品编号	3	1	2	4
M1时间*a*	4	5	12	8
M2时间*b*	14	6	2	7

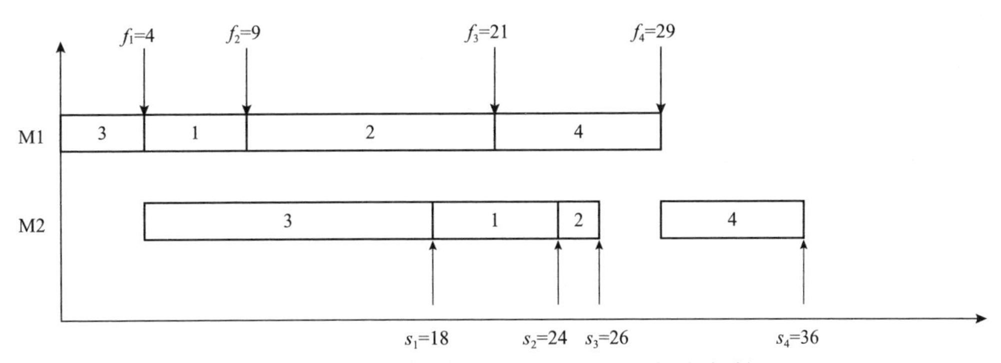

图 10.26　产品加工序列为（3，1，2，4）的总时间

通过深入分析我们发现：上述剪枝条件还可以进一步优化，因为其实第 i 个产品在 M2 上加工完成时间 s_i 没有必要非得等到大于等于当前最优解 mintime 的时候才剪枝。因为求的是最少加工时间，实际上当第 i 个产品在 M2 上加工完成时间 s_i 加上所有剩余产品在 M2 上加工时间的总和大于等于当前最优解 mintime 时，就可以剪枝。

优化后的剪枝条件：s_i+sum（b[i+1]…b[n]）≥mintime

sum（b[i+1]…b[n]）为剩余产品在 M2 上加工时间总和，这个时间是所有剩余产品加工时间和的最小极限值。如果当前所花时间加上这个最小极限值都大于等于当前最优解，就没有必要继续搜索了。

参考代码：

```
#include<cstdio>
#include <climits>
#include<cmath>
#include<algorithm>
using namespace std;
#define N 1000
int n;          // 产品数
int total;      // 所有产品在 M2 上加工时间总和
int a[N];      //M1 上的执行时间
int b[N];       //M2 上的执行时间
int bestx[N]; // 最优产品序列
int x[N];
int f[N],s[N]; // 分别存放前 i(1≤i≤n) 个产品在 M1、M2 上完成时间的累加和
int mintime=INT_MAX;
int bound(int i)                // 求结点的下界值
{    int sum=0;
     for(int j=1;j<=i;j++)      // 扫描所有选择的产品
         sum+=b[x[j]];          // 累计所有选择产品在 M2 上加工的时间
     return s[i]+total-sum;     // 全部 n 个产品在 M2 上加工的时间和为 total
}
void dfs(int i)                 // 从第 i 层开始搜索
{    if(i>n)                    // 到达叶子结点，产生一种调度方案
     {    if(s[n]<mintime)      // 找到更优解
          {    mintime=s[n];
               for(int j=1;j<=n;j++)    // 复制解向量
                   bestx[j]=x[j];
          }
     }
     else
     {    for(int j=i;j<=n;j++)          // 试探所有第 i 个产品可能的编号
          {    swap(x[i],x[j]);
               f[i]+=a[x[i]];            // 选择的产品 x[i] 在 M1 上加工完的时间
               s[i]=max(f[i],s[i-1])+b[x[i]];
               if(bound(i)<mintime)      // 剪枝
```

```
                dfs(i+1);
            f[i]-=a[x[i]];          //恢复现场，继续试探
            swap(x[i],x[j]);
        }
    }
}
void main()
{   int i;
    while(scanf("%d",&n)&&n!=0)
    {   mintime=INT_MAX;
        total=0;
        for(i=1;i<=n;i++)
            x[i]=i;
        for(i=1;i<=n;i++)
        {  scanf("%d%d",&a[i],&b[i]);
           total+=b[i];
         }
        dfs(1);                  //i 从 1 开始搜索
        printf("%d\n",mintime);
    }
}
```

10.2.4　子集树和排列树的关系

从理论上来说，子集树和排列树应该属于蛮力法的一种，因为要考虑所有的可能情况。但由于在搜索的过程当中使用了“剪枝”策略，因此其效率往往比蛮力法要高。

子集树的搜索空间是一棵满 n 叉树，每个元素可以有 n 种选择。特别地，如果每个元素只允许有两种选择，就是一棵二叉树，对应的就是 0、1 背包问题。子集树每个元素的选择是可以重复的；而排列树的搜索空间并不是满二叉树，并且每个元素的选择是不允许重复的。

有些问题即可以用子集树来解决，也可以用排列树来解决，如八皇后问题。

例 7：八皇后问题

在国际象棋中，皇后是最强大的一枚棋子，可以吃掉与其在同一行、列和斜线的敌方棋子。现将八个皇后摆在一张 8×8 的国际象棋棋盘上，使每个皇后都无法吃掉别的皇后，如图 10.27 所示，问一共有多少种摆法？

图 10.27　八皇后问题

子集树方法：

先采用子集树的方法来分析。其搜索空间对应一棵八叉树，如图 10.28 所示。每个皇后在一行内有 8 种选择（对应 1~8 列），共选八行，把每个生成的序列放到一个一维数组 a 中，如图 10.29 所示，如数组元素 a_3=5 的含义是：下标 3 表示棋盘的第 3 行，元素值 5 表示放到棋盘的第 5 列。那么在遍历排列树的过程中，剪枝条件可以设置如下：

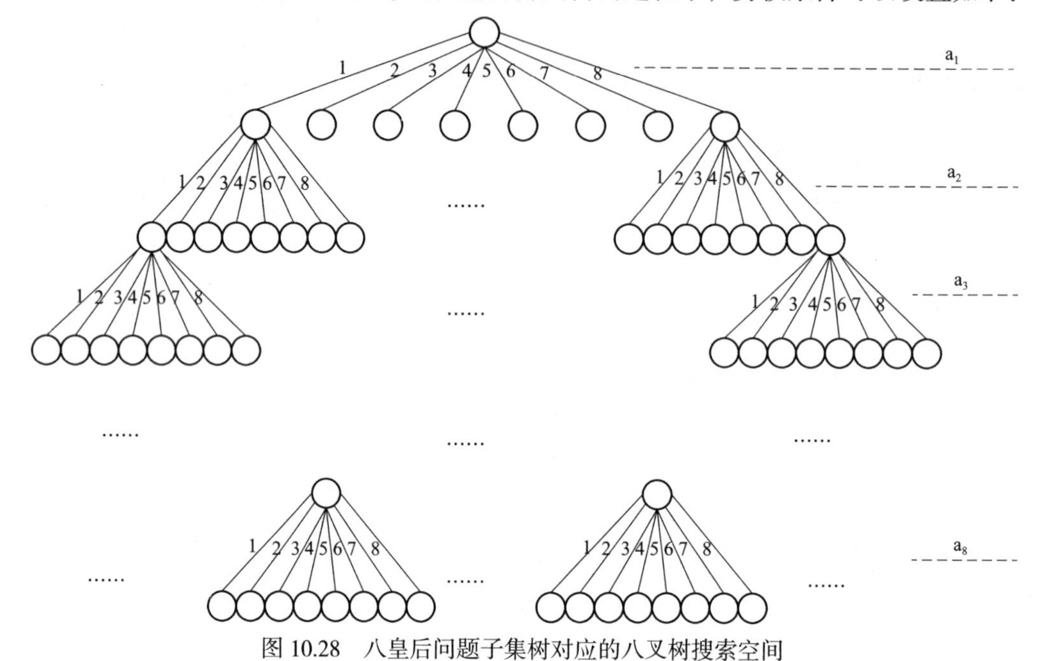

图 10.28　八皇后问题子集树对应的八叉树搜索空间

剪枝条件 1：abs（k−j）= abs（a[j]−a[k]）

剪枝条件 2：a[j] = a[k]

剪枝条件 1 表示如果当前皇后所选位置与棋盘上已经放好的皇后位置处于同一条斜线上（45° 或 135°）则剪枝。如图 10.29 所示，abs（a[j]−a[k]）=x，abs（k−j）=y，如果 x=y 就说明在同一条斜线上。

剪枝条件 2 表示如果当前皇后所选位置与棋盘上已经放好的皇后位置处于同一条垂直线上（90°）则剪枝。

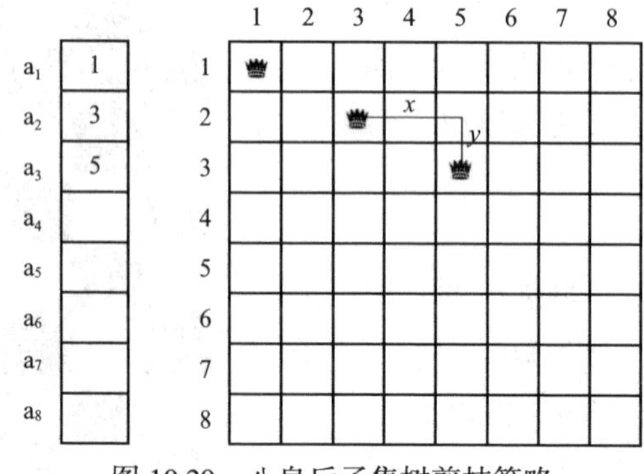

图 10.29　八皇后子集树剪枝策略

参考代码：

```
#include <cstdio>
#include <cmath>
int a[8];
int count;
int select(int k) //剪枝条件的设置
{     int j;
      for(j=1;j<k;j++)
          if((abs(k-j)==abs(a[j]-a[k]))||(a[j]==a[k]))
                return 0;
      return 1;
}
void dfs(int t)
{  int i;
   if(t>8)
       count++;
   else
   for(i=1;i<=8;i++)   //每结点要考虑n种可能
   {     a[t]=i; //试探第 i 种情况
        if(select(t)) //剪枝
             dfs(t+1);
   }
}
int main()
{
    dfs(1);
    printf("%d\n",count);
    return 0;
}
```

排列树方法：

采用排列树的方法就是求出所有可能的排列，如图 10.30 所示，然后通过剪枝去掉不可能的分枝，剪枝条件如下：

剪枝条件：abs（k－j）= abs（a[j]－a[k]）

剪枝条件与子集树的剪枝条件 1 相同。不同的是，因为排列树不存在重复的数字，所以不需要给出子集树的剪枝条件 2：a[j] = a[k]。

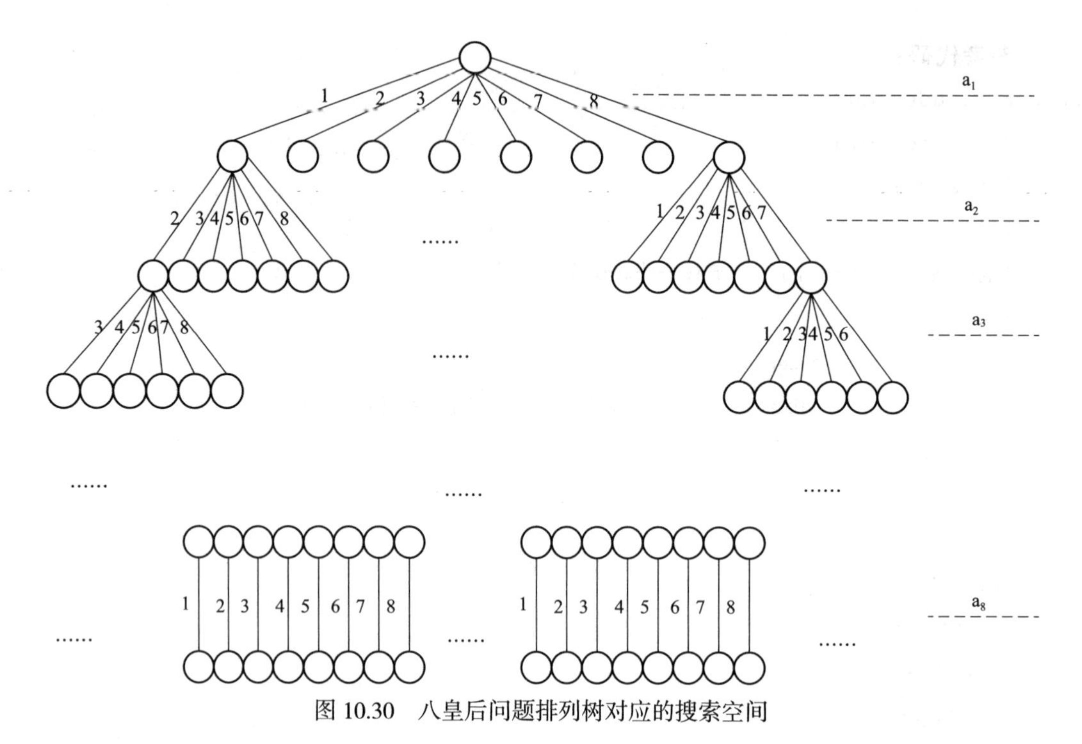

图 10.30　八皇后问题排列树对应的搜索空间

参考代码：

```
#include <cstdio>
#include <cmath>
#include<algorithm>
using namespace std;
int num=0; //不同走法的总数
int a[10];
int select(int k)
{     int j;
      for(j=1;j<k;j++)
          if(abs(k-j)==abs(a[j]-a[k]))
                return 0;
      return 1;
}
void dfs(int k)
{  int i;
   if(k>8)//到达叶子
       num++;
   else
   {  for(i=k;i<=8;i++)       //试探第 k 行 k~8 个位置
```

```
        {    swap(a[k],a[i]);
             if(select(k))    //剪枝
                  dfs(k+1);
             swap(a[i],a[k]);
        }
    }
}
int main()
{  int i;
   for(i=1;i<=8;i++)
       a[i]=i;
   dfs(1);
   printf("%d\n",num);
   return 0;
}
```

10.3　分支限界法

分支限界法类似于回溯法，也是在问题的解空间上搜索问题解的算法，与回溯法不同的是：回溯法的求解目标是找出解空间中满足约束条件的所有解；而分支限界法的求解目标则是找出满足约束条件的一个解，或是在满足约束条件的解中找出使某一目标函数值达到极大或极小的解，即在某种意义下的最优解。

由于求解目标不同，导致分支限界法与回溯法对解空间的搜索方式也不相同。回溯法以深度优先的方式搜索解空间；而分支限界法则以广度优先的方式搜索解空间。

10.3.1　图的广度优先遍历

广度优先搜索（BFS）的原理是：设图 G 的初始状态是所有结点都没有被访问过，以 G 中任一个结点 v 为起点，则广度优先搜索的过程为：首先访问出发点 v，接着依次访问 v 的所有邻接点 w_1，w_2，…，w_n，然后再依次访问与 w_1，w_2，…，w_n 邻接的所有未被访问的顶点。以此类推，直到图中所有和起点 v 相通的顶点都被访问到为止。该策略通常采用队列（first in first out，FIFO）数据结构来保存当前结点的所有扩展结点，该策略对有向图和无向图均适用。若 G 是连通图，则一次就能搜索完所有结点。否则，在图 G 中另选一个尚未访问过的顶点作为新的起点继续上述的搜索过程，直到 G 中所有结点都被访问过为止。

BFS 算法框架如下：

```
void BFS-Traversal(Graph G,Vertex v)          //从起点v开始遍历图G
{ Queue q;                                     //定义队列
```

```
bool visited[max size];                        // 定义访问标记数组
Vertex  w,x;
for(all v in G)                                // 所有结点初始化访问标记
      visited[v]=false;
EnQueue(q,v);                                  // 结点 v 入队
while(!QueueEmpty(q))                          // 当队为空时，算法结束
  {    DeQueue(q,w);                           // 结点 w 出队
       if(!visited[w])
        {     visited[w]=true;                 // 设置访问标记
              visit(w);                        // 访问结点 w
              for(all x adjacent to w)         // 结点 w 的所有相邻结点入队
                 EnQueue(q,x);
        }
  }
}
```

其中函数 EnQueue（q，v）表示结点 v 入队；函数 DeQueue（q，w）表示结点 w 出队；函数 QueueEmpty（q）为判断队列是否为空。

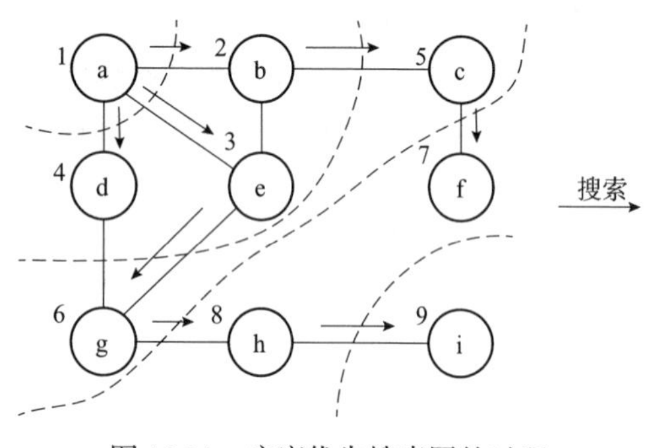

图 10.31　广度优先搜索图的过程

图 10.31 表示对一个无向图 G 进行广度优先搜索的过程。遍历的起始结点为结点 a，图中四条虚线将图分成五个部分，即五层。第一层包括结点 a；第二层包括结点 b、d、e；第三层包括结点 c、g；第四层包括结点 f、h；第五层包括结点 i。遍历的过程就是从第一层到第五层依次逐层搜索，只有当前层中所有结点访问完才可以继续访问下一层中的各个结点。

图 10.32 为 BFS 算法搜索图 G 结束时（即队首指针 f 和队尾指针 r 指向同一个单元）队列的状态，node 域存放的是入队结点，father 域存放的是入队结点的父亲结点在队列中的序号。例如结点 b、e、d 的父亲是结点 a，而结点 a 在队列中的序号为 1，因此 b、e、d 结点对应 father 域的值就均为 1。father 域存放父亲结点序号的目的是方便得到从当前结点到起始结点的一条路径，例如，结点 f 的 father 域为 5，而序号为 5 的队列中存放的是结点 c，同样 c 的 father 域存放的是 2，而序号为 2 的队列中存放的是结点 b，而结点 b 的 father 域中存放的是 1，而序号 1 里存放的是起始结点 a。这样，依靠 father 域信息，从结点 f 就可以一直找到起始结点 a。而在实际应用中，这条路径往往对应着问题的一个局部解。

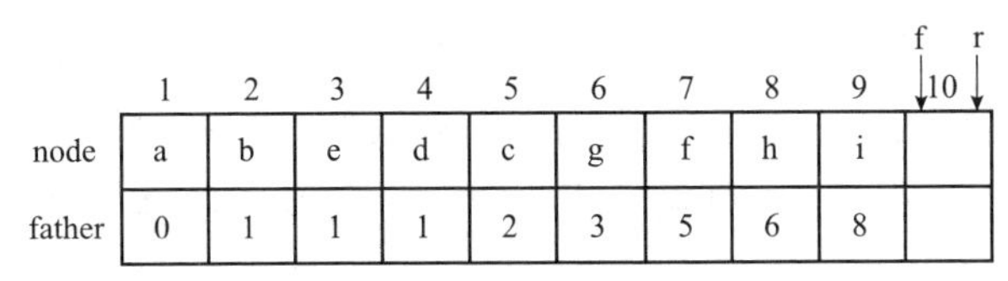

图 10.32　广度优先搜索结束时队列状态

10.3.2　分支限界法

分支限界策略是一种在问题解空间上进行搜索尝试的算法，而这个解空间多是树形或图形结构，但一般并不显式给出（称为隐式树或图）。分支限界策略中的“分支”策略体现在对问题解空间是按照广度优先的策略进行搜索；而“限界”策略是为了加速而利用启发信息进行剪枝的策略。

1. 三种分支搜索策略

按照广度优先搜索过程中结点入队、出队方式的不同，分支限界的搜索方式分为三种：队列式（FIFO）分支搜索法，栈式（LIFO）分支搜索法以及优先队列式（PQ）分支搜索法。

（1）FIFO 分支搜索法

按照先进先出原则选取下一个结点为扩展结点，活结点表是先进先出队列。

①开始时，根结点是唯一的活结点，根结点入队。

②从活结点队中取出队首结点，作为当前扩展结点。

③对当前扩展结点，先从左到右产生它的所有孩子，用约束条件检查，把所有满足约束条件的孩子加入活结点队列中。

④再从活结点表中取出队首结点作为当前扩展结点，重复③④操作，直到找到一个解或活结点队列为空时为止。

（2）LIFO 分支搜索法

过程与 FIFO 分支搜索法类似，不同的是活结点表用的是堆栈。

（3）PQ 分支搜索法

①对每一活结点计算一个优先级（某些信息的函数值），然后入队。

②出队时，从活结点表中优先选择一个优先级最高（最有利）的结点作为扩展结点，使搜索向着解空间树上有最优解的分支推进，以便尽快地找出一个最优解。一般采用堆排序方法得到最大值（大根堆）或最小值（小根堆）。

③重复①②操作，直到找到一个解或活结点队列为空时为止。

2. 限界函数的定义

在采用广度优先搜索过程中，每个活结点可能有很多孩子结点，其中有些孩子结点搜索下去是不可能产生问题的解或最优解的。可以设计限界函数在扩展时删除这些不必要的孩子结点，从而提高搜索效率。限界函数设计难以找出通用的方法，需根据具体问题来分析。

（1）目标函数是求最大值：则设计上界限界函数 ub，计算每个结点的上界限界函数值，当找到一个最优解之后，将所有上界限界函数值小于等于最优解的结点剪枝。

（2）目标函数是求最小值：则设计下界限界函数 lb，计算每个结点的下界限界函数值，当找到一个最优解之后，将所有下界限界函数值大于等于最优解的结点剪枝。

每个结点的限界函数值是在广度优先搜索过程中剪枝的依据。在实际应用中，限界函数往往与 PQ 分支搜索法一起使用。PQ 分支搜索法对每个入队的结点计算其限界函数值，在出队的时候，按照堆排序的方法，找出一个具有最大限界函数值（大根堆）或最小限界函数值（小根堆）的结点出队，成为扩展结点，因此它的搜索不一定是按“广度”的方向进行搜索，也可能按“深度”的方向进行搜索，所以它可能很快就会得到一个最优解。然后根据这个最优解与剩余结点的限界函数值来决定对哪些结点进行剪枝，因此搜索效率得到了很大的提高。

3. 分支限界算法应用

例 1： 迷宫问题

有一个矩形的迷宫，在这个迷宫里只允许水平走或垂直走，并且迷宫里面有很多墙，小明在迷宫的一个位置 S，而小莉的位置在 D，现在小明想在 t 步内，到达小莉的位置，请你告诉小明，他能否做到。

输入：

输入三个整数 m、n、t（$1 \leqslant m \leqslant 100$、$1 \leqslant n \leqslant 100$、$1 \leqslant t \leqslant 100$），表示 m 行 n 列的迷宫，t 为要求的步数。m、n、t 全为 0 则结束输入。随后的 m 行 n 列是迷宫，其中‘X’表示墙，‘.’表示可以走。

输出：

能走到输出“YES”，不能走到则输出“NO”。

样例输入：

```
6 6 5
......
.SX...
..X...
..X...
XXX.D.
......
3 4 5
S.X.
..X.
...D
0 0 0
```

样例输出：

NO

YES

问题分析：

迷宫搜索步长示意图如图 10.33 所示，黑色表示墙，由‘S’出发，一次只能在上、下、左、右四个方向中选择一个走一步，可以到达图中 3 个数字‘1’的位置，数字‘1’表示该位置与位置‘S’的距离为 1。同理从 3 个‘1’的位置出发再向 4 个方向走一步，可以到达 4 个‘2’的位置，表示该位置与‘S’的距离为 2，以此类推，当遇到‘D’的时候，恰好是 8 步。从上述过程可以知道：这种搜索过程就相当于图的广度优先搜索。因为每个位置只能有 4 个方向，因此其解空间就是一棵满四叉树，其解空间树如图 10.34 所示。圈内的数字表示离‘S’的距离。采用广度优先策略搜索，当遇到新生成的结点‘D’的时候，算法结束。最后，树的高度减 1 就是所求的结果。为了避免走过的位置“重复”，迷宫在广度优先搜索过程中被扩展的位置都要依次变成“墙”。

	1	2	3	4	5	6
1	2	1	2	3	4	5
2	1	S		4	5	6
3	2	1		5	6	7
4	3	2		6	7	
5				7	D	
6						

图 10.33　搜索过程步长示意图

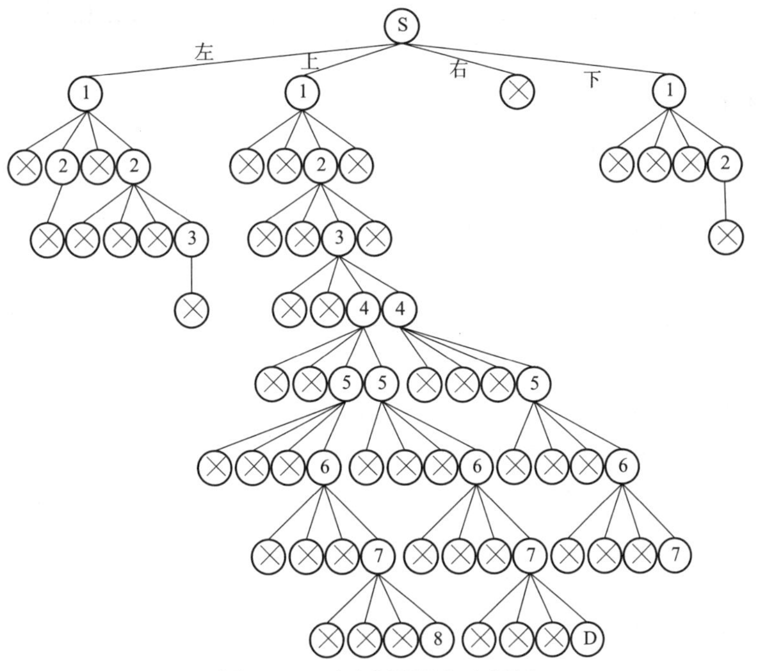

图 10.34　迷宫问题的解空间树

扩展结点入队采用 FIFO 方式，按“左”“上”“右”“下”的次序依次入队，因为求的是一个最优解，因此当扩展结点遇到‘D’的时候，目标找到，算法就结束了。

这个问题不需要建立相应的限界函数。根据题意，当发现当前结点的“上”“下”

“左”“右”4 个位置是“墙”的时候则剪枝。其剪枝条件如下：

剪枝条件 1：p.x≥m 或 p.y≥n 或 p.x<0 或 p.y<0

剪枝条件 2：a[p.x][p.y]= ‘S’ 或者 a[p.x][p.y]= ‘X’

其中（p.x，p.y）表示当前所在迷宫数组的坐标。a[p.x][p.y] 表示迷宫数组的元素。剪枝条件 1 是限制当前位置必须在迷宫内；剪枝条件 2 说明如果扩展结点位置是开始位置‘S’或是“墙”，则剪枝。

广度优先搜索使用的队列工作过程如图 10.35 所示，head 表示队首指针，tail 表示队尾指针。(x，y) 表示迷宫位置的坐标，step 表示距离初始位置‘S’的步长，初始值为 0。首先‘S’结点入队，并且其 step 的值为 0。因为当前队内不空，则‘S’结点出队，与其相邻的“左”“上”“下”3 个非“墙”结点依次入队，同时将其在迷宫数组上标记为“墙”，然后队内的结点再依次出队，其相邻的“非墙”结点再依次入队，重复上述过程直到当入队的结点是目标结点时，算法结束，相应的 step 的值就是距离‘S’的最短步长。

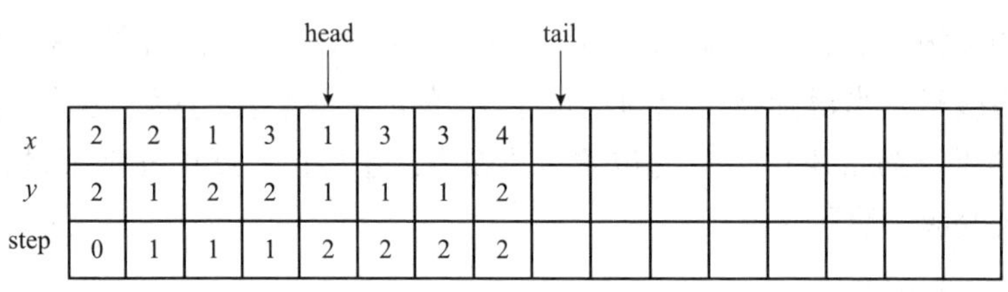

x	2	2	1	3	1	3	3	4								
y	2	1	2	2	1	1	1	2								
step	0	1	1	1	2	2	2	2								

图 10.35　队列工作过程

参考代码：

```
#include <iostream>
#include<queue>
#include<cstdio>
#include<cstring>
using namespace std;
const int maxn=100;
int n,m,t;
char a[maxn][maxn]; //迷宫
int dir[4][2]={{-1,0},{0,1},{1,0},{0,-1}}; //设置在横、纵坐标上的步长增量
int dx,dy,sx,sy;
struct node
{  int x,y,step;};
int bfs()
{   queue<node>que; //定义队列
    node p,next;
    p.x=sx,p.y=sy,p.step=0;
    que.push(p);
```

```
    a[p.x][p.y]='X'; //设置成"墙",表示走过的不能再走
    while(!que.empty())
    {   p=que.front();
        que.pop();
        if(p.x==dx&&p.y==dy) //如果发现目标则结束
            return p.step;
        for(int k=0;k<4;k++) //采用FIFO方式结点入队
        {   next.x=p.x+dir[k][0]; //当前新结点的位置
            next.y=p.y+dir[k][1];
            if(next.x>=0&&next.y>=0&&next.x<n&&next.y<m&&a[next.x][next.
            y]!='X'&&a[next.x][next.y]!='S') //如果当前结点在迷宫内且没发现目标
            就入队
            {   next.step=p.step+1;
                a[next.x][next.y]='X';
                que.push(next);
            }
        }
     }
     return -1;
}
int main()
{   while(cin>>n>>m>>t&&n&&m&&t)
    {    for(int i=0;i<n;i++)
             for(int j=0;j<m;j++)
             {        cin>>a[i][j];
                      if(a[i][j]=='S')   //寻找开始点的位置
                      {       sx=i;
                              sy=j;
                      }
                    if(a[i][j]=='D')   //寻找目标点的位置
                      {   dx=i;
                          dy=j;
                      }
             }
```

```
            int ans=bfs();
            if(ans<=t&&ans!--1)
                puts("YES");
           else
                puts("NO");
    }
    return 0;
}
```

例 2： 打油井

已知有一片矩形区域，存在很多出油点，请问为了节约成本，最少可以打几口井就可以采到该区域的所有油。

输入：

输入多个用例，每个用例有 m 行 n 列，$1 \leqslant m \leqslant 100$，$1 \leqslant n \leqslant 100$，然后是方阵数据。‘@’为出油点，‘*’为不能出油的点，点与点之间是八邻域连通，m、n 全为 0 时结束输入。

输出：

每个用例输出一行，表示最少的油井数。

样例输入：

5 5

***@@

@***@

@@**@

**@*@

*@**@

0 0

样例输出：

2

问题分析：

这个问题实际上是求矩形区域内有多少个八连通区域。先寻找一个出油点，然后从这个点出发，采用广度优先搜索策略使区域不断向外扩展，最后就可以得到一个“独立”的连通区域，这个“独立”的连通区域打一口井就可以。然后再找另一个新的出油点，重复上述过程，直到没有新的出油点为止。

图 10.36 所示为样例输入对应的矩形区域示意图，白框表示出油点，黑框表示非出油点。队列工作具体过程如图 10.37 所示。假设发现新的出油点 7，首先该结点坐标（2，1）入队，为了避免重复操作，将该点在矩形区域内标记为“非油点”，这时队不空，队首结点出队，结点入队采用广度搜索策略的 FIFO 原则，从该结点左边的位置开始沿着顺时针方向的八邻域内的出油结点依次入队，即出油点 8、9 入队。队不空，队首结点 8 出

队，其八邻域内出油点 10 入队。队不空，结点 9 出队，该结点八邻域内没有出油点。队不空，队首结点 10 出队，其八邻域内出油点 11 入队。队不空，队首 11 出队，该结点八邻域内没有出油点。这时队首指针和队尾指针相等，即 head=tail 表示队空，意味着区域无法继续向外扩展，于是完成了一个八连通区域的分割。因为每个结点有八个邻域，因此其解空间树对应一棵八叉树，如图 10.38 所示。

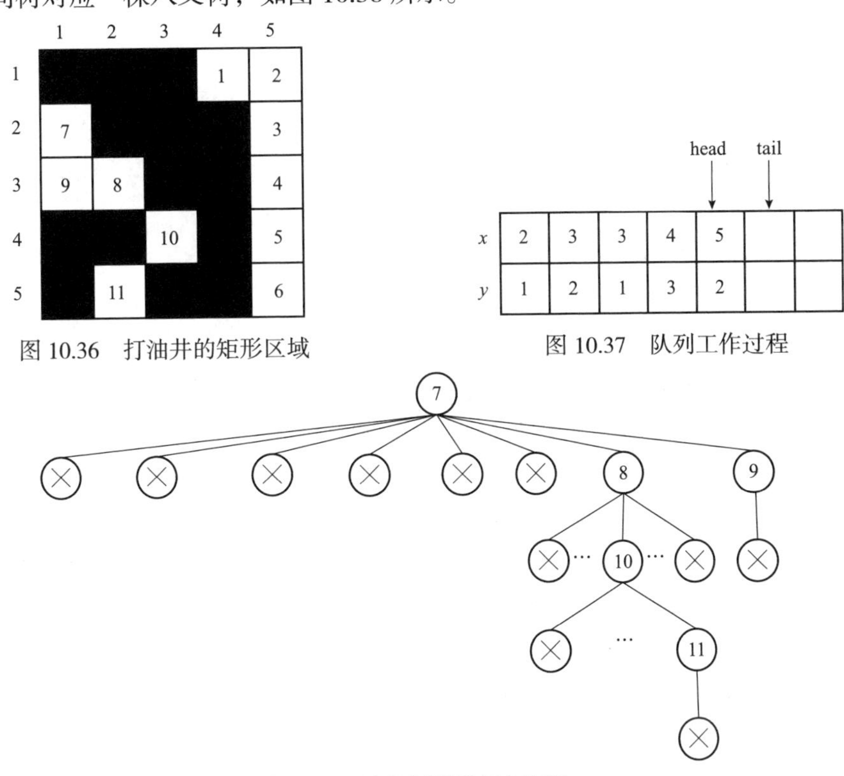

图 10.36　打油井的矩形区域

图 10.37　队列工作过程

图 10.38　油井问题的解空间树

其剪枝条件如下：

剪枝条件 1：next.x<0 或 next.x≥n 或 next.y<0 或 next.y≥m

剪枝条件 2：a[next.x][next.y]='*'

剪枝条件 1 限制当前位置必须在矩形区域内；剪枝条件 2 说明如果扩展结点位置是非油点则剪枝。其中（next.x，next.y）为当前点坐标。

参考代码：

```
#include<iostream>
#include<queue>
#include<cstdio>
#include<cstring>
using namespace std;
const int maxn=100;
int n,m;
```

```
char a[maxn][maxn];
struct node
{int x,y;};
void bfs(int x,int y)
{
      queue<node>que;
      node p,next;
      p.x=x,p.y=y;
      a[p.x][p.y]='*';
      que.push(p);
      while(!que.empty())
      {   p=que.front();
          que.pop();
          for(int dx=-1;dx<=1;dx++)
             for(int dy=-1;dy<=1;dy++)
             {next.x=p.x+dx;
              next.y=p.y+dy;
              if(next.x>=0&&next.x<n&&next.y>=0&&next.y<m&&a[next.x]
              [next.y]=='@')
              {   a[next.x][next.y]='*';
                  que.push(next);
              }
             }
      }
}
void solve()
{   int sum=0;
    for(int i=0;i<n;i++)
          for(int j=0;j<m;j++)
          { if(a[i][j]=='@')
             { bfs(i,j);
                sum++;}
          }
    cout<<sum<<endl;
}
int main()
{   while(cin>>n>>m&&n&&m)
```

```
{    for(int i=0;i<n;i++)
          for(int j=0;j<m;j++)
               cin>>a[i][j];
      solve();
  }
}
```

例 3：货仓进货难题

TOM 最近租了一个仓库准备做生意存放货物用。为了节约运输成本，他想使进的货物总价值最大。已知每个货物的体积为 $\{v_1, v_2, \cdots, v_n\}$，相应的价值为 $\{m_1, m_2, \cdots, m_n\}$，而他的仓库的最大使用体积为 v。请问 TOM 一次最多可以进价值多少钱的货。

输入：

输入多组测试用例，每组测试用例第一行输入两个整数，v（$1 \leqslant v \leqslant 100000$）表示仓库的体积，$n$（$1 \leqslant n \leqslant 1000$）表示货物的数量。第二行，共 n 个整数，表示每个货物的体积，中间用一个或多个空格隔开。接下一行，共 n 个整数，表示每个物品的价值，中间用一个或多个空格隔开。输入 0 0 时结束。

输出：

每组用例输出一个整数，表示 TOM 可以进货的最大价值。

样例输入：

10 4

2 3 6 4

2 1 3 5

0 0

样例输出：

8

问题分析：

这个问题属于 0/1 背包问题，上节我们采用回溯法解决这类问题，这一节我们采用优先队列式分支限界法来解决。

优先队列式分支限界法的主要特点是将活结点组成一个优先队列，并按照堆排序的原则每次从中选取优先级最高的活结点成为当前扩展结点。而优先级别的高低是按照结点的限界函数值大小来决定。每个结点的限界函数值有两个用处：一个是用于优先队列的堆排序；另一个是作为剪枝的依据。

优先队列式分支限界法的实现步骤如下：

（1）按照价值 / 体积比降序排列；

（2）计算起始结点（根结点）的优先级并加入优先队列；

（3）如果当前优先队列不空，按照大根堆排序原则从优先队列中取出优先级最高的结点作为当前扩展结点，使搜索朝着解空间树中可能有最优解的分支推进，以便尽快地找出一个最优解；

（4）从左到右产生当前扩展结点的所有孩子结点，对所有满足约束条件的孩子结点计算优先级并加入优先队列；

（5）重复步骤（3）和（4），直到找到一个解或优先队列为空为止。

结点限界函数：

（1）如果所有剩余的物品都能装入仓库，那么结点 i 的限界函数值 $\mathrm{ub}=m+(m[\mathrm{i}+1]+\cdots+m[n])$。

（2）如果所有剩余的物品不能全部装入仓库，那么结点 i 的限界函数值 $\mathrm{ub}=m+(m[\mathrm{i}+1]+\cdots+m[k])$ +（物品 $k+1$ 装入的部分体积）× 物品 $k+1$ 的单位体积价值。

其中 m 为从根结点到当前结点 i 这条路径上所选物品的累加价值。m 加上目前仓库还能容纳的物品可能的最大价值就是当前结点 i 的限界函数值。

剪枝条件：

左孩子剪枝条件：v+v[i+1]>V

右孩子剪枝条件：ub≤maxv

其中 v 为从根结点到当前结点 i 这条路径上所选物品的累加体积，如果 v 加上下一个物品的体积超过仓库的体积则剪枝；ub 表示当前结点的上界限界函数值，如果 ub 小于等于当前最优解则剪枝。

图 10.39 为采用分支限界法解决 0/1 背包问题的解空间树。每个结点存放的信息包括：物品的编号、表示当前物品选择情况的解向量 x、当前结点的上界函数值、所有选择物品的体积和与价值和。

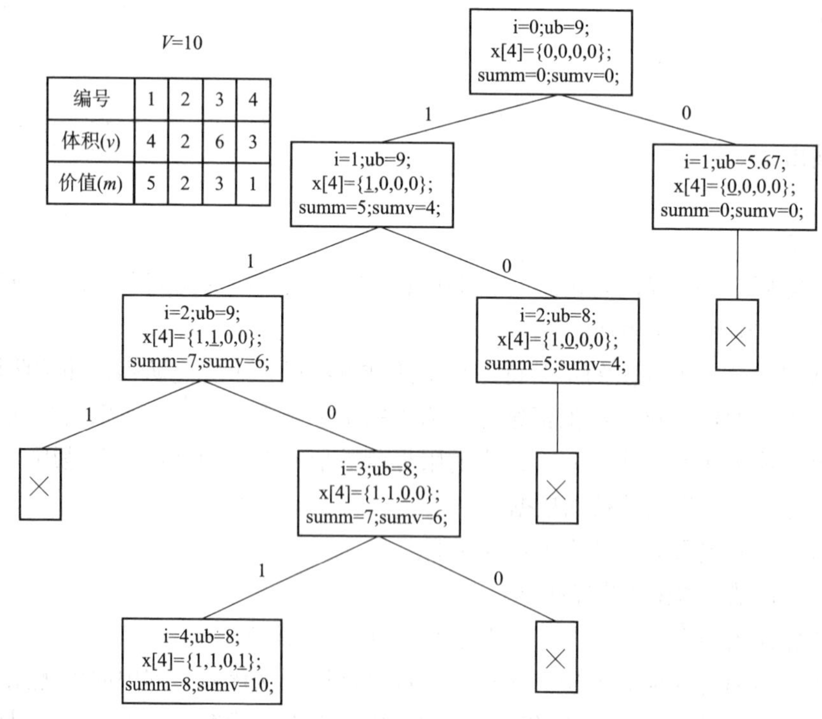

图 10.39　0/1 背包问题分支限界法解空间树

在搜索之前，先对物品按照价值 / 体积的比值按由大到小顺序排序。搜索过程如下：首先建立根结点，计算根结点的限界函数值 ub 为 5+2+（10–4–2）×3/6=9，表示在仓库容量为 10 的情况下可以装的物品最大可能价值，当前获得的最大价值 summ、最大体积 sumv 均为 0，当前解向量 x={0，0，0，0}。首先根结点进入优先队列，这时队不空，在队列中按堆排序的方法选择最大限界函数值的结点出队（当前只有根结点），这时如果编号 1 的物品没有超出仓库的体积则建立根结点的左孩子，计算左孩子的 ub、summ、sumv 的值以及解向量，左孩子入队。然后建立右孩子，计算右孩子 ub、summ、sumv 的值以及解向量，如果 ub 的值高于当前最优解（初始最优解为负极大值），则右孩子入队。这时再从优先队列中按照结点 ub 值的大小，选择一个 ub 值最大的结点作为当前的扩展结点，重复上述过程，当到达叶子结点的时候，得到一个当前最优解 maxm=summ=8，这时再从队列里选择结点的时候，如果结点的 ub 值小于等于 maxm 则该结点剪枝；如果选出结点的 ub 值大于 maxm，则该结点作为当前扩展结点。重复上述过程，直到队列为空时，算法结束。这时 maxm 的值就是该问题的最优解。

C++ 模板库已经提供了优先队列的容器直接调用就可以，定义优先队列语句：

priority_queue<NodeType> qu

结点出队语句：

node=qu.top（），qu.pop（）

结点入队语句：

qu.push（node）

参考代码：

```
#include <iostream>
#include <queue>
#include <cstdio>
#include <climits>
#include<algorithm>
using namespace std;
#define MAXN 1000
int n,V,total;
int v[MAXN];            // 质量
int m[MAXN];            // 价值
int bestx[MAXN];
int maxm=-INT_MAX;
typedef struct gem
{   int m;              // 物品价值
    int v;              // 物品体积
    double cp;          // 物品性价比
} gem;
```

```
gem p[MAXN];
struct NodeType              //队列中的结点类型
{   int no;                  //结点编号
    int i;                   //当前结点在搜索空间中的层次
    int m;                   //当前结点的总价值
    int v;                   //当前结点的总体积
    int x[MAXN];             //当前结点包含的解向量
    double ub;                        //上界
    bool operator<(const NodeType& s)const //重载<关系函数
    {  return ub<s.ub;}//ub越大越优先出队
};
bool cmp(gem a,gem b)     //按性价比由高到低排序
     {return a.cp>b.cp;}
void bound(NodeType& e)                         //计算分枝结点e的上界
{    int i=e.i+1;                               //考虑结点e的余下物品
     int summ=e.m;                              //已装入的总价值
     double sumv=e.v;                           //已装入的总体积
     while((sumv+p[i].v<=V)&&i<=n)
     {    summ+=p[i].m;                         //计算背包已装入价值
          sumv+=p[i].v;                         //计算背包已装入体积
          i++;
    }
    if(i<=n)                                    //余下物品只能部分装入
          e.ub=summ+(V-sumv)* p[i].cp;
    else                                        //余下物品全部可以装入
          e.ub=summ;
}
void bfs()                             //分支限界法求解0/1背包问题
{    int j;
     NodeType e,e1,e2;                 //定义3个结点
     priority_queue<NodeType> qu;      //定义一个优先队列(大根堆)
     e.i=0;                            //根结点置初值，其层次计为0
     e.m=0;e.v=0;
     e.no=total++;
     for(j=1;j<=n;j++)
          e.x[j]=0;
```

```
bound(e);                         // 求根结点的上界
qu.push(e);                       // 根结点进队
while(!qu.empty())                // 队不空循环
{    e=qu.top();qu.pop();         // 出队结点 e
     if(e.ub>maxm)                // 以最优解为标准进行剪枝
     {  if(e.v+p[e.i+1].v<=V)     // 左孩子剪枝判断
        {    e1.no=total++;
             e1.i=e.i+1;                     // 建立左孩子结点
             e1.m=e.m+p[e1.i].m;
             e1.v=e.v+p[e1.i].v;
             for(j=1;j<=n;j++)
                 e1.x[j]=e.x[j];  // 复制解向量
             e1.x[e1.i]=1;
             bound(e1);                      // 求左孩子结点的上界
             if(e1.i==n)                     // 到达叶子结点
             {   if(e1.m>maxm)               // 找到更大价值的解
                 {    maxm=e1.m;
                      for(int j=1;j<=n;j++)
                          bestx[j]=e1.x[j];
                 }
             }
             else qu.push(e1);
        }
        e2.no=total++;                       // 建立右孩子结点
        e2.i=e.i+1;e2.m=e.m;e2.v=e.v;
        for(j=1;j<=n;j++)e2.x[j]=e.x[j];          // 复制解向量
        e2.x[e2.i]=0;
        bound(e2);                 // 求右孩子结点的上界
        if(e2.ub>maxm)                  // 右孩子剪枝判断
            if(e2.i==n)                      // 到达叶子结点
            {   if(e2.m>maxm)                         // 找到更大价值的解
                {    maxm=e2.m;
                     for(int j=1;j<=n;j++)
                         bestx[j]=e2.x[j];
                }
            }
            else qu.push(e2);
```

```
            }
        }
    }
    int main()
    {   int i;
        while(cin>>V>>n && V&& n)
        {   maxm=-INT_MAX;
            total=0;
            for(i=1;i<=n;i++)
                cin>>p[i].v;
            for(i=1;i<=n;i++)
                cin>>p[i].m;
            for(i=1;i<=n;i++)
                p[i].cp=(double)p[i].m/p[i].v;
            sort(p+1,p+n+1,cmp);
            bfs();
            cout<<maxm<<endl;
        }
    }
```

例 4：编辑部的烦恼

某杂志社发行的杂志是月刊，目前该杂志社编辑部共有 N 个编辑，该杂志共有 N 个专栏，因为每个编辑擅长的领域不同，因此同一个编辑完成不同的专栏就会花费不同的时间，为了能让杂志每月按时发行，应该尽快完成所有栏目的编辑。如果让每个编辑负责一个专栏，请问如何分配栏目才能让杂志按时顺利发行。

输入：

输入多组测试用例，每组测试用例第一行输入一个整数 N（$1 \leqslant N \leqslant 100000$），表示编辑和专栏的数目。接下来共 N 行，每行 N 个整数，第 i 行第 j 列表示编辑 i 负责专栏 j 需要完成的时间，数字之间用一个或多个空格隔开。输入 0 时结束。

输出：

每组用例输出一个整数，表示杂志能够编辑完成所需的最短时间。

样例输入：

4

4 9 8 7

2 3 1 6

3 1 2 5

5 5 4 8

0

样例输出：

14

问题分析：

这个问题属于“任务分配”问题，最直观的方法是找出所有可能的排列情况，然后分析每种情况所花费的时间。因为是求最优解问题，因此，首先需要考虑使用分支限界法来解决。它对应的解空间应该是一棵排列树。

与回溯法采用的深度优先搜索策略不同，分支限界法采用的是广度优先搜索策略，使用的数据结构是队列。因为在建树的过程中子结点的建立必须要依赖父结点，因此，每个结点中必须保存由根结点到该结点的路径信息即解向量。另外，为了提高搜索效率，我们选择采用优先队列的方式来进行当前扩展结点的选择，因此结点中还必须包含该结点的限界函数值。这个值既是从优先队列中选择扩展结点的依据，也是在得到一个最优解后对其他活结点进行剪枝的依据。

当前结点限界函数的定义：

$$lb=time+sum(\min_{i=k+1,j\notin S}^{n}(task[i][j]))$$

因为求的是最少花费时间，因此需要定义下界限界函数。上式中，time 为当前 k 个编辑所选专栏花费的时间总和，task[i][j] 表示第 i 个编辑负责专栏 j 所花费的时间，sum 表示剩下的所有编辑每人在没有被分配的专栏中选择一个时间最少的专栏，然后求它们的和。S 为所有已经被分配专栏的集合。

以图 10.40 为例，假设目前结点的解向量为 {1，3，0，0}，表示编辑 1 已经分配了专栏 1，编辑 2 已经分配了专栏 3，编辑 3、4 待分配。则结点目前的 time 值为 4+1=5。而结点的 lb 为 time+1+5=11。注意在剩下的编辑分配专栏时，为了提高算法的效率，专栏的选择可以重复，如本例中编辑 3 和 4 都选择了专栏 2。

编辑	专栏1	专栏2	专栏3	专栏4
1	4	9	8	7
2	2	3	1	6
3	3	1	2	5
4	5	5	4	8

图 10.40　专栏分配方案

剪枝条件：

mintime≤lb

上式中 mintime 表示当前获得的最优解；lb 为活结点的下界限界函数值。

图 10.41 为采用分支限界策略搜索 4 个编辑分配 4 个专栏最优解的解空间树。搜索过程如下：

首先建立根结点，下界限界函数值为所有编辑花费最少专栏时间的总和，即 lb=4+1+1+4=10。并且初始解向量为 x={0，0，0，0}，当前编辑累计时间花费 time=0。将如上信息放到根结点里面，然后进入优先队列。当前队列不空，按照优先队列出队原则，根结点出队并成为扩展结点，现在要确定第 1 个编辑所选的专栏，第 1 个编辑可以选择 1、2、3、4 个专栏，相应建立 4 个结点，其相应的解向量为 {1，0，0，0}，{2，0，0，0}，{3，0，0，0}，{4，0，0，0}，根据限界函数计算方法计算 4 个结点的 lb、 time 等信息，将上述结点的 lb 的值与当前的最优解 mintime 相比（mintime 的初始值为正无穷），如果结点满足 mintime ≤ lb，则该结点为死结点，不入队，否则入队。这时队不空，从优先队列当中再选择一个 lb 最小的结点作为扩展结点，重复上述过程，当到达叶子结点的时候更新最优解的值 mintime，这时如果队列不空，再从优先队列中选择 lb 小于 mintime 值的结点作为扩展结点，重复上述过程，直到队空，算法结束，mintime 的值就是最终结果。

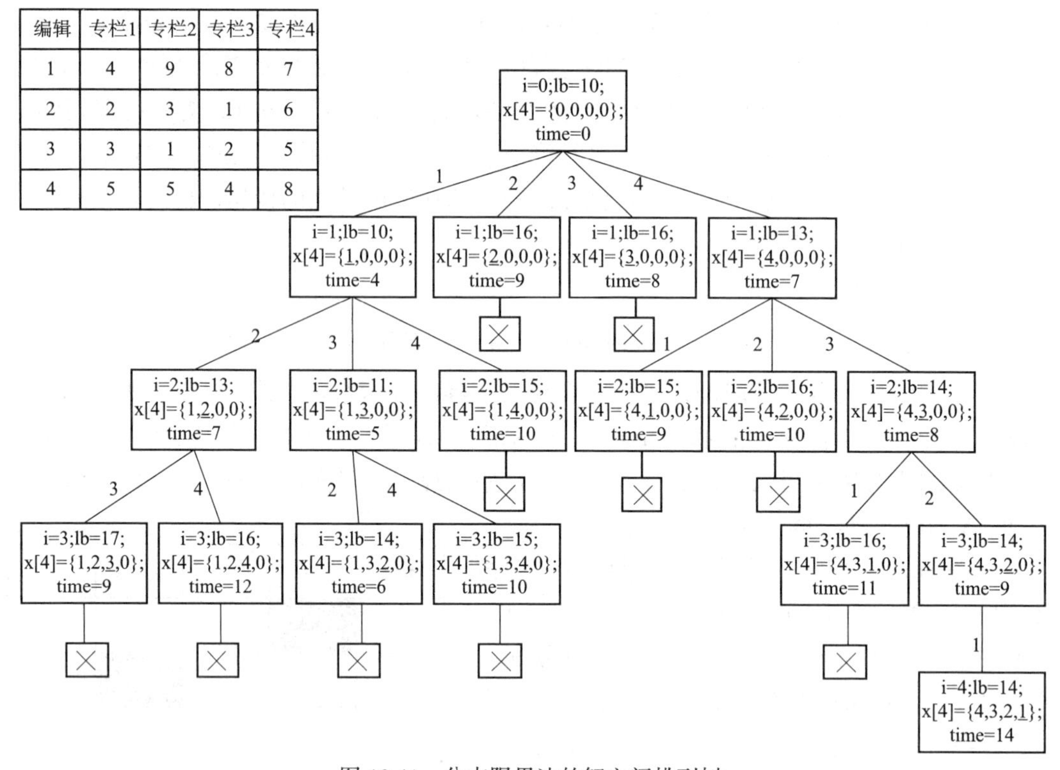

编辑	专栏1	专栏2	专栏3	专栏4
1	4	9	8	7
2	2	3	1	6
3	3	1	2	5
4	5	5	4	8

图 10.41　分支限界法的解空间排列树

参考代码：

```
#include <iostream>
#include <queue>
#include <cstdio>
#include <climits>
#include<algorithm>
using namespace std;
#define MAXN 1000
struct NodeType                  //队列中的结点类型
{   int no;                      //结点编号
    int i;                       //当前结点在搜索空间中的层次
    int time;                    //当前结点的总时间
```

```
    int x[MAXN];                //当前结点包含的解向量
    bool worker[MAXN];          //专栏是否被分配标记
    int lb;                     //下界
    bool operator<(const NodeType& s)const //重载<关系函数
    { return lb >s.lb; //lb越小越优先出队
    }
 };
int c[MAXN][MAXN];
int bestx[MAXN];         //最优分配方案
int mintime=INT_MAX;            //最小成本
int n,total=1;
void bound(NodeType& e)              //求结点 e 的限界值
{     int minsum=0;
      for(int i=e.i+1;i<=n;i++) //求 c[e.i+1..n] 行中最小元素和
      {    int minc=INT_MAX;
           for(int j=1;j<=n;j++)   //各列中仅仅考虑没有分配的任务
               if(e.worker[j]==false && c[i][j]<minc)
                    minc=c[i][j];
           minsum+=minc;
      }
      e.lb=e.time+minsum;
}
void bfs()                              //求解任务分配
{     int j;
      NodeType e,e1;
      priority_queue<NodeType> qu;
      memset(e.x,0,sizeof(e.x));         //初始化根结点的 x
      memset(e.worker,0,sizeof(e.worker)); //初始化根结点的 worker
      e.i=0;                            //根结点，指定人员为 0
      e.time=0;
      bound(e);                         //求根结点的 lb
      e.no=total++;
      qu.push(e);
      while(!qu.empty())
      {    e=qu.top();qu.pop();          //出队结点 e，当前考虑人员 e.i
           if(e.lb>=mintime)             //如果结点的下界大于等于当前最优解则剪枝
                continue;
```

```
        if(e.i==n)                          //达到叶子结点
        {   if(e.time<mintime)              //比较求最优解
            {   mintime=e.time;
                for(j=1;j<=n;j++)
                    bestx[j]=e.x[j];
            }
        }
        else
        {   e1.i=e.i+1;                     //扩展分配下一个人员的任务，对应结点e1
            for(j=1;j<=n;j++)                         //考虑n个任务
            {  if(e.worker[j])              //任务j是否已分配人员，若已分配，跳过
                    continue;
                for(int i=1;i<=n;i++)       //复制e.x得到e1.x
                    e1.x[i]=e.x[i];
                e1.x[e1.i]=j;               //为人员e1.i分配任务j
                for(int i=1;i<=n;i++)       //复制e.worker得到e1.worker
                    e1.worker[i]=e.worker[i];
                e1.worker[j]=true;          //表示任务j已经分配
                e1.time=e.time+c[e1.i][j];
                bound(e1);                  //求e1的lb
                e1.no=total++;
                if(e1.lb<mintime)           //剪枝
                    qu.push(e1);
            }
        }
    }
}
int main()
{   int i,j;
    while(cin>>n && n)
    {   mintime=INT_MAX;
        total=0;
        for(i=1;i<=n;i++)
            for(j=1;j<=n;j++)
                cin>>c[i][j];
        bfs();
        cout<<mintime<<endl;
    }
}
```

10.4　本章小结

回溯法是以深度优先的方式搜索解空间树，而分支限界法则是以广度优先的方式搜索解空间树。由于二者搜索的方法不同，适合解决的问题就会不同。一般而言，回溯法适合求解满足约束条件的所有解；而分支限界法是找出满足约束条件的最优解。分支限界法需要存储产生的所有结点，因此占用的空间往往比回溯法多，但由于不像回溯法那样需要入栈和出栈操作，因此运行速度一般要比回溯法快。

在求解最优解问题时，回溯法采用的是先序遍历策略搜索解空间树，当到达叶子结点之后便获得一个当前最优解，然后依据此当前最优解在以后的搜索过程中对右子树进行剪枝。而采用优先队列的分支限界法每次是根据限界函数值从优先队列中选择一个最有利的结点作为扩展结点，同样在到达叶子结点的时候也获得一个当前最优解，然后就可以根据当前最优解的值与扩展结点的限界函数值之间的大小关系来决定是否对扩展结点进行剪枝。与回溯法相比，采用分支限界法在搜索最优解的过程中，它更有目的性，搜索效率更高。

思　考　题

1. A、B 两个部落经常发生战争，部落 A 的很多战士被部落 B 抓住并集中关在了某地的监狱里。知道这个消息之后，部落 A 开始进行营救行动。然而在营救的途中可能会遇到部落 B 的人，已知营救队伍走 1km 需要 1h，杀死所遇的部落 B 的人也需要 1h。请问：部落 A 最短需要多长时间能救出这些战士。

输入：

第 1 行输入两个整数 M、N（M<10000、N<10000），表示行、列。然后是 M 行 N 列个字符，‘x’表示部落 B 的人，‘a’表示监狱，‘r’表示部落 A 的人，‘.’表示可走的路，‘#’表示不能走的路，一支队伍一次只能向上、下、左、右四个方向前进 1 步（1km）。其中，‘a’只有一个。‘x’、‘r’不唯一。

输出：

营救战士的最短时间，单位：h。

样例输入：

```
7 7
#.#####
#..#..r
#.r#x..
..#..#.
#...##.
```

.#.a...

#....##

样例输出：

6

2. 一个正整数往往可以表示成 n（$n>1$）个连续正整数之和，现给你一个正整数 M，请输出所有可能的连续正整数序列。

输入：

若干组输入数据，每组输入包括一个正整数 M（$M<1000000$）。0 作为输入结束标志。

输出：

按升序输出若干行，每行若干个连续的正整数（个数多于两个），中间用一个空格分隔。

样例输入：

15

0

样例输出：

1 2 3 4 5

4 5 6

7 8

3. 给你一个由 1~9 组成的数字串，请问在中间如何插入 n 个“+”号，使得所形成的算术表达式的值最大。

输入：

输入若干组测试用例，每组测试用例第一行是由 1~9 组成的数字串，长度小于 20。第二行是一个整数 n（$n<10$），表示“+”的个数。

输出：

每组一个数，即所形成表达式的最大和。

样例输入：

12345

3

样例输出：

51

4. 由整数 1~n 这 n 个数围成一个圈，要求相邻的两个整数之和是素数，请问有多少种围法。

输入：

输入多组数据，每组数据一个整数 n（$n<20$）。

输出：

每组输出一个整数，表示不同围法的总数。

样例输入：

4

样例输出：

8

5.“连连看”相信很多人都玩过。没玩过也没关系，下面我给大家介绍一下游戏规则：在一个棋盘中，放了很多的棋子。如果某两个相同的棋子，可以通过一条线连起来（这条线不能经过其他棋子），而且线的转折次数不超过两次，那么这两个棋子就可以在棋盘上消去。连线不能从外面绕过去。玩家鼠标先后点击两个棋子，试图将他们消去，然后游戏的后台判断这两个棋子能不能消去。现在你的任务就是写这个后台程序（hdu 1175）。

输入：

输入数据有多组。每组数据的第一行有两个正整数 n、m（$0<n\leqslant 1000$、$0<m<1000$），分别表示棋盘的行数与列数。在接下来的 n 行中，每行有 m 个非负整数描述棋盘的棋子分布。0 表示这个位置没有棋子，正整数表示棋子的类型。接下来的一行是一个正整数 q（$0<q<50$），表示下面有 q 次询问。在接下来的 q 行里，每行有四个正整数 $x1$、$y1$、$x2$、$y2$，表示询问第 $x1$ 行 $y1$ 列的棋子与第 $x2$ 行 $y2$ 列的棋子能不能消去。当 $n=0$、$m=0$ 时，输入结束。

注意：询问之间无先后关系，都是针对当前状态的！

输出：

每一组输入数据对应一行输出。如果能消去则输出“YES”，不能则输出“NO”。

样例输入：

3 4

1 2 3 4

0 0 0 0

4 3 2 1

4

1 1 3 4

1 1 2 4

1 1 3 3

2 1 2 4

3 4

0 1 4 3

0 2 4 1

0 0 0 0

2

1 1 2 4

1 3 2 3

0 0

样例输出：

YES

NO

NO

NO

NO

YES

第 11 章　图论的应用

11.1　最短路径问题

11.1.1　Dijkstra 算法

Dijkstra 算法是求图（有向图或无向图）中一个结点 V_0 到其他所有结点 V_1~V_n 最短距离的经典算法。

1. Dijkstra 算法原理

Dijkstra 算法采用的是贪心策略，具体思路如下：首先从源点 V_0 出发，寻找与 V_0 距离最近的结点，假设是 V_i，距离是 d_{0i}。那么 d_{0i} 就认为是图中 V_0 与 V_i 的最短距离，以后永远不会被改变。然后 V_i 就可以作为从 V_0 到其他结点的“桥梁”，再比较从 V_0 出发到所有其他结点 V_j 的直接距离 d_{0j} 与从 V_0 出发经过 V_i 这个桥梁（距离为 d_{0i}）加上从 V_i 出发到结点 V_j 的距离 d_{ij}，如果 $d_{0i}+d_{ij}<d_{0j}$，则从 V_0 出发到 V_j 的距离 d_{0j} 就改为 $d_{0i}+d_{ij}$。再从 V_0 出发寻找距离 V_0 最短的结点（结点 V_i 除外），重复如上过程，直到从 V_0 出发到其他所有结点的最短距离确定为止。具体过程如图 11.1 所示。

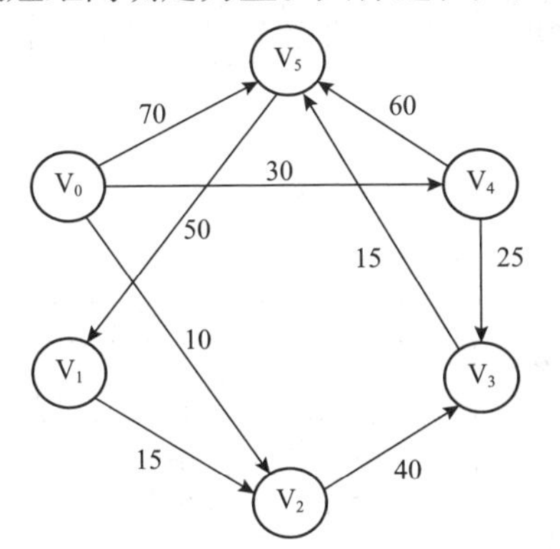

终点	从V_0到各个结点的距离				
	i=1	i=2	i=3	i=4	i=5
V_1	∞				
V_2	10				
V_3	∞				
V_4	30				
V_5	70				
V_j	V_2				

(a)初始化

图 11.1　Dijkstra 算法执行过程

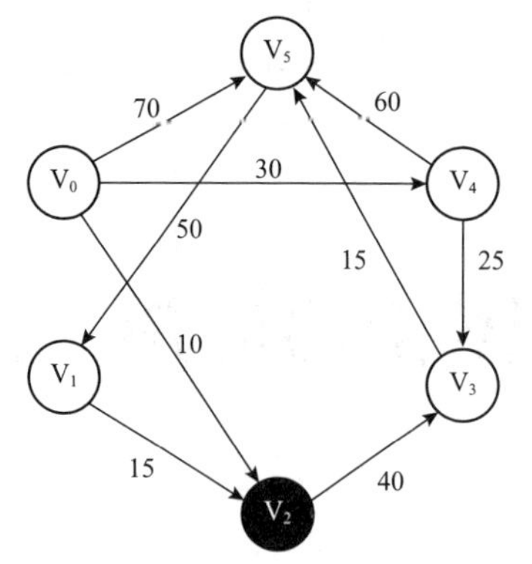

终点	从V_0到各个结点的距离				
	i=1	i=2	i=3	i=4	i=5
V_1	∞	∞			
V_2	10	□			
V_3	∞	50			
V_4	30	30			
V_5	70	70			
V_j	V_2				

(b)V_2作为“桥梁”修改从V_0到其他结点的距离

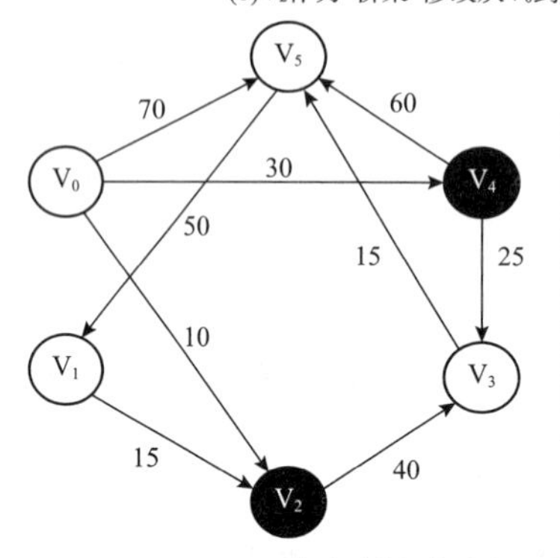

终点	从V_0到各个结点的距离				
	i=1	i=2	i=3	i=4	i=5
V_1	∞	∞	∞		
V_2	10	□	□		
V_3	∞	50	50		
V_4	30	30	□		
V_5	70	70	70		
V_j	V_2	V_4			

(c)V_4作为“桥梁”修改从V_0到其他结点的距离

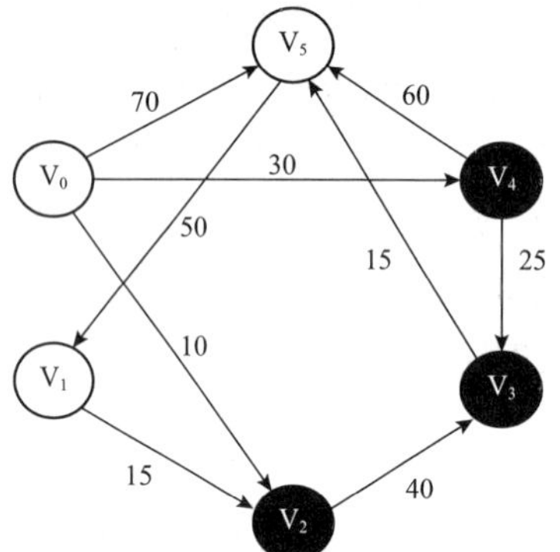

终点	从V_0到各个结点的距离				
	i=1	i=2	i=3	i=4	i=5
V_1	∞	∞	∞	∞	
V_2	10	□	□	□	
V_3	∞	50	50	□	
V_4	30	30	□	□	
V_5	70	70	70	65	
V_j	V_2	V_4	V_3		

(d)V_3作为“桥梁”修改从V_0到其他结点的距离

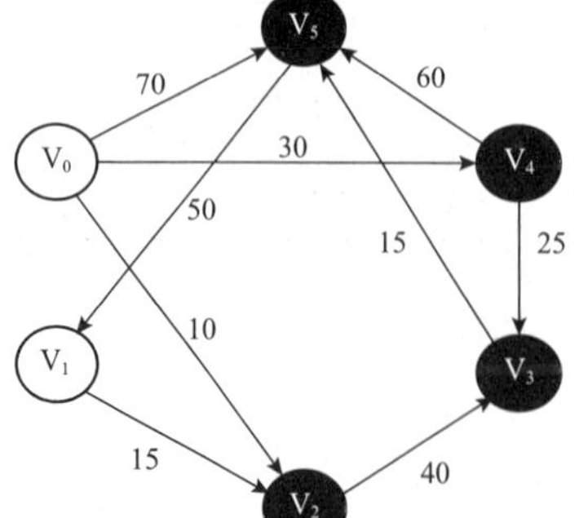

终点	从V_0到各个结点的距离				
	i=1	i=2	i=3	i=4	i=5
V_1	∞	∞	∞	∞	115
V_2	10	□	□	□	□
V_3	∞	50	50	□	□
V_4	30	30	□	□	□
V_5	70	70	70	65	□
V_j	V_2	V_4	V_3	V_5	

(e)V_5作为“桥梁”修改从V_0到其他结点的距离

图 11.1　Dijkstra 算法执行过程（续）

假设求图 11.1（a）左图中 V_0 到其他所有结点 V_1~V_5 的最短距离。第一步，从 V_0 出发直接到达结点 V_1~V_5 的距离如 11.1（a）右图所示，选其中最小的距离 10，其对应的结点是 V_2。第二步，以 V_2 作为"桥梁"再计算从 V_0 到其他所有结点 V_1~V_5 的距离。如果发现距离由于 V_2 的介入变小则修改之。修改后的结果如图 11.1（b）右图所示，如 V_0 到 V_3 的距离由于 V_2 的介入由原来的无穷大变为 50。注意 V_0 到 V_2 的距离 10 以后永远不会再改变，因此以后再考虑 V_0 到其他结点的距离时不用再考虑到 V_2 的距离。在第二步的结果中选择最短的距离，对应的结点为 V_4。第三步，将 V_4 作为"桥梁"，再寻找到剩余结点的最短路径，结果如图 11.1（c）所示。重复上述过程，V_3、V_5 依次被选中，结果依次如图 11.1（d）(e）所示。每次所选中的结点 V_i，V_0 到这个结点 V_i 的最短距离就确定了，以后不会再改变。

2. Dijkstra 算法框架

```
Dijkstra(int v,int n) //v 点为起始点，n 为结点总个数
{
     for(int i=1;i<=n;i++) // 取出从 v 点到其他所有结点的初始距离
          dist[i]=g[v][i];
     vis[v]=1;// 标记 v 已经访问
     for(int i=1;i<n;i++)
     {
          int k=0;
          dist[0]=INT_MAX;
          for(int i1=1;i1<=n;i1++) // 寻找从 v 出发最短距离的结点
               if(!vis[i1]&&dist[i1]<dist[k])
                    k=i1;
          vis[k]=1; // 标记结点 k 已经被访问
          for(int j=1;j<=n;j++)
          {
               if(!vis[j]) // 不访问已经标记的点
                    if(dist[j]>g[k][j]+dist[k]) // 如果距离更短则更新
                         dist[j]=g[k][j]+dist[k];
          }
      }
}
```

3. 正确性证明

因为每次都是寻找距离 V_0 最近的结点 V_i，并以它作为"桥梁"，修改 V_0 到其他结点的距离。V_0 到 V_i 的距离以后不会被改变。如果这个距离以后被改变，假设被 $V_0 \rightarrow V_j \rightarrow V_i$ 路径的距离所替换，即 $V_0 \rightarrow V_j \rightarrow V_i$ 的距离一定小于 $V_0 \rightarrow V_i$ 的距离，则可以推出 $V_0 \rightarrow V_j$ 的距离小于 $V_0 \rightarrow V_i$ 的距离，而根据贪心规则，先发现的最短距离一定

小于后发现的最短距离，所以存在矛盾，证毕。

4. Dijkstra 算法应用

例 1：赛场路线问题（hdu 2544）

在每年的校赛里，所有进入决赛的同学都会获得一件很漂亮的 T-shirt。但是每当我们的工作人员把上百件的衣服从商店运回到赛场的时候却是非常累的，所以现在他们想要寻找最短的从商店到赛场的路线，你可以帮助他们吗？

输入：

输入包括多组数据。每组数据第一行是两个整数 N、M（$N \leqslant 100$，$M \leqslant 10000$），N 表示大街上有几个路口，标号为 1 的路口是商店所在地，标号为 N 的路口是赛场所在地，M 则表示有几条路。$N=M=0$ 表示输入结束。接下来 M 行，每行包括 3 个整数 A、B、C（$1 \leqslant A$、$B \leqslant N$、$1 \leqslant C \leqslant 1000$），表示在路口 A 与路口 B 之间有一条路，我们的工作人员需要 Cmin 的时间走过这条路。

输入保证至少存在 1 条从商店到赛场的路线。

输出：

对于每组输入，输出一行，表示工作人员从商店走到赛场的最短时间。

样例输入：

2 1

1 2 3

3 3

1 2 5

2 3 5

3 1 2

0 0

样例输出：

3

2

问题分析：

根据题意，路口可以看成图的结点，路口与路口之间的大街可以看成边，大街的长度可以看成权值，并且每条大街都是双向的，因此可以把该问题映射为求一个无向图的某一结点到另一结点的最短路径。

参考代码：

```
#include<iostream>
#include<cstdio>
#include<climits>
#include<algorithm>
#define inf 0x3f3f3f3f
const int Maxn=105;
```

```
using namespace std;
int g[Maxn][Maxn],dist[Maxn],vis[Maxn];
int Dijkstra(int v,int n) //v 点为起始点，n 为总个数
{    for(int i=1;i<=n;i++) // 取出从 v 点到其他所有结点的初始距离
          dist[i]=g[v][i];
     vis[v]=1; // 标记 v 已经访问
     for(int i=1;i<n;i++)
     {    int k=0;
          dist[0]=INT_MAX;
          for(int i1=1;i1<=n;i1++) // 遍历寻找最小值
              if(!vis[i1]&&dist[i1]<dist[k])
                  k=i1;
         vis[k]=1;// 标记结点 k 已经被访问
         for(int j=1;j<=n;j++)
         {  if(!vis[j]) // 不访问已经标记的点
                  if(dist[j]>g[k][j]+dist[k]) // 储存最小值
                      dist[j]=g[k][j]+dist[k];
         }
     }
     return 0;
}
int main()
{   int n,m;
    while(scanf("%d%d",&n,&m)&&(n||m))
    {   memset(g,inf,sizeof(g));
        memset(vis,0,sizeof(vis)); // 初始化标记数组
        for(int i=0;i<m;i++)
        {   int x,y,z;
            scanf("%d%d%d",&x,&y,&z);
            g[x][y]=z;
            g[y][x]=z;
        }
        Dijkstra(1,n); // 从 1 开始找最短路径
        printf("%d\n",dist[n]); // 输出 1->n 的最短路径
    }
    return 0;
}
```

11.1.2 Floyd 算法

Dijkstra 算法解决的是图中从一个源点到其他所有结点的最短路径，如果要解决所有结点到其他结点的最短路径，则需要让每个结点作为源点去执行一遍 Dijkstra 算法。Floyd 提出来另外一种新的算法，时间复杂度与 Dijkstra 相同，但是形式比 Dijkstra 要简单。

1. Floyd 算法原理

Floyd 算法采用的动态规划策略，假设共有 n 个结点 V_1~V_n，这 n 个结点依次作为中间结点 V_k，然后考察其他任意两个结点 V_i、V_j 之间距离的变化，如果 $V_i \to V_k \to V_j$ 路径长度小于 $V_i \to V_j$ 的路径长度，则将 $V_i \to V_j$ 路径的长度修改为 $V_i \to V_k \to V_j$ 的路径长度。重复上述过程直到所有结点处理完毕，算法结束。具体过程如图 11.3 所示。

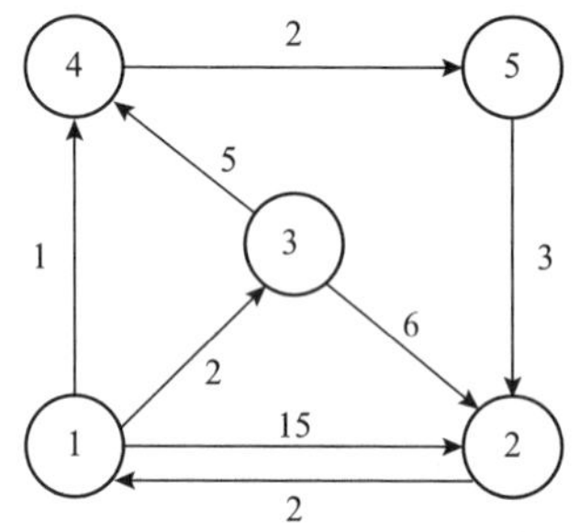

图 11.2 带权有向图

图 11.3（a）为图 11.2 所对应的邻接矩阵，首先选择结点 1 作为中间结点，考察所有其他结点对的距离是否发生变化，发现 $V_2 \to V_3$ 的距离 ∞ 在以 V_1 作为中间结点后，即 $V_2 \to V_1 \to V_3$ 的距离变为 4，因此修改 A[2][3] 的值为 4。同理 $V_2 \to V_4$ 的距离也发生了变化，A[2][4]=3。修改后的邻接矩阵如图 11.3（b）所示。再以结点 2 作为中间结点，考察其他所有结点对的距离是否发生变化，发现 $V_3 \to V_1$，$V_5 \to V_1$，$V_5 \to V_3$，$V_5 \to V_4$ 的距离变小了，修改后的邻接矩阵如图 11.3（c）所示。再依次以结点 3、4、5 作为中间结点修改其他所有结点对的距离，修改后的结果如图 11.3(d)(e)(f) 所示。最后各结点之间的距离结果就在图 11.3(f) 中。

V_i \ V_j	1	2	3	4	5
1	0	15	2	1	∞
2	2	0	∞	∞	∞
3	∞	6	0	5	∞
4	∞	∞	∞	0	2
5	∞	3	∞	∞	0

(a)初始邻接矩阵A

V_i \ V_j	1	2	3	4	5
1	0	15	2	1	∞
2	2	0	4	3	∞
3	∞	6	0	5	∞
4	∞	∞	∞	0	2
5	∞	3	∞	∞	0

(b)结点1为中间点

V_i \ V_j	1	2	3	4	5
1	0	15	2	1	∞
2	2	0	4	3	∞
3	8	6	0	5	∞
4	∞	∞	∞	0	2
5	5	3	7	6	0

(c)结点2为中间点

V_i \ V_j	1	2	3	4	5
1	0	8	2	1	∞
2	2	0	4	3	∞
3	8	6	0	5	∞
4	∞	∞	∞	0	2
5	5	3	7	6	0

(d)结点3为中间点

V_i \ V_j	1	2	3	4	5
1	0	8	2	1	3
2	2	0	4	3	5
3	8	6	0	5	7
4	∞	∞	∞	0	2
5	5	3	7	6	0

(e)结点4为中间点

V_i \ V_j	1	2	3	4	5
1	0	6	2	1	3
2	2	0	4	3	5
3	8	6	0	5	7
4	7	5	9	0	2
5	5	3	7	6	0

(f)结点5为中间点

图 11.3 Floyd 算法执行过程

2. Floyd 算法框架

```
void floyd()
{     for(k=0;k<n;k++)   //k表示中间结点
          for(i=0;i<n;i++)
               for(j=0;j<n;j++)
                    A[i][j]=min(A[i][j],A[i][k]+A[k][j]);
}
```

算法的含义是：图中所有结点都要作为中间结点，每个结点作为中间结点的时候，都要试探其他任意两个结点对距离的变化。其中 A[i][j] 为存储图的邻接矩阵，min（A[i][j]，A[i][k] + A[k][j]）的含义是如果结点 i、j 之间的距离比以 k 作为中间结点的距离大，则修改 A[i][j] 的值为 A[i][k] + A[k][j]。

3. Floyd 算法正确性证明

不妨以图中的任意两点 V_i 与 V_o 之间的距离为例。如图 11.4 所示，V_i 与 V_o 初始距离为 w，假设这两个结点最短的路径为 $V_i \to V_j \to \cdots \to V_n \to V_o$，其最短距离为 $a_1+a_2+\cdots+a_n$。由图可知：V_j~V_n 这些结点可以组成任意一个结点序列 X，该序列中的结点依次作为中间点来修改其他任意两结点间的距离，根据加法结合律，无论结点序列 X 如何变化，距离和永远是 $a_1+a_2+\cdots+a_n$，不会因为次序的不同而改变。因此，图中任意两个结点只要存在最短路径，那么无论作为中间点的次序如何，最终的最短距离一定不会受影响。因为结点 V_i 与 V_o 是任取的，所有图中任意两点的最短距离都适用，证毕。

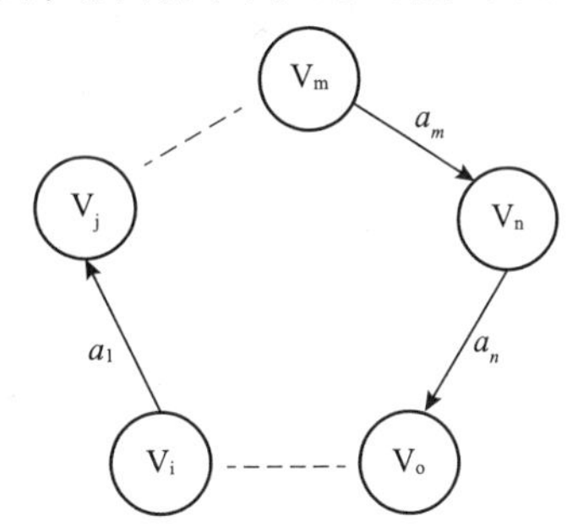

图 11.4　图中任意两点 V_i 与 V_o 的距离

4. Floyd 算法的特点

Floyd 算法不但可以求正权图的最短路径，也可以求负权图的最短路径，但要求图中不能存在负权环（回路权值和 <0）。如图 11.5（a）所示，该图为一个回路且回路上的权值和为 –2，因此是负权环。路径 1 → 2 的最短长度为 –9，当结点 1、2 分别作为中间结点的时候，分别得到 3 → 1 → 2 和 1 → 2 → 3 两条路径，相应的 3 → 2 和 1 → 3 两条边的权值分别为 –9+3=–6 和 –9+4=–5。当结点 3 作为中间结点的时候，因为路径 1 → 3 → 2 的长度 –11<–9，因此边 1 → 2 的权值就变为 –11，于是就发生了错误，结果如图 11.5（b）所示。

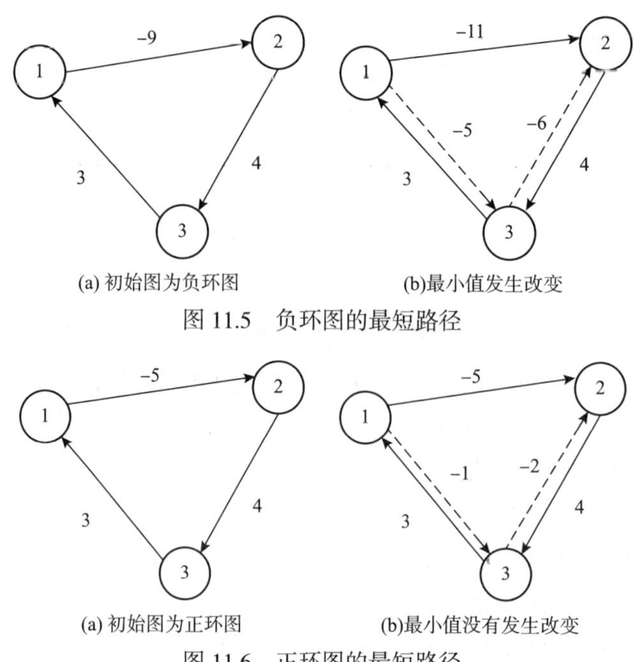

(a) 初始图为负环图　　(b)最小值发生改变

图 11.5　负环图的最短路径

(a) 初始图为正环图　　(b)最小值没有发生改变

图 11.6　正环图的最短路径

而对于带负权值或全是正权值的正环图则结果不受影响，如图 11.6（a）所示，该图为一个回路且回路上有负权且权值之和为 2，因此是正权环。由图可知路径 1→2 的最短长度为 –5，当结点 1、2 分别作为中间结点的时候，分别得到 3→1→2 和 1→2→3 两条路径，相应的 3→2 和 1→3 两条边的权值分别为 –5+3=–2 和 –5+4=–1。当结点 3 作为中间结点的时候，因为路径 1→3→2 的长度 –3>–5，因此边 1→2 的权值不发生改变，如图 11.6（b）所示。

该算法通过修改后也可用于求最长路径：首先将邻接矩阵中两点不相通的路径初始化为负无穷大且保证图中不存在正权环。则结点 k 作为中间结点时，只要满足 a[i][j]<a[i][k]+a[k][j] 且保证 a[i][k]、a[k][j] 的值都不为负无穷大（即保证路径 i→k→j 存在），则 a[i][j]=a[i][k]+a[k][j]。其证明方法与求最短路径类似。

当然，求最长路径也可以将图中的所有权值取反，然后直接使用求最短路径的 Floyd 算法，然后再将最小值取反就得到了最长路径。

5. Floyd 算法的应用

例 2：六度分离问题（hdu 1869）

1967 年，美国著名的社会学家斯坦利·米尔格兰姆提出了一个名为“小世界现象（small world phenomenon）”的著名假说，大意是说：任何两个素不相识的人中间最多只隔着 6 个人，即只用 6 个人就可以将他们联系在一起。因此他的理论也被称为“六度分离”理论（six degrees of separation）。虽然米尔格兰姆的理论屡屡应验，一直也有很多社会学家对其兴趣浓厚，但是在 30 多年的时间里，它从来就没有得到过严谨的证明，只是一种带有传奇色彩的假说而已。

Lele 对这个理论相当有兴趣，于是，他在 hdu 里对 *N* 个人展开了调查。他已经得到了他们之间的相识关系，现在就请你帮他验证一下“六度分离”是否成立吧。

输入：

本题目包含多组测试用例，对于每组测试用例，第一行包含两个整数 N、M（$0<N<100$，$0<M<200$），分别代表 hdu 里的人数（这些人分别编成 $0\sim N-1$ 号），以及他们之间的关系数。

接下来有 M 行，每行两个整数 A、B（$0\leqslant A$，$B<N$）表示 hdu 里编号为 A 和编号 B 的人互相认识。

除了这 M 组关系，其他任意两人之间均不相识。

输出：

对于每组测试用例，如果数据符合“六度分离”理论就在一行里输出“Yes”，否则输出“No”。

样例输入：

8 7
0 1
1 2
2 3
3 4
4 5
5 6
6 7
8 8
0 1
1 2
2 3
3 4
4 5
5 6
6 7
7 0

样例输出：

Yes
Yes

问题分析：

该题可以把人看作图中的一个结点，如果任意两个人互相认识，则这两个结点之间的权值可以看成 1，否则为无穷大。则由题意可知：如果任意两个人最多间隔 6 人可以建立联系，就等价于图中任意两个结点的最短距离 $d\leqslant 6$。因为求的是图中任意两个结点的距离，因此可以直接使用 Floyd 算法。

参考代码：

```
#include <iostream>
#include <cstdio>
using namespace std;
int e[201][201];
int main()
{   int n,m,flag;
    while(~scanf("%d%d",&n,&m))
    {     for(int i=0;i<n;i++) // 图的初始化
             for(int j=0;j<n;j++)
                e[i][j]=0x3f3f3f3f;
          for(int i=0;i<m;i++) // 图的建立
          {   int x,y;
              scanf("%d%d",&x,&y);
              e[x][y]=e[y][x]=1;
          }
          for(int i=0;i<n;i++) //Floyd 核心算法
               for(int j=0;j<n;j++)
                    for(int k=0;k<n;k++)
                    {   if(e[j][k]>(e[j][i]+e[i][k]))
                           e[j][k]=(e[j][i]+e[i][k]);
                    }
          flag=0;
          for(int i=0;i<n;i++) // 看是否存在长度大于 7 的路径
          {   for(int j=0;j<n;j++)
              { if(e[i][j]>7)
                        flag=1;
              }
          }
          if(flag==1)
               printf("No\n");
          else
             printf("Yes\n");
    }
}
```

例 3： 套利（hdu 1217）

套利是利用货币汇率的差异，将一种货币的一个单位转换成同一种货币的多个单位。例如，假设 1 美元购买 0.5 英镑，1 英镑购买 10.0 法郎，1 法郎购买 0.21 美元。然后，通过兑换货币，聪明的交易员可以从 1 美元开始买入，通过兑换可以得到 0.5×10.0×0.21=1.05 美元，获利 5%。你的工作是编写一个程序，以货币汇率列表作为输入，然后确定是否可以套利。

输入：

输入包含一个或多个测试用例。在每个测试用例的第一行有一个整数 n（$1 \leqslant n \leqslant 30$），表示不同货币的数量。接下来的 n 行，每行包含一种货币的名称。名称中不会出现空格。下一行包含一个整数 m，表示兑换表的长度。最后 m 行分别包含源货币的名称 c_i，从 c_i 到 c_j 的汇率 r_{ij} 以及目的货币的名称 c_j。没有出现在表中的交换是不可能的。

测试用例之间用一个空行隔开。输入 0 终止。

输出：

对于每个测试用例，分别以“case case ： Yes”格式打印一行，说明是否可以套利。

样例输入：

```
3
USDollar
BritishPound
FrenchFranc
3
USDollar 0.5 BritishPound
BritishPound 10.0 FrenchFranc
FrenchFranc 0.21 USDollar

3
USDollar
BritishPound
FrenchFranc
6
USDollar 0.5 BritishPound
USDollar 4.9 FrenchFranc
BritishPound 10.0 FrenchFranc
BritishPound 1.99 USDollar
FrenchFranc 0.09 BritishPound
FrenchFranc 0.19 USDollar
0
```

样例输出：

```
Case 1 : Yes
```

Case 2 : No

问题分析：

Floyd 算法也可以求最长路径问题。该题可以将不同国家看成图的结点，而将不同国家的汇率看成边的权值，则任意国家的货币兑换过程就是求结点到它自身的最长路径。这里路径长度的定义为路径上所有边权值的乘积。因为是求最长路径，因此所有边的权值初始化为 0。假设存储汇率的数组为 tl，当以 i 作为中间结点时，如果结点 i、j、k 满足 tl[j][k]< tl[j][i]* tl[i][k]，则 tl[j][k]=tl[j][i]*tl[i][k]。其相当于各边的权值取 log（这样，乘法就可以变成加法）后，如果存在正权环，则套利成功；否则，套利失败。

参考代码：

```
#include<stdio.h>
#include<iostream>
#include<string.h>
#include<map>
#include<algorithm>
using namespace std;
double tl[40][40],rate;
int i,j,k,l,m,n,x,y;
char c[100],s[100];
void floyd() //Floyd 算法求最大值
{    for(i=0;i<n;i++)
       for(j=0;j<n;j++)
          for(k=0;k<n;k++)
              if(tl[j][k]<tl[j][i]*tl[i][k])
                 tl[j][k]=tl[j][i]*tl[i][k];
}
int main()
{    int flag=1;
     while(scanf("%d",&n),n)
     {     memset(tl,0,sizeof(tl));
           map<string,int>mp;
           mp.clear();
           int sum=0;
           for(i=0;i<n;i++)    //货币字符串和数字之间的转换
           {    scanf("%s",c);
                mp[c]=sum++;
           }
           scanf("%d",&m);
```

```
        for(i=0;i<m;i++) //邻接矩阵初始化
        {    scanf("%s%lf%s",c,&rate,s);
             tl[mp[c]][mp[s]]=rate;
        }
        floyd();
        for(i=0;i<n;i++) //如果套利成功则 tl[i][i]>1
            if(tl[i][i]>1)
                break;
        if(i<n)
             printf("Case %d: Yes\n",flag++);
        else
             printf("Case %d: No\n",flag++);
    }
    return 0;
}
```

例 4：投资经济人（pku 1125）

众所周知，股票经纪人对谣言特别敏感。现要求你提出一种在股票经纪人中散布虚假信息的方法，让你的雇主在股票市场上占据优势。为了达到最大的效果，你必须以最快的方式散布谣言。

对你来说不幸的是：股票经纪人只相信来自他们“可靠来源”的信息。这意味着你在开始散布谣言时必须考虑到他们与联系人之间的关系。一个特定的股票经纪人需要一定的时间把谣言传给他的每个同事。你的任务是编写一个程序，求出哪个股票经纪人作为谣言的起点，以及谣言在整个股票经纪人社区传播所需的时间。这个持续时间是指最后一个人收到信息所需的时间。

输入：

你的程序将为不同的股票经纪人输入数据。每一组都以一行股票经纪人的数量开头。下面是每个股票经纪人的一行，其中包括他们接触的人的数量，这些人是谁，以及他们将信息传递给每个人所花的时间。每个股票经纪人行的格式如下：该行以联系人数量（n）开头，后跟 n 对整数，每个联系人一对。每对整数中第一个数是与联系人有关的号码（例如，“1”表示集合中的第 1 号人物），第二个数是将消息传递给此人所用的时间（以分钟为单位）。数据之间没有特殊的标点符号或间距规则。

每个人的号码是 1 到股票经纪人的数量。传递信息所需的时间在 1~10min 之间（含 10min），联系人的数量将比股票经纪人的数量少 0 到 1。股票经纪人的数量从 1 到 100 人不等。输入 0 人时程序终止。

输出：

对于每一组数据，输出一行，包含消息传输速度最快的人，以及在您将消息发送给此人后，最后一个人收到消息的时间（以整数分钟为单位）。

您的程序可能会接收到一个排除某些人的连接网络，即有些人可能无法连接。如果您的程序检测到这样一个损坏的网络，只需输出消息“disjoint”。请注意，将消息从 A 传递到 B 所用的时间不一定与将消息从 B 传递到 A 所用的时间相同（如果这种传输是可能的话）。

样例输入：

3
2 2 4 3 5
2 1 2 3 6
2 1 2 2 2
5
3 4 4 2 8 5 3
1 5 8
4 1 6 4 10 2 7 5 2
0
2 2 5 1 5
0

样例输出：

3 2
3 10

问题分析：

根据题意，可以将人看成是结点，人与人之间能传递谣言可以看成结点与结点之间有相连的边，谣言传递的时间可以看成边上的权值。因此，这道题就等价于寻找与其他所有点都存在路径的点，并且这个点满足该点到其他所有结点的路径当中的最大值最小的条件。这样通过 Floyd 算法就可以求出任意两个人之间传递谣言的最短时间。图 11.7 为映射成的邻接矩阵，图 11.8 为 Floyd 算法运算的结果图，从图中可以看出：第 3 个人可以将谣言传遍所有人，并且传给第 4 个人所用的时间最多 10min，因此结果为 3 10。

0	8	0	4	3
0	0	0	0	8
6	7	0	10	2
0	0	0	0	0
5	5	0	0	0

图 11.7　初始化

0	8	0	4	3
13	0	0	17	8
6	7	0	10	2
0	0	0	0	0
5	5	0	9	0

图 11.8　Floyd 算法结果图

参考代码：

```
#include <stdio.h>
#include <memory.h>
```

```
int g[100][100];
int n;
void floyd()// 核心算法
 {    int i,j,k;
     for(k=0;k<n;k++)
          for(i=0;i<n;i++)
               if(g[i][k]!=0)
                    for(j=0;j<n;j++)
                         if(g[k][j]&&i!=j)
                              if((g[i][j]==0)||(g[i][j]>g[i][k]+g[k][j]))
                                   g[i][j]=g[i][k]+g[k][j];
}
int main()
{     int i,j;
      int contact,number,time;
      while(scanf("%d",&n)&& n)
      {     memset(g,0,sizeof(g)); // 初始权值为 0 表示路径不通
            for(i=0;i<n;i++)
            {     scanf("%d",&contact);
                  for(j=0;j<contact;j++)
                  {     scanf("%d %d",&number,&time);
                        g[i][(--number)]=time;
                  }
            }
            floyd();
            int min=30000;
            number=-1;
            for(i=0;i<n;i++) // 寻找传遍所有人最快的股票经纪人及所花最长时间
            {    time=0;
                 for(j=0;j<n;j++)
                      if(i!=j)
                           if(time<g[i][j])
                                time=g[i][j];
                           else if (g[i][j]==0)
                                {time=30000;
                                 break;}
                 if(min>time)
```

```
                {number=i;
                min-time;}
            }
            if(min<30000)
                printf("%d %d\n",(++number),min);
            else
                printf("disjoint\n");
        }
        return 0;
    }
```

11.1.3 Spfa 算法

1. spfa 算法原理

在求单源最短路径问题时，若图中存在权值为负的边，Dijkstra 算法求最短路径就会出错，这时就可以使用 spfa 算法来解决。spfa 算法的全称是：Shortest Path Faster Algorithm。是求单源最短路径的一种高效算法，它是对 Bellman-ford 算法的优化。

spfa 算法原理：我们约定带权有向图 G 不存在负权回路，则最短路径就一定存在。用数组 d 保存源点到每个结点的最短距离（结点路径），图的存储结构为邻接表。我们采取广度优先策略（bfs），用队列来保存待优化的结点，每次取出队首结点 u，v 是 u 的相邻结点，dist 为边 <u，v> 的权值，如果 d（u）+dist<d（v），则 d（v）=d（u）+dist（松弛操作），如果 v 点不在当前的队列中，则将 v 点放入队尾。这样不断从队列中取出结点来进行松弛操作，直至队列空为止。

以图 11.9（a）的带权有向图为例，采用数组 d 存放源点 1 到各个结点的最短距离，初始值如图 11.9（b）所示，队列 queue 存放待处理的活结点。首先源结点 1 入队，这时队列不空，队首结点出队 u=1，探查与出队结点 u 相邻的结点 v（结点 2、结点 4），如果发现 d[u]+dist<d[v]，则 d[v]=d[u]+dist，其中 dist 为弧 <u，v> 的权值，并且如果结点 v 不在当前队列里则入队，处理结果如图 11.9（c）所示。这时队又不空，队首结点 2 出队，由于 d[4]>d[2]+3，因此对 d[4] 进行修改：d[4]=7，因为这时结点 4 已经在队列里面，因此结点 4 只是进行了修改而并不入队。重复上述过程直到队空为止，最终结果如图 11.9（f）所示。

实际上，spfa 是由无权图的 bfs 转化而来。在无权图中，bfs 首先到达的结点所经历的路径一定是最短路径（也就是经过的最少顶点数），所以利用队列记录结点的访问可以使每个结点只进队一次。但在带权图中，最先到达的结点所计算出来的路径不一定是最短路径，因此，spfa 算法中结点可以再次入队，并且如果一个结点已经在队列中存在，且当前所得的路径比这个结点路径更短时，直接对队列中的该结点路径进行更新，而这些就是与 bfs 算法的不同之处。

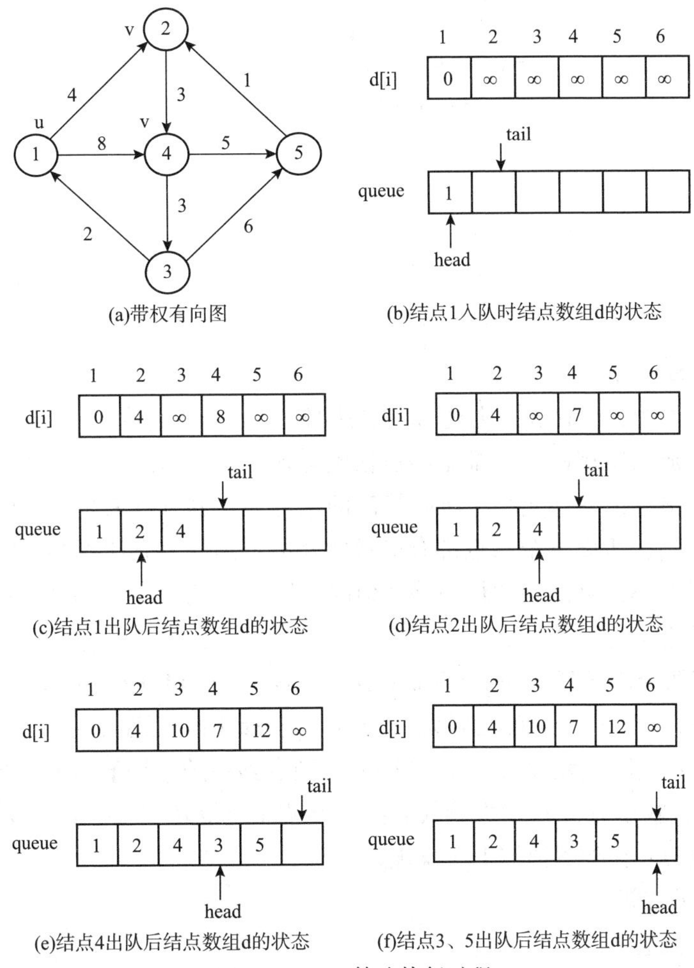

图 11.9　spfa 算法执行过程

spfa 算法的时间复杂度大约是 O（kE），k 是每个点的平均进队次数（k 是一个常数）。spfa 算法稳定性较差，在稠密图中 spfa 算法时间复杂度会退化。

spfa 算法可以判断图中是否存在负权回路：如果一个点进入队列达到 n 次，则表明图中存在负权回路，也就不存在最短路径。

2. spfa 算法伪代码

```
/* 将源点到其他所有结点的距离放在 d 数组里面；*/
创建队列 q;
源点 s 入队 ;
while( 队列非空 )
{      取出队首元素 u;
       for(u 的所有邻接边 u->v)
       {      if(d[u]+dist<d[v])
              {      d[v]=d[u]+dist;
                     if(v 不在当前队列 )
```

```
                {       v入队;
                        if(v入队次数大于n-1)
                        {    说明有负环,return;
                        }
                }
            }
        }
}
```

3. spfa 算法的证明

定理：只要最短路径存在，上述 spfa 算法必定能求出最小值。

证明：每次放入队尾的点，都是经过松弛操作的。换言之，每次的优化将会有某个点 v 的最短路径估计值 d[v] 变小。所以算法的执行会使 d[v] 越来越小。由于我们假定图中不存在负权回路，所以每个结点都有最短路径值。因此，算法不会无限执行下去，随着 d[v] 值的逐渐变小，直到到达最短路径值时，算法结束，这时的最短路径估计值就是对应结点的最短路径值，证毕。

spfa 算法有两个优化策略 SLF（Small Label First）和 LLL（Large Label Last）。SLF 策略：设要加入的结点是 j，队首元素为 i，若 d（j）<d（i），则将 j 插入队首，否则插入队尾；LLL 策略：设队首元素为 i，队列中所有结点路径的平均值为 x，若 d（i）>x 则将 i 插入到队尾，查找下一元素，直到找到某个结点 i 使得 d（i）<=x，则将 i 出队进行松弛操作。SLF 和 LLF 在随机数据上表现优秀。

4. spfa 算法的应用

例 5：奶牛聚会（pku 3268）

N 个农场（$1 \leqslant N \leqslant 1000$）中的每一个奶牛将参加在 X（$1 \leqslant X \leqslant N$）农场举行的大型奶牛聚会。共有 M（$1 \leqslant M \leqslant 100000$）条单向道路连接成对的农场，道路 i 需要 T_i（$1 \leqslant T_i \leqslant 100$）个时间单位。

每头奶牛必须步行去参加聚会，聚会结束后，再回到农场。每头奶牛都很懒，因此就需要选择一条最短时间的路线。奶牛的返程路线可能与它来时的路线不同，因为道路是单向的。请问在所有的奶牛中，需要花费最长时间往返的奶牛用时是多少？

输入：

第 1 行：三个空格分隔的整数，分别是：N、M 和 X，第 2~M+1 行：每行用三个空格分隔的整数来描述道路 i：A_i、B_i 和 T_i，其含义为：农场 A_i 延伸到农场 B_i，需要 T_i 时间单位来穿越。

输出：

一个整数：需要花费最长时间往返的奶牛的用时。

样例输入：

4 8 2

1 2 4

1 3 2

1 4 7

2 1 1

2 3 5

3 1 2

3 4 4

4 2 3

样例输出：

10

提示：

奶牛 4 到农场 2 用了 3 个时间单位，而从农场 2 回到农场 4 通过农场 1 和 3 花费了 7 个时间单位，总共 10 个时间单位。

问题分析：

题目的意思是求哪个农场的奶牛到某个指定农场 X 的往返时间和最大。因为道路都是单方向的，因此不能原路返回，只能分别计算往返两次的最短时间之和。首先使用 spfa 算法计算从农场 X 出发到所有其他农场的最短时间。然后再分别从每个农场出发，再次使用 spfa 算法求到其他所有农场的最短时间。这样就可以求出其他任何农场的奶牛到农场 X 的往返最短时间之和。在从中挑出最大值就是问题的解。

参考代码：

```
#include<iostream>
#include<cstring>
#include<vector>
#include<cstdio>
#include<queue>
const int Maxn=1005;
const int INF=0x3f3f3f3f;
using namespace std;
int vis[Maxn],d[Maxn],d1[Maxn],head[Maxn],cnt[Maxn],e;
int n,m,x;
queue<int>que;
struct Edge
{ int start,end,next,w;
}ed[100001];
void addedge(int u,int v,int c) //建立邻接表
{     ed[e].start=u;          //弧的起始结点
      ed[e].end=v;            //弧的终止结点
      ed[e].next=head[u]; //关联新结点
```

```
        ed[e].w=c;              //弧的权值
        head[u]=e++;            //记录邻接表的头结点
    }
    bool spfa(int s)          //可以判断有无负权环
    {   for(int i=1;i<=n;i++)
        {     d[i]=INF;
              vis[i]=0;
              cnt[i]=0;
        }
        d[s]=0;
        vis[s]=1;
        que.push(s);
        while(!que.empty())
        {   int temp=que.front();
            que.pop();
            vis[temp]=0;
            int u=ed[head[temp]].start;
            for(int i=head[temp];i!=-1;i=ed[i].next)//试探所有从结点u出发的弧<u,v>
            {   int v=ed[i].end;
                int w=ed[i].w;
                if(d[v]>d[u]+w) //松弛操作
                {   d[v]=d[u]+w;
                    if(!vis[v]) //如果没有在队列里面则入队
                    {   vis[v]=1;
                        if(++cnt[v]>n) //判断是否有负权环，此题无用
                           return true;
                        que.push(v);
                    }
                }
            }
        }
        return false;
    }
    int main()
    {   while(scanf("%d%d%d",&n,&m,&x)!=EOF)
        {   memset(head,-1,sizeof(head)); //初始化邻接表表头标记
            e=0;
```

```
        for(int i=0;i<m;i++)   // 建邻接表
        {   int a,b,c;
            scanf("%d%d%d",&a,&b,&c);
            addedge(a,b,c);
        }
        int ans=-1;
        spfa(x); // 求结点 x 到其他所有结点的最短时间
        for(int i=1;i<=n;i++)
           d1[i]=d[i];      // 保存 x 点到各点 i 的时间
        for(int i=1;i<=n;i++)
        {   int temp=0;
            if(i==x)continue;
            spfa(i);        // 求第 i 个结点到其他所有结点的最短时间
            temp+=d[x];             // 累加从第 i 个结点到结点 x 的时间
            temp+=d1[i];             // 累加 x 点到各点 i 的时间，得到往返时间和
            ans=max(ans,temp);       // 求当前最大时间
        }
      printf("%d\n",ans);
    }
    return 0;
}
```

例 6： 虫洞（pku 3259）

在探索他的许多农场时，农夫约翰发现了许多令人惊奇的虫洞。一个虫洞是非常特别的，因为它是一条单向的路径，在你进入虫洞之前的某个时间把你送到它的目的地（即进入虫洞之后，时间就开始倒退）。约翰的每个农场包括 N 个（$1 \leqslant N \leqslant 500$）仓库（编号为 1..N）、$M$（$1 \leqslant M \leqslant 2500$）条路径和 W（$1 \leqslant W \leqslant 200$）个虫洞。因为约翰是一个狂热的时间旅行迷，他想做以下事情：从某个仓库出发，穿过一些路径和虫洞，在他最初离开之前的某个时间回到起始仓库时，能见到自己。为了帮助约翰了解这是否可行，他将向您提供其农场 F（1≤F≤5）的完整地图。没有一条路径会花费超过 10000s 的时间来旅行，也没有虫洞能让约翰在超过 10000s 的时间内返回。

输入：

第 1 行一个整数 F，表示农场的个数。

每个农场数据的第 1 行：三个空格分隔的整数：N、M、W。

每个农场的第 2~M+1 行：三个空格分隔的数字（S、E、T），分别描述：S 和 E 之间的双向路径，需要 T（s）才能遍历。两个仓库可能通过多个路径连接。

每个农场的 M+2~M+W+1 行：三个空格分隔的数字（S、E、T），分别描述：从 S 到 E 的单向路径，将旅行者向后移动 T（s）。

输出：

第 1~F 行：对于每个农场，如果约翰能够实现他的目标，则输出“YES”，否则输出“NO”（不包括引号）。

样例输入：

2

3 3 1

1 2 2

1 3 4

2 3 1

3 1 3

3 2 1

1 2 3

2 3 4

3 1 8

样例输出

NO

YES

提示：

对于农场 1，约翰无法及时返回。

对于农场 2，约翰可以通过循环 1->2->3->1 及时返回，在离开前 1s 到达起始位置。他可以从周期的任何地方开始来完成这个任务。

问题分析：

这道题的意思是说，因为虫洞具有时光倒流的作用，因此，约翰从某处出发，如果经过的回路里面包括虫洞，则有可能在出发之前能看到返回的自己。问在已知路径和虫洞的前提下能否存在这种现象。为了表示时光倒流，可以使用负权来表示虫洞具有时光倒流的作用，这样在出发之前能够回到出发点就等价于求一个图中是否存在负权环的问题。问题明确之后，就可以选择 spfa 算法来求图中是否存在负权环。

参考代码：

```
#include <queue>
#include <cstdio>
#include <cstring>
using namespace std;
const int INF=0x3f3f3f3f;
int n,m,knum,id;
struct edge    //定义弧的数据结构
{int v,w,next;
}ed[6005]; //因为是双向边，因此边数是结点数的 2 倍
```

```
int head[505],Count[505],d[505];
bool vis[505];
queue<int> Q;
void addedge(int u,int v,int w)   //构建图的邻接表
{     id++;
      ed[id].v=v;
      ed[id].w=w;
      ed[id].next=head[u];
      head[u]=id;
}
void init()
{     int u,v,w;id=0;
      scanf("%d%d%d",&n,&m,&knum);
      memset(head,-1,sizeof(head));
      for(int i=1;i<=m;i++)     //构建邻接表，加正权弧
      {      scanf("%d%d%d",&u,&v,&w);
             addedge(u,v,w);
             addedge(v,u,w);
      }
   for(int i=1;i<=knum;i++) //构建邻接表，加负权弧
   {      scanf("%d%d%d",&u,&v,&w);
          addedge(u,v,-w);
   }
}
bool spfa()
{     memset(vis,0,sizeof(vis));
      memset(Count,0,sizeof(Count));
      for(int i=2;i<=n;i++)
            d[i]=INF;
      int u,v,tmp;
Q.push(1);
vis[1]=true;
d[1]=0;
   while(!Q.empty())
   {     u=Q.front();
         Q.pop();
         vis[u]=false;
```

```
            for(int k=head[u];k>0;k=ed[k].next) //试探所有与u相邻的结点
            {       v=ed[k].v;
                    if(d[u]+ed[k].w<d[v])    //松弛操作
                    {       d[v]=d[u]+ed[k].w;
                            if(!vis[v])   //当前结点不在队列中，则入队
                            {       Q.push(v);
                                    Count[v]++;
                                    if(Count[v]>=n) //判断是否存在负权环
                                         return false;
                                    vis[v]=true;
                            }
                    }
            }
        }
        return true;
    }
    int main()
    {     int cas;
          scanf("%d",&cas);
          while(cas--)
          {     init();
                if(spfa())
                      puts("NO");
                else
                      puts("YES");
          }
          return 0;
    }
```

11.1.4　三种算法的区别

Dijkstra 算法和 spfa 算法都是用来解决图的单源最短路径问题，但是如果图中存在负权边（不存在负权回路），则 Dijkstra 算法就会出错，而 spfa 算法就可以解决。

floyd 算法是用来解决多源最短路径问题，并且如果图中存在负权边（不存在负权回路）时，floyd 算法仍然适用。

如果图中存在正权回路，floyd 算法和 spfa 算法都可以求出正确解；但如果图中存在负权回路，则 floyd 算法和 spfa 算法都无法求出正确解，但是这两种算法可以判断出图中是否存在负权回路。

11.2　二分图

11.2.1　二分图相关定义

（1）二分图的定义

如果一个图的结点可以分为两个集合 X 和 Y，图的所有边一定是有一个结点属于集合 X，另一个结点属于集合 Y，则称该图为“二分图”（Bipartite Graph），记作 G=（X，Y，E）。

（2）完全二分图

在二分图 G=（X，Y，E）中，如果集合 X 中的每个结点都与集合 Y 中的每个结点相邻，则称 G 为完全二分图。

（3）二分图的匹配

给定一个二分图 G，M 为 G 边集的一个子集，如果 M 满足当中的任意两条边都不依附于同一个结点，则称 M 是一个匹配。

（4）二分图最大匹配

图中包含边数最多的匹配称为图的最大匹配。

（5）增广路

若 P 是图 G 的一条连通两个未匹配结点的路径，并且属于 M 的边和不属于 M 的边（即已匹配的边和待匹配的边）在 P 上交替出现，则称 P 为相对于 M 的一条增广路径。

由增广路的定义可以推出以下三个结论：

① P 的路径长度必定为奇数，第一条边和最后一条边都不属于 M；

② P 经过取反操作可以得到一个更大的匹配 M；

③ M 为 G 的最大匹配当且仅当不存在相对于 M 的增广路径。

11.2.2　二分图的最大匹配

求二分图的最大匹配问题实际上是不断在二分图中寻找增广路径的问题，

寻找增广路的方法如下：

（1）对于一个未匹配的结点 u，寻找它的每条边，如果它的边上的另一个结点 v 还没匹配则表明找到了一条增广路，结束。

（2）假如结点 u 边上的另一个结点 v 已经匹配，那么就转向跟 v 匹配的结点，假设是 w，然后再对 w 重复（1）（2）的步骤，继续寻找增广路。

（3）假如我们在（1）（2）步过程中找到一条增广路，那么修改各自对应的匹配点，结束。若无增广路，则退出。过程如图 11.10 所示。

通俗地讲，就是你从二分图中找出一条路径来，让路径的起点和终点都是还没有匹配过的点，并且路径经过的连线是一条没被匹配，一条已经匹配过，再下一条又没匹配，这样交替地出现。找到这样的路径后，显然路径上没被匹配的连线比已经匹配的连线多一条，于是修改匹配图（增广路取反），把路径上所有匹配过的连线去掉匹配关系，把没有匹配的连线变成匹配的，这样匹配数就比原来多了 1 个。

11.2.3 匈牙利算法框架

for 每个左边结点，若该结点还没有匹配
　　do 寻找增广路径
　　　　if 找得到增广路
　　　　　　将增广路上的边取反，匹配数增 1

算法中使用了一条重要定理：如果从一个点 A 出发，没有找到增广路径，那么无论再从别的点出发找到多少增广路径来改变现在的匹配，从 A 点出发都永远找不到增广路径。因此，每个结点只搜索一次。

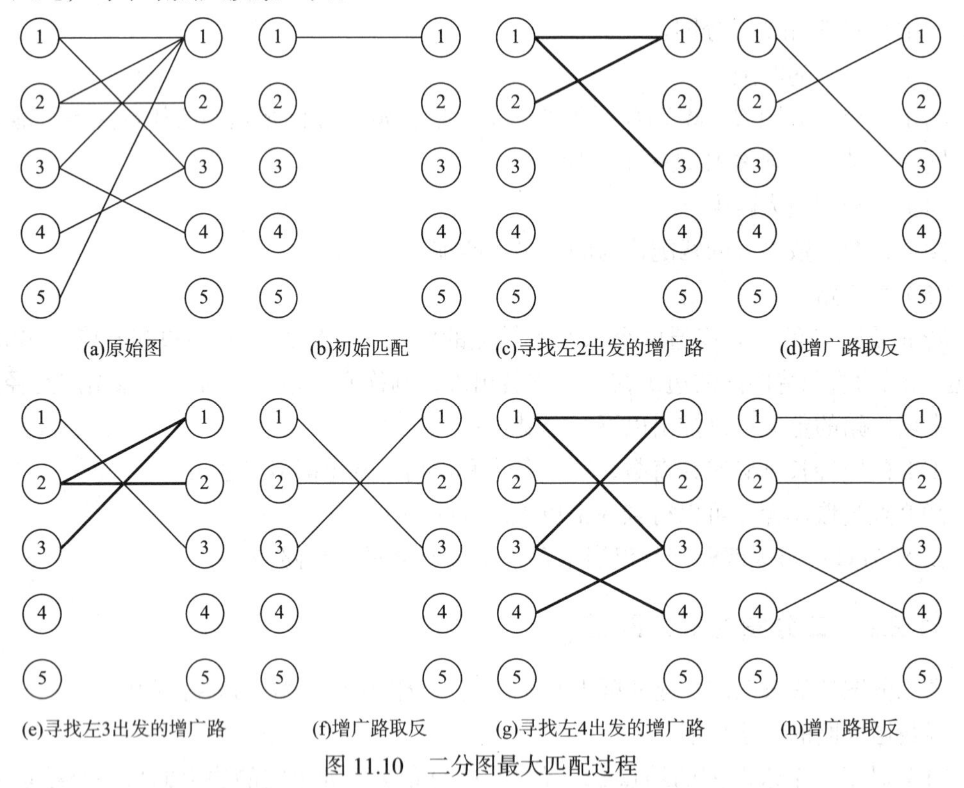

图 11.10　二分图最大匹配过程

11.2.4 二分图变种

真正求二分图最大匹配的题目很少，往往做一些简单的变化。二分图通常使用如下变种。

（1）二分图的最小顶点覆盖问题

定义：假如选了一个点就相当于覆盖了以它为端点的所有边。最小顶点覆盖就是选择最少的点来覆盖所有的边。

定理：二分图的最小顶点覆盖等价于二分图的最大匹配。

（2）有向无环图（DAG）的最小路径覆盖

定义：用尽量少的不相交简单路径覆盖 DAG 的所有顶点，这就是 DAG 的最小路径覆盖问题。

定理：DAG 的最小路径覆盖数 = 结点数 – 最大匹配数。

（3）二分图的最大独立集

定义：选出一些顶点使得这些顶点两两不相邻，则这些点构成的集合称为独立集。找出一个包含顶点数最多的独立集称为最大独立集。

定理：最大独立集 = 所有顶点数 – 最小顶点覆盖 /2= 所有顶点数 – 最大匹配 /2。

11.2.5　二分图的应用

例 1：过山车（hdu 2063）

RPG girls 今天和大家一起去游乐场玩，终于可以坐上梦寐以求的过山车了。可是，过山车的每一排只有两个座位，而且还有条不成文的规矩，就是每个女生必须找个男生做 partner 和她同坐。但是，每个女孩都有各自的想法，举个例子吧，Rabbit 只愿意和 XHD 或 PQK 做 partner，Grass 只愿意和 linle 或 LL 做 partner，PrincessSnow 愿意和水域浪子或伪酷儿做 partner。考虑到经费问题，boss 刘决定只让找到 partner 的人去坐过山车，其他的人，嘿嘿，就站在下面看着吧。聪明的 Acmer，你可以帮忙算算最多有多少对组合可以坐上过山车吗?

输入：

输入数据的第一行是三个整数 K、M、N（$0<K\leqslant 1000$，$1\leqslant N$，$M\leqslant 500$），分别表示可能的组合数目、女生的人数、男生的人数。接下来的 K 行，每行有两个数，分别表示女生 A_i 愿意和男生 B_j 做 partner。最后一个 0 结束输入。

输出：

对于每组数据，输出一个整数，表示可以坐上过山车的最多组合数。

样例输入：

6 3 3

1 1

1 2

1 3

2 1

2 3

3 1

0

样例输出：

3

问题分析：

由题目可知，这是典型的二分匹配问题，可直接使用模板即可。使用邻接矩阵表示二分图，行和列分别代表男生和女生的编号。

参考代码：

```
#include<stdio.h>
#include<string.h>
int a[510][510];
int match[510];
int used[510];
int n, girl,boy;
int dfs(int u)   //从u出发是否存在增广路径
{     int i,x,t;
      for(i=1;i<=boy;i++)
      {    x=a[u][i];
           if(x==1&&!used[i])
             {  used[i]=1; //避免重复
                t=match[i];
                match[i]=u;
                if(t==-1||dfs(t))
                    return 1;
                match[i]=t; //寻找失败，恢复现场
             }
      }
return 0;
}
int bipartite()
{      int u;
       int res=0;
       memset(match,-1,sizeof(match));
       for(u=1;u<=girl;u++)   //依次寻找增广路径
       {    memset(used,0,sizeof(used));
            if(dfs(u))
            res++;
       }
       return res;
}
int main()
{      int t,k,g,b,i;
       while(scanf("%d%d%d",&n,&girl,&boy)&&n)
       {  memset(a,0,sizeof(a));
```

```
        for(i=1;i<=n;i++)   // 建立二分图
        {     scanf("%d%d",&g,&b);
              a[g][b]=1;
        }
        t=bipartite();
        printf("%d\n",t);
    }
    return 0;
}
```

例 2： 小行星（pku 3041）

贝西想驾驶她的飞船穿过一个危险的小行星场，这个小行星场呈 $N \times N$ 网格形（$1 \leqslant N \leqslant 500$），网格包含 K 颗小行星（$1 \leqslant K \leqslant 10000$），它们位于网格的点阵点上。幸运的是，贝西有一个强大的武器，只需发射一下就可以清除任何一行或一列的小行星障碍。这个武器很贵，所以她必须谨慎使用。已知所有小行星所在的位置，请问贝西需要至少射击多少次才能消除所有的小行星。

输入：

第 1 行：两个整数 N 和 K，用一个空格隔开。

行 2~K+1：每行包含两个空格分隔的整数 R 和 C（$1 \leqslant R$，$C \leqslant N$），分别表示小行星的行坐标和列坐标。

输出：

一个整数，代表贝西必须射击的最小次数。

样例输入：

3 4

1 1

1 3

2 2

3 2

样例输出：

2

提示：

输入详细信息：

下图所示为数据，其中‘X’为小行星，‘.’为空白。

X.X

.X.

.X.

输出详细信息：

贝西可能会向第 1 行开火摧毁（1，1）和（1，3）处的小行星，然后她可以向下发射第 2 列，摧毁第（2，2）和（3，2）处的小行星。

问题分析：

样例输入对应的二维数组如下：

1 0 1
0 1 0
0 1 0

利用数组的行、列映射成二分图如图 11.11 所示，由图可知：该问题等价于最小顶点覆盖问题。

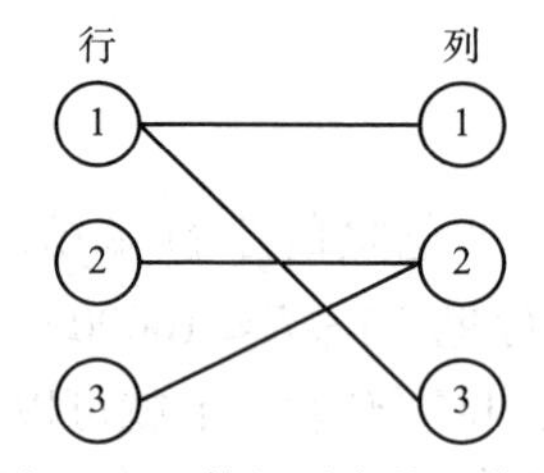

图 11.11　数组对应的二分图

参考代码：

```
#include<iostream>
#include<cstring>
using namespace std;
bool vis[10010];
int n,k,x,y;
int graph[510][510],link[10010];
bool Find(int x)
{    for(int i=1;i<=n;i++)
     {    if(graph[x][i]&&!vis[i])
          {     vis[i]=1; //避免重复
                if(!link[i]||Find(link[i]))
                {    link[i]=x;
                     return true;
                }
          }
     }
     return false;
}
int main()
{    memset(link,0,sizeof(link));
     memset(graph,0,sizeof(graph));
     cin>>n>>k;
```

```
for(int i=1;i<=k;i++) //建立二分图
{   cin>>x>>y;
        graph[x][y]=1;
    }
    int ans=0;
for(int i=1;i<=n;i++)
{   memset(vis,0,sizeof(vis));
        if(Find(i))
            ans++;
    }
    cout<<ans<<endl;
}
```

例 3： 空袭（hdu 1151）

假设一个城镇，所有街道都是单向的，每条街道从一个十字路口通向另一个十字路口。我们还知道，从一个十字路口开始，穿过镇上的街道，你永远无法到达同一个十字路口，也就是说，镇上的街道没有形成环。

有了这些假设，你的任务就是编写一个程序，找出可以降落到镇上并访问该镇所有交叉口的最少伞兵数量。要求任何交叉口不被重复访问。每名伞兵降落在一个交叉路口，并可以访问其他沿城镇街道的交叉路口。对每个伞兵的出发路口没有限制。

输入：

输入数据包括多组测试用例，每组测试用例的格式为：

no_of_intersections

no_of_streets

S_1 E_1

S_2 E_2

…

第一行是一个正整数 no_of_intersections（大于 0 且小于等于 120），即城镇中的交叉口数量。第二行包含一个正整数 no_of_streets，即镇上的街道数。接下来的是每条街道，与街道 k（k<= 街道的数量）相对应的直线由两个正整数组成，用一个空格隔开，S_k（$1 \leq S_k \leq$ 交叉口的数量）作为街道起点的交叉口编号，E_k（$1 \leq E_k \leq$ 交叉口的数量）街道终点的交叉口编号。

连续数据集之间没有空行。

输出：

程序的结果是标准输出。对于每一个输入的测试用例，输出一个整数：访问城镇所有交叉口所需的最少伞兵人数。

样例输入：

2

4
3
3 4
1 3
2 3
3
3
1 3
1 2
2 3

样例输出：

2
1

问题分析：

样例输入第一个测试用例对应的路线图如图 11.12 所示，将每条边的起点和终点看作二分图的两类结点，则其对应的二分图如图 11.13 所示，属于二分图的变种 2。

结果数 = 结点总数 – 最大匹配数。

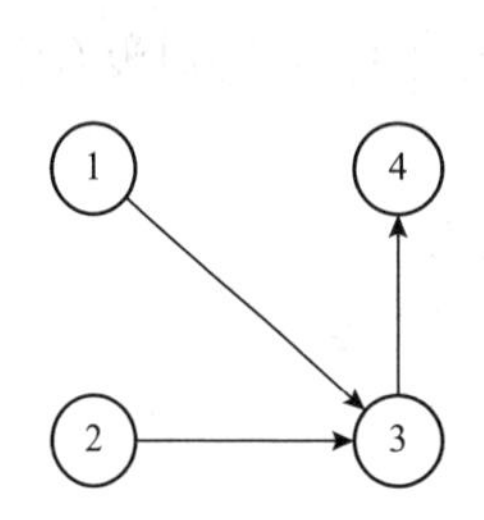

图 11.12　路线图

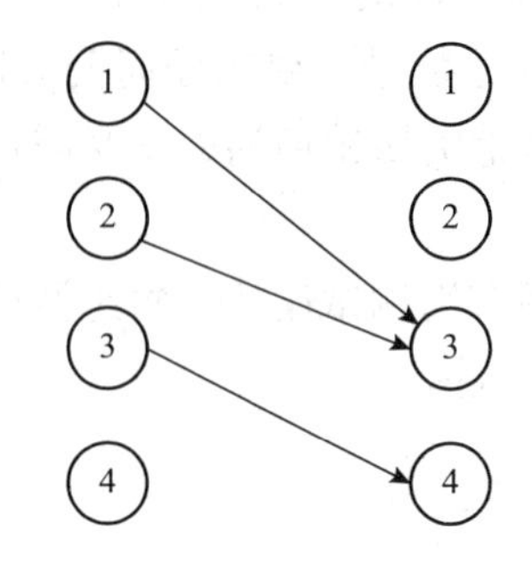

图 11.13　路线图对应的二分图

参考代码：

```
#include <iostream>
#include<cstring>
#include<cmath>
#define N 220
 using namespace std;
 int mp[N][N],v[N],linker[N],n,m;
 int dfs(int t)
{    for(int i=1;i<=n;i++)
     {    if(!v[i]&&mp[t][i])
          {     v[i]=1;
                if(linker[i]==-1||dfs(linker[i]))
```

```
                {   linker[i]=t;
                    return 1;
                }
            }
        }
        return 0;
    }
    int hungary()
    {   memset(linker,-1,sizeof(linker));
        int ans=0;
        for(int i=1;i<=n;i++)
        {   memset(v,0,sizeof(v));
            if(dfs(i)) ans++;
        }
        return ans;
    }
    int main()
    {   int T;
        cin>>T;
        while(T--)
        {   cin>>n>>m;
            memset(mp,0,sizeof(mp));
            for(int i=0;i<m;i++)
            {   int u,v;
                scanf("%d%d",&u,&v);
                mp[u][v]=1;
            }
            cout<<n-hungary()<<endl;
        }
    }
```

例 4：女孩和男孩（hdu 1068）

大学二年级有人开始研究学生之间的恋爱关系。“恋爱关系”是指一个女孩和一个男孩之间的关系。出于研究的原因，有必要找出满足条件的最大集合：集合中没有两个学生“恋爱过”。这个项目的结果就是这样一组学生的人数。

输入：

包含多组测试用例，每组描述如下：

学生人数

学生识别码:（恋情关系的数量）学生识别码 1 学生识别码 2 学生识别码 3 ……

对于 n 个学生，学生识别码是 0 到 n–1 之间的整数。

输出:

对于每组给定的测试用例，输出最大集合的人数。

样例输入:

7

0 :（3）4 5 6

1 :（2）4 6

2 :（0）

3 :（0）

4 :（2）0 1

5 :（1）0

6 :（2）0 1

3

0 :（2）1 2

1 :（1）0

2 :（1）0

样例输出:

5

2

问题分析:

通过分析可知：这是一道最大独立集问题。样例 1 对应的二分图如图 11.14 所示，属于二分图变种 3。又因为恋爱关系是相互的，因此最大匹配数多了一倍。

结果数 = 结点总数 – 最大匹配数 /2

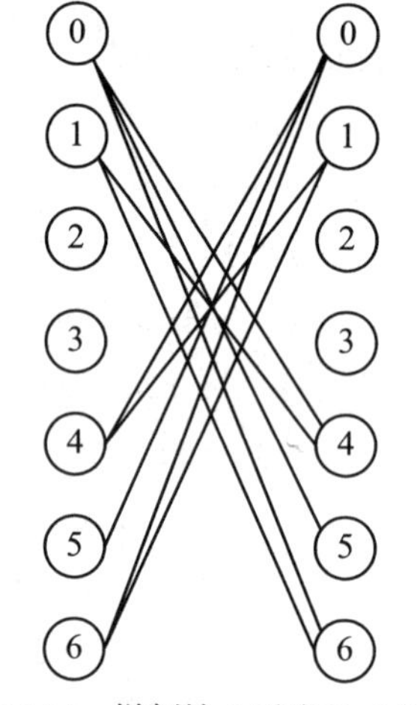

图 11.14　样例输入对应的二分图

参考代码:

```
#include <cstdio>
#include <queue>
#include <cstring>
#include <algorithm>
using namespace std;
const int maxn=1000;
#define met(a,b)memset(a,b,sizeof(a))
int map[maxn][maxn];
int used[maxn],d[maxn];
int  n,m;
int find(int x)
```

```
{       for(int i=0;i<n;i++)
        {       if(map[x][i]==true&&used[i]==false)
                {       used[i]=1;
                        if(d[i]==0||find(d[i]))
                        {       d[i]=x;
                                return true;
                        }
                }
        }
        return false;
}
int main()
{   while(scanf("%d",&n)!=EOF)
    {       int x,y;
            int sum=0;
            met(map,0);met(d,0);
            for(int i=0;i<n;i++)
            {       scanf("%d : (%d)",&x,&m);
                    while(m--)
                    {       scanf("%d",&y);
                            map[x][y]=1;
                    }
            }
            for(int j=0;j<n;j++)
            {       met(used,0);
                    if(find(j))
                            sum++;
            }
            printf("%d\n",n-sum/2);
    }
    return 0;
}
```

11.3　网络流

11.3.1　网络流的相关定义

（1）容量网络的定义

给定一个有向图 G=（V，E），其中仅有一个点的入度为零称为发点（源），记为

v_s。仅有一个点的出度为零称为收点（汇），记为 v_t，其余点称为中间点。对于 G 中的每一个弧 <v_i，v_j>，相应地给一个数 c_{ij}（$c_{ij}\geqslant 0$），称为弧 <v_i，v_j> 的容量。我们把这样的 C 称为网络（或容量网络），记为 G=（V，E，C），如图 11.15 所示。

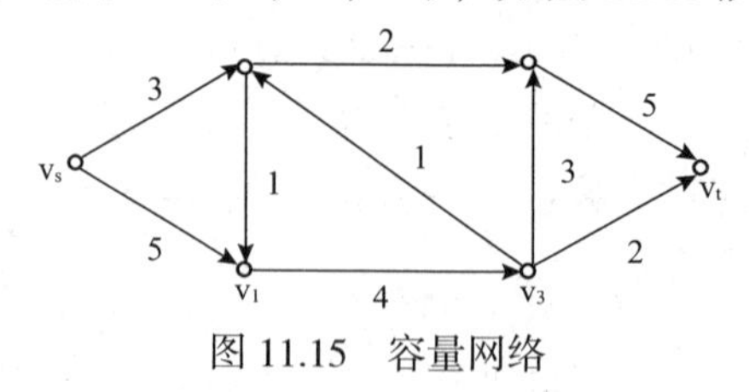

图 11.15　容量网络

（2）流量的定义

所谓网络上的流，是指定义在弧集 E 上的函数 $f=\{f(v_i, v_j)\}$，并称 $f(v_i, v_j)$ 为弧 <v_i，v_j> 上的流量，简记为 f_{ij}。

标示方式：每条边上标示两个数字，第一个是容量，第二是流量，如图 11.16 所示。

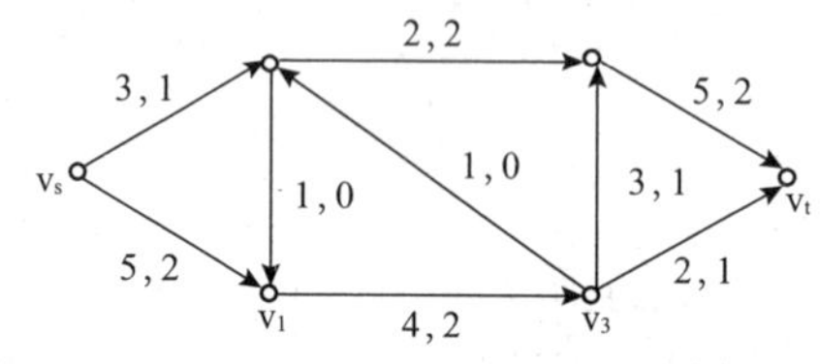

图 11.16　标有容量和流量的网络

（3）可行流的定义

可行流是指满足如下条件的流：

①容量限制条件：对 G 中每条弧 <v_i，v_j>，有：

$$0\leqslant f_{ij}\leqslant c_{ij}$$

②斜对称性：

$$f_{ij}=-f_{ji}$$

③平衡条件：对中间点，有：

$$\sum_j f_{ij}=\sum_k f_{ki}$$

④对收点 v_t 与发点 v_s，有：

$$\sum_i f_{si}=\sum_j f_{jt}=W$$

（即 v_s 发出的流总量等于 v_t 接收的流总量），W 是网络的总流量。

（4）最大流的定义

可行流总是存在的，例如 $f=\{0\}$ 就是一个流量为 0 的可行流。所谓最大流问题就是在容量网络中寻找流量最大的可行流。一个流 $f=\{f_{ij}\}$，当 $f_{ij}=c_{ij}$，则称 f 对弧 <v_i，v_j> 是饱和的，否则称 f 对弧 <v_i，v_j> 不饱和。最大流问题实际上是一个线性规划问题。但利用它与图的密切关系，可以利用图直观、简便地求解。非最大流网络和最大流网络如图 11.17、图 11.18 所示。

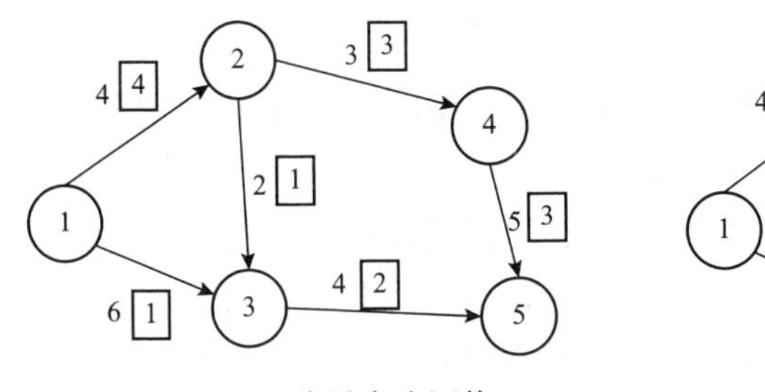

图 11.17　非最大流网络

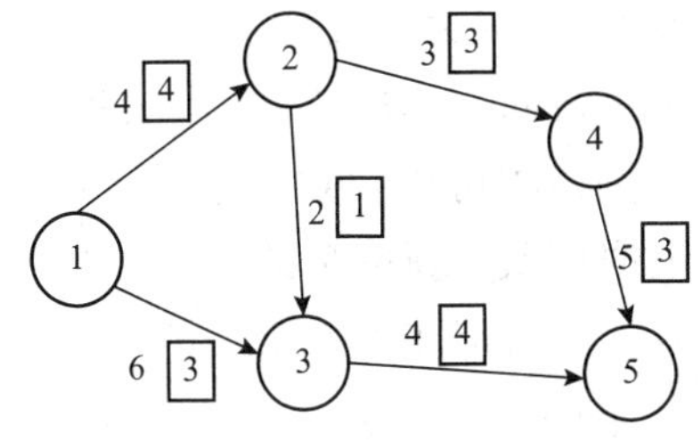

图 11.18　最大流网络

（5）残量网络

引入残量网络（residual network），表示所有可以增加流量的弧。定义 <u，v> 的残余容量为：

$$c_f(u, v) = c(u, v) - f(u, v)$$

原始网络可看成残余容量为 c（u，v）的残量网络。

（6）可增广路

残量网络中任意一条 $v_s \rightarrow v_t$ 的路径称为可增广路，路上的最小容量称为路的残量容量，记为 d。对于可增广路上的有向边 <u，v>，原始网络的流量 f（u，v）增加 d。由对称性，f（v，u）减少 d，则得到的新流也是可行流（根据可行流的四个性质）。

定理：流量 f 是最大流当且仅当残量网络中不存在可增广路。

11.3.2　最大流问题

最大流问题，是网络流理论研究的一个基本问题，就是不断寻求网络中一个可行流 f^*，将其累加，一直到网络中不再存在可行流为止，这时所得到的总流量 f 称为最大流，这个问题称为（网络）最大流问题。最大流问题是一个特殊的线性规划问题，就是在容量网络中，寻找流量最大的可行流。

1. 最大流方法框架

计算网络中最大流量的方法是 Ford–Fulkerson，它被称为“方法”而不是“算法”，因为在残量网络中寻找增广路径的方法没有完全确定，它是由 L. R. Ford 和 D. R. Fulkerson 于 1956 年提出的。其方法的框架如下：

```
Ford-Fulkerson
    for <u,v> ∈ E
        <u,v>.f=0
    while find a route from s to t in e
        m=min(<u,v>.cf,<u,v> ∈ route)//确定残量容量
        for <u,v> ∈ route
            <u,v>.f=<u,v>.f+m    //正向边流量增加
            <v,u>.f=<v,u>.f-m    //反向边流量减少
        maxf=maxf+m  //可行流的流量进行累加
```

其中 <u,v> 代表顶点 u 到顶点 v 的一条边，<u,v>.f 表示该边的流量，<u,f>.cf 表示

该边的残余容量，e 为残量网络矩阵，E 表示边的集合。

Ford–Fulkerson 方法首先对图中的所有边的流量初始化为零值，然后开始进入循环：如果在残量网络中可以找到一条从 s 到 t 的增广路径，那么要找到这条路径上值最小的边，然后根据该值更新网络的流量。其中最关键问题就是如何寻找增广路径。如果选择的方法不好，就有可能每次增加的流非常少，而算法运行时间非常长，甚至无法终止。对增广路径不同的寻找方法形成了求最大流的不同算法，其中最基础的求最大流的算法是 EK 算法，该算法采用 bfs 方法找增广路，全名是 Edmond–Karp，该算法是 1972 年 Jack Edmonds 和 Richard Karp 提出的。具体实现过程在例 1 中进行描述。

2. 最大流应用

例 1： 排水沟渠（pku 1273）

每次下雨，农夫约翰的田地里都会形成一个池塘，池塘会淹没田地里的三叶草。三叶草一旦被淹，需要相当长的时间才能再生。因此，约翰建了一套排水沟把水排到附近的小溪里，这样，三叶草就不会被水覆盖。作为一名王牌工程师，约翰还在每条沟渠的开始处安装了调节器，这样他就可以控制水流入沟渠的流速。约翰不仅知道每条水沟每分钟能输送多少加仑的水，而且知道沟渠的确切布局，这些沟渠从池塘中流出，相互汇入，形成一个潜在的复杂网络。现请你确定水从池塘输送到小溪的最大速率。对于任何给定的沟渠，水只朝一个方向流动，并且水流可以形成回路。

输入：

输入包括多组测试用例。对于每组用例，第一行包含用空格分隔的整数 N（$0 \leq N \leq 200$）和 M（$2 \leq M \leq 200$）。N 是农夫约翰挖的沟数，M 是这些沟渠的交叉点数量。交叉口 1 是池塘，交叉点 M 为小溪。以下 N 行中的每一行都包含三个整数 S_i、E_i 和 C_i。S_i 和 E_i（$1 \leq S_i$、$E_i \leq M$）表示水在沟渠间流动的交点，水将通过这条沟渠从 S_i 流向 E_i，Ci（$0 \leq C_i \leq 10000000$）是水通过沟渠的最大流速。

输出：

对于每组用例，输出一个整数，即从池塘中排出水的最大速率。

样例输入：

```
10 6
1 2 3
1 3 3
1 4 2
2 5 4
3 4 1
3 6 2
4 2 1
4 6 2
5 4 1
5 6 1
```

样例输出：

5

问题分析：

根据问题描述，该问题属于最大流问题，算法步骤如下：

①根据输入边及权的信息建立图的邻接矩阵；

②采用广度搜索策略搜索一条从源点到汇点的路径，即一个可行流；

③求该路径上所有边权值的最小值 δ，即残量容量；

④该路径上由源点到汇点方向的所有边的权值减去 δ；

⑤该路径反方向，即由汇点到源点方向的所有边的权值加上 δ；

⑥将 δ 累加到 sum。重复步骤② ~ ⑥直到从源点到汇点没有可行路径为止；

⑦ sum 就是网络的最大可行流。

以样例输入为例，图 11.19（a）为根据输入的边及权值信息建立的带权有向图，结点 1 表示网络的源点，结点 6 表示网络的汇点。边上的权值表示该边水流的速率，反方向边的初始权值都为 0。图的存储可以采用邻接矩阵。首先采用广度优先搜索策略搜索一条从源点 1 到汇点 6 的路径，如图 11.19（b）所示，假设所获得的路径为 1→3→4→6，表示发现了一条可行流，路径上的三条边的初始权值分别为 3、1、2，最小权值为 1，就代表这条路径上的残量容量，然后根据该值调整路径上的权值：1→3→4→6 这条路径上的三条边的权值分别减去残量容量 1；同时 6→4→3→1 这条路径上的三条边的权值分别加上残量容量 1，结果如图 11.19（b）所示。注意边 3→4 上的权值由 1 变 0，意味着该方向以后不可行；同时，边 4→3 上的权值由 0 变 1，意味着该方向以后可行。重复如上操作，图 11.19（c）（d）（e）分别表示每次重新采用广度搜索方法发现一条新的路径，然后按照上述方法得到每条路径的残量容量，再根据这个值修改路径所有边上两个方向的权值，直到广度优先搜索方法无法再找到一条由源点到汇点的路径，算法结束。将每次所得到的可行流的最大流量进行累加，结果就是整个网络的最大流，如图 11.19（f）所示，该网络最大流为 5。

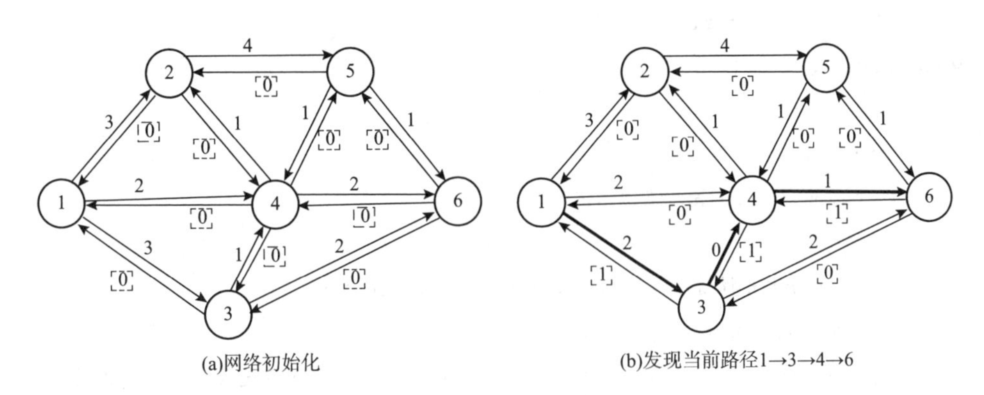

图 11.19　最大流的求解过程

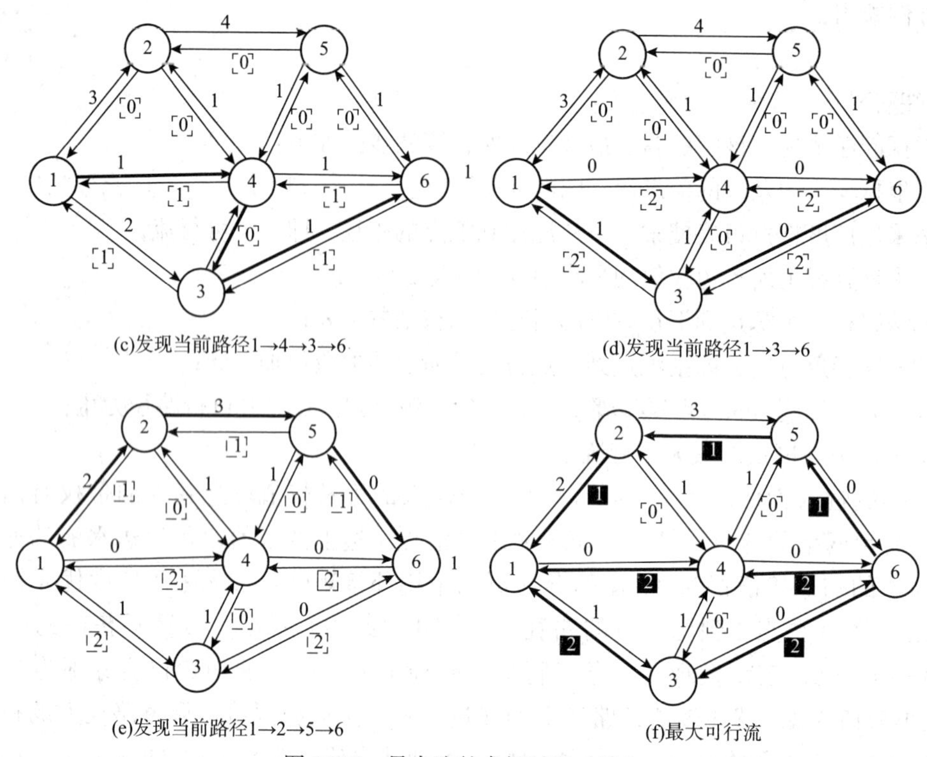

(c)发现当前路径1→4→3→6　　(d)发现当前路径1→3→6

(e)发现当前路径1→2→5→6　　(f)最大可行流

图 11.19　最大流的求解过程（续）

参考代码：

```
#include<iostream>
#include<queue>
#include<climits>
using namespace std;
const int MAXN=205;
int flow[MAXN][MAXN],maxflow[MAXN],father[MAXN];
int i,Maxflow,M,visit[MAXN];
void Edmond_Karp()
{     queue<int>Q;
      int u,v;
      Maxflow=0; //最大流初始化
      while(1)
      {     //每次寻找增广路径都将每个点的流入容量置为 0
            memset(maxflow,0,sizeof(maxflow));
            memset(visit,0,sizeof(visit)); //标记一个点是否已经进入队列
            maxflow[1]=INT_MAX; //源点的容量置为正无穷
            Q.push(1); //将源点压入队列
            while(!Q.empty()) //当队列不空
```

```
        {   u=Q.front();
            Q.pop();
            for(v=1;v<=M;v++) // 试探所有可能相连的结点，M 是最后点序号
            {   if(!visit[v] && flow[u][v]>0)
                {     visit[v]=1;
                      father[v]=u; // 记录父结点，用于以后的反向更新
                      Q.push(v);
                      // 当前点的容量为父亲点容量与边流量的较小者
                      maxflow[v]=(maxflow[u]<flow[u][v]?maxflow[u] :
                      flow[u][v]);
                }
            }
              // 如果找到了汇点并且汇点容量不为 0，则清空队列，不必等到队空
            if(maxflow[M]>0)
            {   while(!Q.empty())
                    Q.pop();
                break;
            }
        }
        if(maxflow[M]==0) // 已经找不到到汇点的增广路径了，算法结束
            break;
        for(i=M;i!=1;i=father[i])  // 更新增广路上正、反两个方向上的流量
        {   flow[father[i]][i]-=maxflow[M]; // 正向更新
            flow[i][father[i]]+=maxflow[M]; // 反向更新
        }
        Maxflow+=maxflow[M]; // 更新最大流
    }
}
int main()
{   int N,si,ei,ci;
    while(cin>>N>>M && N!=EOF) //M：顶点个数，N：边数
    {   Maxflow=0;
        memset(flow,0,sizeof(flow));
        for(i=0;i<N;i++)
        {   cin>>si>>ei>>ci;
            flow[si][ei]+=ci;
        }
```

```
        Edmond_Karp();
        cout<<Maxflow<<endl;
    }
    return 0;
}
```

11.3.3 最小费用最大流问题

在同一个网络中，可能存在多个总流量相同的最大流，我们可以在计算流量的基础上，给网络中的弧增加一个单位流量的费用（简称费用），这样在确保流量最大的前提下总费用最小的问题，就是最小费用最大流问题。

采用贪心的思想，根据费用信息，每次找到一条从源点到达汇点的最短路径，增加流量，且该条路径满足使得增加流量的花费最小，直到无法找到一条从源点到达汇点的路径，算法结束。

由于最大流量有限，每执行一次循环，流量都会增加，因此该算法肯定会结束，且同时流量也必定会达到网络的最大流量；同时由于每次都是增加的最小花费，即当前的最小花费是所有到达当前流量 flow 时的花费最小值，因此最后的总花费最小。

如图 11.20 所示，结点 1 是源，结点 4 是汇。边上的信息为:（容量，单位流量费用），则路径 1→2→3→4 为一条增广路径，其可行流的最大流量为该路径上所有边上残量容量（即路径上所有边权值的最小值）为 d=5，则该路径的最小费用为 cost=（5+2+3）×d=50。

因为在最大流一定的情况下，从源点到汇点可能存在很多不同的路径，而每条路径各个边上的单位流量费用可能不相同。因此，为了求出最大流的最小费用，可以根据边上的费用信息，求最短路径。最短路径就是该路径上的单位流量费用和，再乘以这条路径的残量容量 d，就得到了这条路径的最小费用 cost。再依据残量容量修正该路径上的正向弧和反向弧的残余容量，为搜索新的增广路径做准备。重复上述过程，直到没有增广路径为止，算法结束。按照上述方法将每条增广路径的 cost 值和 d 值分别进行累加，就得到了网络的最小费用、最大流。

(1) —(10，5)→ (2) —(5，2)→ (3) —(7，3)→ (4)

图 11.20 路径最小费用计算方法

因为反向边的单位流量费用为负（表示收回费用），因此不能使用 Dijstra 算法求最短路径，而采用 spfa 算法。

例 2：求最大流最小费用（洛谷 3381）

如题，给出一个网络图，以及其源点和汇点，每条边已知其最大流量和单位流量费用，求出其网络最大流和在最大流情况下的最小费用。

输入：

第一行输入一个整数，表示测试用例的个数。第二行包含四个正整数 N

（$1 \leqslant N \leqslant 5000$）、$M$（$1 \leqslant M \leqslant 100000$）、$S$、$T$，分别表示点的个数、有向边的个数、源点序号、汇点序号。接下来 M 行，每行包含四个正整数 u_i、v_i、w_i、f_i，表示第 i 条有向边从 u_i 出发，到达 v_i，边权为 w_i（即该边最大流量为 w_i），单位流量的费用为 f_i。

输出：

包含两个整数，依次为最大流量和在最大流量情况下的最小费用。

样例输入：

1

4 5 4 3

4 2 30 2

4 3 20 3

2 3 20 1

2 1 30 9

1 3 40 5

样例输出：

50 280

问题分析：

网络上边的数据除了残余容量外（初始值为容量），还有一个是该边单位流量费用。

算法步骤如下：

（1）用 spfa 算法找到一条从源点到达汇点的“距离最短”的路径 ϕ，这里“距离”的含义是该路径上的边的单位流量费用之和；

（2）然后找出这条路径上的残量容量 Ω，则当前最大流 MaxFlow 增加 Ω，同时当前最小费用 MinCost 增加 $\Omega \times \phi$；

（3）将这条路径上的每条正向边的残余容量都减少 Ω，每条反向边的残余容量都增加 Ω；

（4）重复（1）~（3）直到无法找到从源点到达汇点的路径。

以样例输入为例，具体过程如图 11.21 所示。

首先进行网络初始化，如图 11.21（a）所示，源点为结点 4，汇点为结点 3。正向弧定义为：（容量，单位流量费用），反向弧定义为：（0，– 单位流量费用）。采用 spfa 算法根据边上的单位流量费用搜索最短路径，为 4 → 3，该增广路径的最大可行流为 20，最短路径即该路径上的最小费用和为 3，因此目前 MinCost=20 × 3=60，MaxFlow=20，同时正向弧容量 –20，反向弧容量 +20。这时，正向弧容量等于 0，说明正向不通，反向弧容量 >0，说明反向可通，结果如图 11.21（b）所示。在修改过的网络上再次使用 spfa 算法寻找最短路 4 → 2 → 3，同样将该路径上的残量容量 20 累加到 MaxFlow 上，得 MaxFlow=20+20=40，将该路径上的最小费用累加到 MinCost 上，得 MinCost=60+20 ×（2+1）=120。再按如上方法修改残量网络，如图 11.21（c）所示。同样，再使用 spfa 方法搜索最短路径 4 → 2 → 1 → 3，得到该增广路径上的残量容量为 10，该路径上的最小费用为 10×（2+9+5）=160，分别累加到 MaxFlow、MinCost 上，最后得 MaxFlow=50，MinCost=280，如图 11.21（d）所示。

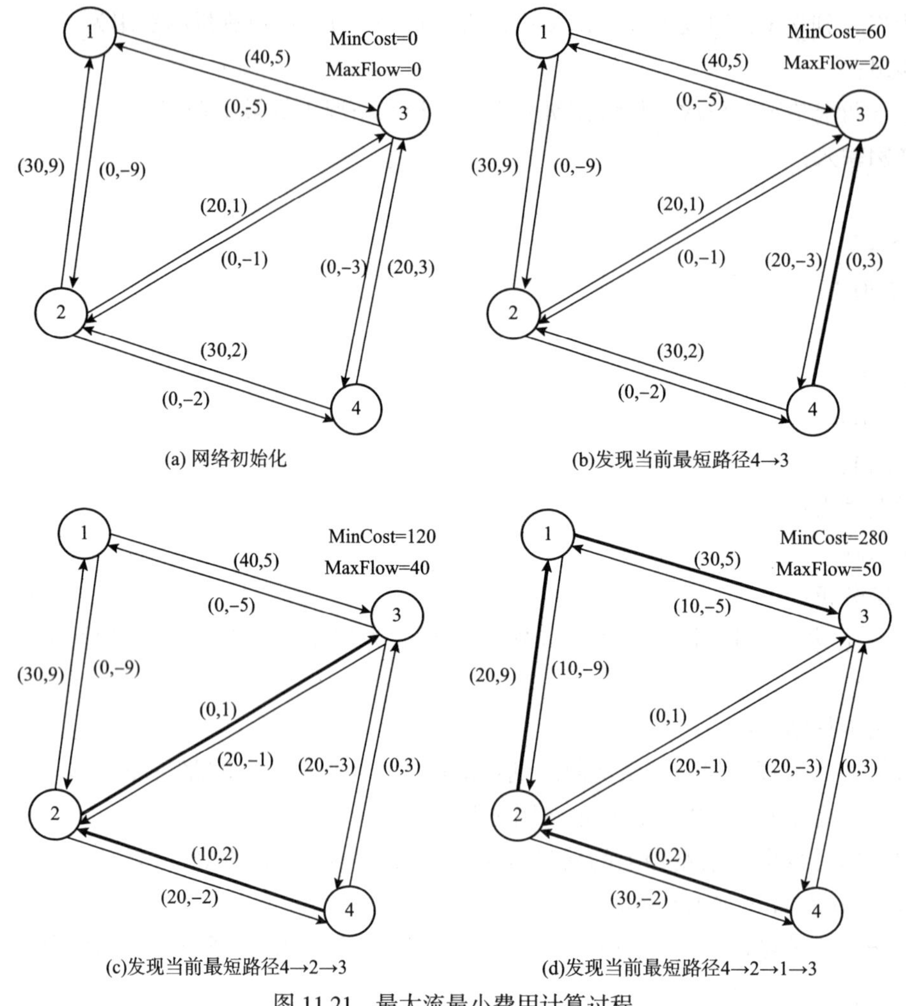

(a) 网络初始化　(b)发现当前最短路径4→3

(c)发现当前最短路径4→2→3　(d)发现当前最短路径4→2→1→3

图 11.21　最大流最小费用计算过程

参考代码：

```
#include <iostream>
#include<queue>
#include <climits>
#include<cstring>
using namespace std;
const int maxn=5010;
const int maxe=100000;
struct Edge{ //边信息
    int from; //边的起点
    int to; //边的终点
```

```
        int next; // 与边相邻接的下一条边
        int cap; // 边上的容量
        int flow; // 边上的流量
        int cost; // 单位流量的费用
}edge[maxe];
int head[maxn];   // 记录路径的首结点
int pre[maxn];   // 记录结点的前驱
int dist[maxn]; // 当前结点距离源点的距离
int n,m,tot,s,t;
bool vis[maxn]; // 结点访问过的标记
void addEdge(int a,int b,int c,int cost) // 建立正、反两个方向的边信息
{    //tot 值为边的序号，正向弧是以 0 开始的偶数，反向弧是以 1 开始的奇数
    edge[tot].from=a;
    edge[tot].to=b;
    edge[tot].next=head[a];
    edge[tot].cap=c;
    edge[tot].flow=c;
    edge[tot].cost=cost; // 反向弧费用为正
    head[a]=tot++; // 与顶点 a 相连的所有边所组成的序列中起始边的序号
    // 反向弧信息
    edge[tot].from=b;
    edge[tot].to=a;
    edge[tot].next=head[b];
    edge[tot].cap=0;
    edge[tot].flow=0;
    edge[tot].cost=-cost; // 反向弧费用为负，表示费用回收
    head[b]=tot++; // 与顶点 b 相连的所有边所组成的序列中起始边的序号
}
bool spfa() // 因为网络会出现负权边，因此使用 spfa 方法求增广路
{    fill(dist,dist+maxn,INT_MAX); // 初始化为最大值
    memset(vis,0,sizeof(vis));
    queue<int> que;
    dist[s]=0;
    vis[s]=1;
    que.push(s);
    while(!que.empty())
    {    int u=que.front();
```

```
                que.pop();
                vis[u]-0;
                //尝试与结点u相连的所有边，与结点u相连的所有边序号是以head[u]开始
                //以-1结束，即~i等于0时，试探完所有的边
                for(int i=head[u];~i;i=edge[i].next)
                  {int v=edge[i].to;
                   if(edge[i].flow>0 && dist[v]>dist[u]+edge[i].cost)
                   {     dist[v]=dist[u]+edge[i].cost;//松弛操作
                         pre[v]=i;
                         if(!vis[v]) //没在队列里的相邻结点入队
                         {    vis[v]=1;
                              que.push(v);
                         }
                   }
                 }
        }
        if(dist[t]!=INT_MAX) return true;
        return false;
}
int CostFlow(int &flow)
{   //EK算法
        int mincost=0;
        while(spfa())
        {       //能找到增广路
                int Min=INT_MAX;
                for(int i=t;i!=s;i=edge[pre[i]].from)
                {   //寻找残量容量
                        Min=min(Min,edge[pre[i]].flow);
                }
                for(int i=t;i!=s;i=edge[pre[i]].from)
                {       //处理正、反两个方向的所有边
                        //因为正、反方向弧是偶数和奇数，pre[i]^1表示奇、偶转换
                        edge[pre[i]].flow-=Min;
                        edge[pre[i]^1].flow+=Min;
                }
                flow+=Min;
                mincost+=(dist[t]*Min); //累加最小花费
```

```
    }
    return mincost;
}
int main()
{   int T;
    scanf("%d",&T);
    while(T--)
    {   tot=0;
        memset(head,-1,sizeof(head));
        scanf("%d%d%d%d",&n,&m,&s,&t);
        for(int i=0;i<m;i++)
        {   int a,b,c,cost;
            scanf("%d%d%d%d",&a,&b,&c,&cost);
            addEdge(a,b,c,cost); //建立网络
        }
        int MaxFlow=0;
        int MinCost=CostFlow(MaxFlow);
        printf("%d %d\n",MaxFlow,MinCost);
    }
    return 0;
}
```

思 考 题

1. 小陈农业大学毕业之后回到农村，想利用所学的专业知识发展农村的畜牧业，他打算饲养奶牛。为了体现个性化，他修了很多各种各样、互不相同的牛圈。过了一段时间，他发现：每头奶牛都有自己喜欢的若干牛圈，在自己喜欢的牛圈里面产的奶特别多。小陈想知道如何分配牛圈才能使得每个奶牛都能得到自己中意的牛圈，从而可以产更多的牛奶。

输入：

输入包括多个用例。每个用例先输入两个整数 N（$0 \leqslant N \leqslant 500$），$M$（$0 \leqslant M \leqslant 500$）。其中 N 表示奶牛的数目，奶牛编号从 1 到 N。M 是牛圈的数目。然后有 N 行数据，每一行对应一头奶牛。每行第一个数 s_i 表示奶牛 i 愿意在几个牛圈上产奶。后面是 s_i 个数，分别表示奶牛愿意产奶的牛圈号，牛圈号是从 1 到 M。

输出：

可能分配的最大的牛圈数量。

样例输入：

5 5

2 2 5

3 2 3 4

2 1 5

3 1 2 5

1 2

样例输出：

4

2. 每年某大学都要参加省 ACM/ICPC 大学生程序设计竞赛。目前教练遇到了一个难题，就是如何组队问题。因为有的成员虽然学习很好，但是很有个性，因此要求组成的队伍必须要和睦。而目前教练已经掌握了所有学生的好恶，他想知道最多能组成多少个队（注意：由于是选拔赛，所以每个队伍要求两个人，且必须是一男一女）。

输入：

第一行一个整数 M 表示男生或女生的个数（已知男、女个数相等）。接下来的 M 行，每行第一个整数表示该学生喜欢学生的数量 N，紧接 N 个字符串对，表示相互有好感的学生的姓名（是一个由字母组成的字符串，长度小于 6，无重复），学生之间中间用‘–’分割，字符串对中间用空格分割。

输出：

输出一个整数，表示最多可以组成的队。

样例输入：

4

3 a–e a–f a–g

2 b–f b–g

3 c–e c–f c–g

2 d–e d–h

样例输出：

4

3. 一群灰太狼一心想占领喜羊羊所在的村庄，之前得到情报知道村庄的地图以及通往该村庄各条路上埋的地雷和陷阱的情况，以及对每个地雷和陷阱的杀伤力也了如指掌。同时也知道村庄里面有多少喜羊羊。从战斗素养上看，1 个灰太狼和 2 个喜羊羊的战斗力相同。请问这群灰太狼能否占领喜羊羊所在的村庄（能占领的条件：到达村庄后灰太狼的数量大于喜羊羊数量的一半）。已知每个地雷能杀死 3 个灰太狼，每个陷阱能杀死 2 个灰太狼。

输入：

第一行两个整数，M、N（M<1000，N<1000），M 表示灰太狼数，N 表示喜羊羊数。

第二行两个整数，一个表示灰太狼出发点，路口 A；另一个表示终点，路口 B（喜羊羊所在的村庄）。为描述简单，本题把村庄路口用数字 1，2，…，表示。

第三行一个整数 N，表示 A 与 B 之间有 N 条路径相连。

接下来的 N 行，每行 4 个数，分别表示路径的起点，路径的终点，这条路径上地雷数，这条路径上陷阱数。

输出：

如果灰太狼可能占领村庄则输出“Y”，否则输出“N”。

样例输入：

16 10

1 3

3

1 2 0 1

2 3 1 0

1 3 1 2

样例输出：

Y

4. 新生入学的时候，班干部要进行选举，每个学生可以竞争多个职位，但每个职位只能有一个学生担任。班主任想知道是否最后每个职位都有学生担任（要求使用最大流算法）。

输入：

输入多个用例，每个用例第一行包括两个数 A、B（$A<1000$，$B<1000$），分别表示学生数和竞争的职位数。接下来 A 行，第 i 行第 1 个数表示学生 i 选择的职位数，后面是相应的职位序号。学生序号为 $1\sim A$，职位序号为 $1\sim B$。数字之间用一个空格分隔。

输出：

每组用例中，若每个职位都能找到一位学生来担任，则输出“YES”，否则输出“NO”。

样例输入：

3 5

2 1 3

3 1 4 5

2 2 4

2 2

1 1

1 1

样例输出：

YES

NO

第 12 章　并查集

12.1　并查集的定义

已知一个集合由 n 个元素组成，现要将该集合划分成若干个不相交的子集合，要求子集合内部的所有元素之间存在直接或间接的联系，而不同子集合中的元素之间不存在任何联系。一个解决方法是：将每个元素当作一个集合，如果不同集合中的元素之间存在直接或间接的联系，就合并这两个集合，直到任何两个集合中的元素之间不存在任何联系为止。因为处理这一问题主要涉及集合的两个基本操作，即合并和查找，因此，将采用这种方法得到的集合称为并查集。并查集的数学模型如下：

已知存在若干个互不相交的集合 A，B，C，…，它支持如下运算。

（1）initial（A，x）：构造集合 A，它只包含一个元素 x。

（2）merge（A，B）：将集合 A、B 合并，合并后的集合取名为 A 或 B。

（3）find（x）：找出元素 x 所在的集合的名字。

并查集的处理步骤如下：

（1）首先利用 initial（A，x）操作，为集合中的每个元素建立一个集合；

（2）如果元素 x、y 具有关联关系，则分别利用 find（ ）操作求出 x 和 y 元素所在的集合 A、B；

（3）如果A、B不相同，则认为x、y分别属于不同的集合，执行merge(A，B）操作；

（4）回到步骤（2）处理下一关联元素对，直到所有的关联元素对处理完为止。

Node	v_1	v_2	v_3	…	v_n
Id	1	2	3	…	n
Parent_id	1	2	3	…	n

图 12.1　并查集中集合的初始化

为了提高并查集算法的执行效率，通常采用树型结构来实现并查集算法。并查集的初始化操作如图 12.1 所示，每个元素有 3 个域，第一个域为 Node 域存放元素，第二个域为 Id 域存放元素的序号，第三个域为 Parent_id 域存放对应元素父亲的序号，初始化时满足如下条件：

$$id(i)=parent\_id(i) \qquad i \in [1,n]$$

其中，id（i）函数返回元素 v_i 的序号，parent_id（i）函数返回元素 v_i 父亲的序号。初始化时每个元素 v 可看作一棵以该元素为根结点的子树 T，这样，所有元素 $\{v_1, v_2, \cdots, v_n\}$ 构建的子树就组成了一个含有 n 棵子树的森林 $\{T_1, T_2, \cdots, T_n\}$。则并查集中的 find（ ）操作可表示如下：

$$find(v_i)=\underbrace{parent\_id(\cdots parent\_id(v_i))}_{m}$$

其中 m 表示由 v_i 到根结点的路径长度，find(v_i) 操作过程就是从 v_i 开始执行 parent_id( ) 操作，一直找到 v_i 所在子树的根结点 v_{root} 为止，如图 12.2 所示。

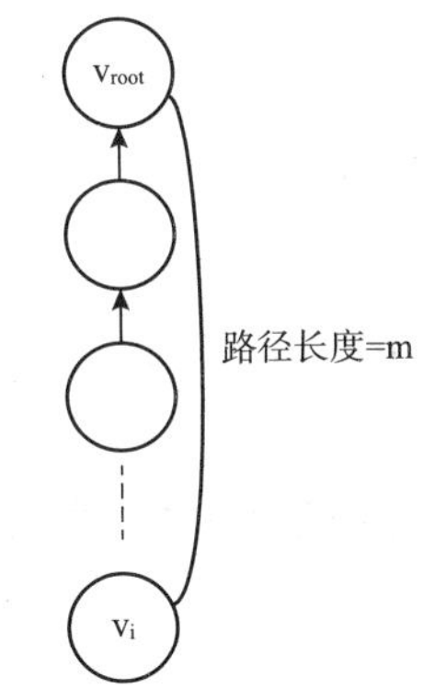

图 12.2　find（v_i）操作过程示意图

如果元素 v_p、v_q 具有关联关系，则该关联关系具有以下三个特性：自反性，对称性和传递性。

（1）自反性：v_m 与自身相连接。

（2）对称性：若 v_p 与 v_q 相连，则 v_q 与 v_p 也相连。

（3）传递性：若 v_p 与 v_q 相连，v_q 与 v_w 也相连，则认为 v_p 与 v_w 也相连。

具有关联关系的两个元素执行 merge（ ）操作，操作过程如下：

$$parent\_id(find(v_p))=parent\_id(find(v_q))$$

merge（ ）的操作结果就是找到 v_p 与 v_q 所在子树的根结点，显而易见，如果 v_p 与 v_q 所在子树的根结点相同，证明这两个元素属于同一棵子树，则不进行任何操作；如果 v_p 与 v_q 所在子树的根结点不同，证明这两个元素分别属于不同的子树，则合并。

12.2　并查集算法框架

算法一般使用一维数组来存储相应的信息，如图 12.3 所示。数组下标表示元素序号，数组 set[i] 的值表示元素 i 所在集合的标记，初始化时，每个元素所在集合的标号就是元素本身的序号。

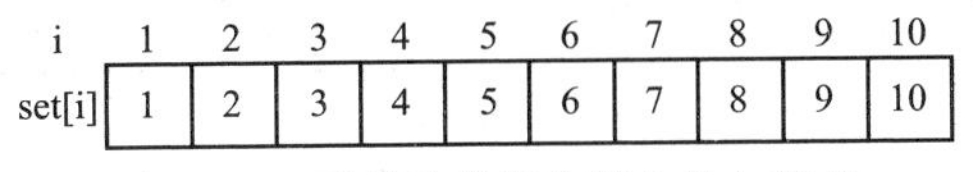

i	1	2	3	4	5	6	7	8	9	10
set[i]	1	2	3	4	5	6	7	8	9	10

图 12.3　元素及其所在集合的初始化

算法一共分为两个操作："合并"、"查找"。

查找操作算法框架伪代码如下：

```
find (x)
{     r=x;
      while(set[r] ≠ r)
          r=set[r];
      return r;
}
```

查找操作步骤如下：

（1）输入参数为待查找的元素序号；

（2）通过 set（r）得到元素 r 的父结点序号；

（3）把父结点序号看作 r，即执行 r=set（r）；

（4）重复步骤（2）（3）；

（5）当 set（r）=r 时，算法结束，r 就是元素 x 所在集合的标记。

合并操作算法框架伪代码如下：

```
merge(a,b)
{   x1=find2(a);
    x2=find2(b);
    if(x1 ≠ x2)
         set[x1]=x2;
 }
```

合并操作步骤如下：

（1）将待合并的两个元素序号作为输入；

（2）分别求出两个元素所在集合的标记；

（3）如果两个元素所在集合的标记不相同，则说明两个元素不在同一个集合，则执行合并操作，即将一个集合的标记赋值成另一个集合的标记；

（4）算法结束。

下面以一个例子来说明并查集的操作过程。已知存在一个由 10 个元素组成的集合，具有关联关系的元素对为（5，1），（7，4），（10，4），（4，2），（6，3），（8，3），（9，3），（2，3）。并查集的处理过程如图 12.4 所示。

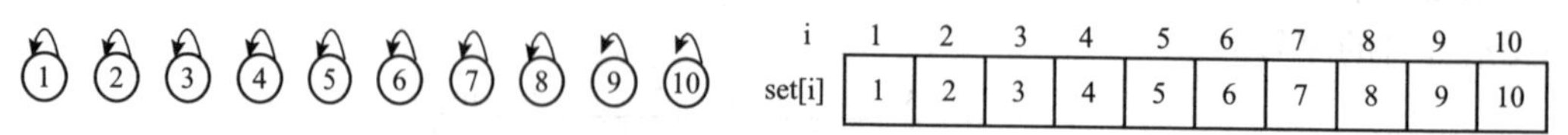

i	1	2	3	4	5	6	7	8	9	10
set[i]	1	2	3	4	5	6	7	8	9	10

(a)并查集初始化

图 12.4　并查集操作过程

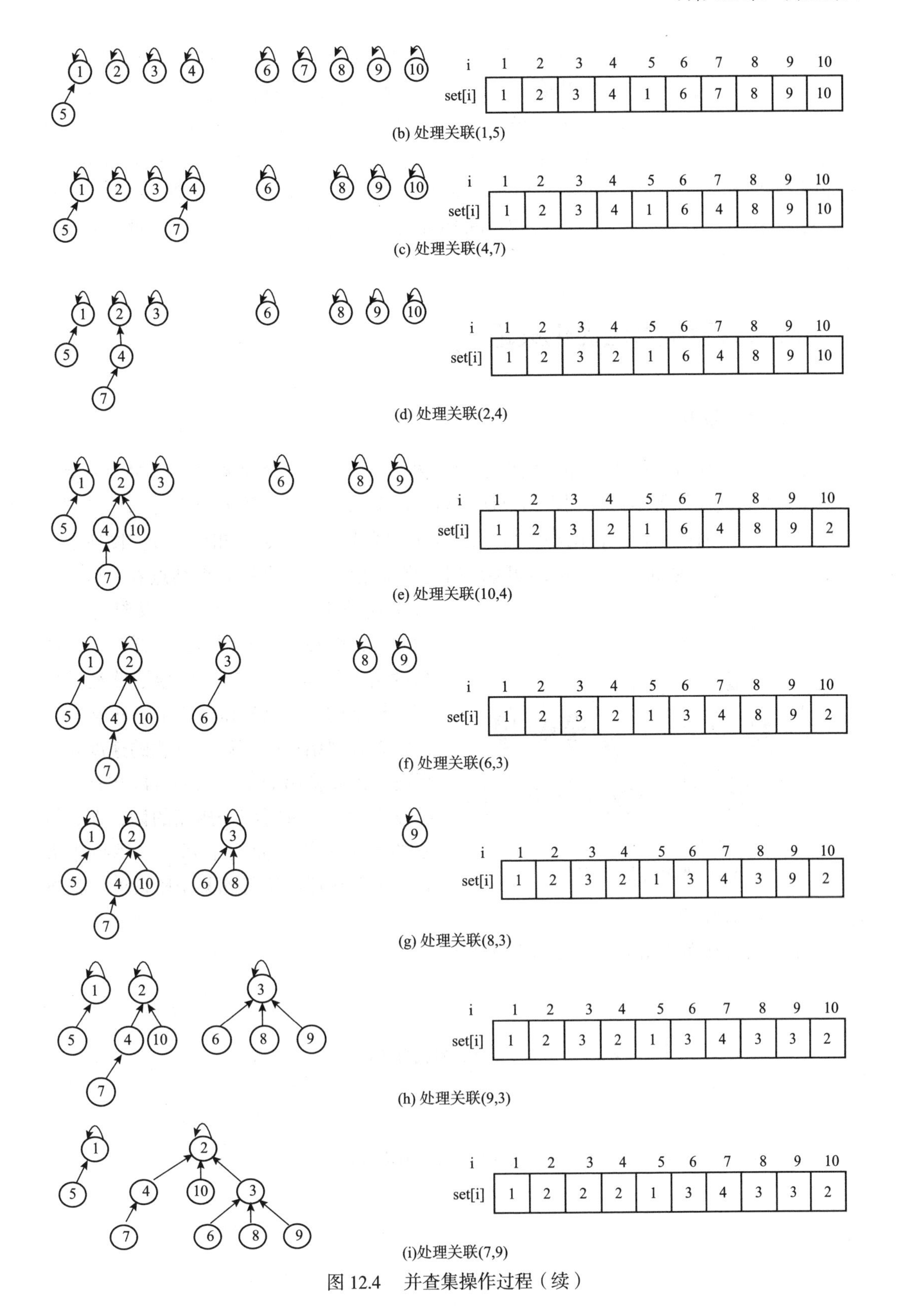

图 12.4　并查集操作过程（续）

图 12.4（a）~（i）的左侧为并查集执行过程中所形成的森林。初始化阶段如图 12.4（a）所示，每个元素形成一个集合，集合的标记就是元素本身。当依据一组关联关系（i，j）进行集合的合并时，首先，分别查找到元素 i、元素 j 各自所在的集合的标记，找到之后执行 set[i]=set[j]，进行两个集合的合并。例如处理关联（7，9）时，此时数组的状态如图 12.4（h）所示，通过 find（7）和 find（9）操作，得到元素 7、9 所在的集合标记 2 和 3，再执行合并操作 merge（），即 set[3]=set[2]。这样两个集合就通过关联（7，9）合并成一个集合。

12.3 并查集算法优化策略

1. 查找的优化

因为在多次执行“子树合并”操作之后，树的高度会变得越来越高，而树的高度越高，则从树的其他位置结点找到根结点所花费的时间就会越长。因此有必要当树高到一定程度的时候对树的结构进行调整，目的是尽可能降低树的高度。如图 12.5 左图所示，假设待处理的结点为 20，从结点 20 开始向上“顺藤摸瓜”一直找到根结点 6 之后，然后将这条路径上所有结点的父结点都改为 6，如图 12.5 右图所示，这样整个树的高度由 5 降到了 3，这就完成了路径的压缩。树结构经过这样调整以后，再从其他位置查找根结点的时候，查找的速度就会提高。需要指出的是：如果每次在查找根结点之后，都进行路径压缩的话，那么算法的效率可能反而会下降。采用折中方式，可以在算法执行到某个阶段的时候进行一次树的路径压缩。

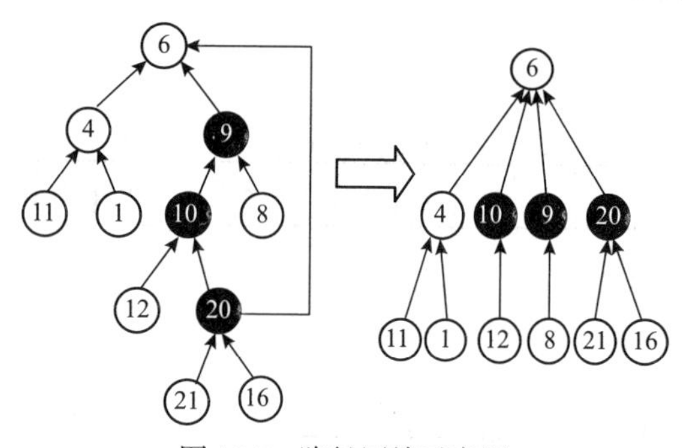

图 12.5　路径压缩示意图

包含路径压缩的 find（）函数伪代码如下：

```
find(x)
{       r=x;
        while(set[r] ≠ r)  //循环结束，则找到根结点
            r=set[r];
        i=x;
        while(i ≠ r)  //本循环修改查找路径中所有结点
        {   j=set[i];
            set[i]=r;
             i=j;
        }
```

```
    return r;
}
```

2. 合并的优化

当两棵子树需要合并时，将较低子树作为较高子树的分支。这样做的目的是在反复执行 merge ( ) 操作的过程中使得树的增长速度较慢，从而提高以后元素查找的速度。

例如：如图 12.6（a）所示，元素 b_6 所在的了树高度为 4，元素 a_5 所在的子树高度为 5，因此我们以 b_1 为树根的子树作为以 a_1 为树根的子树，这样合并之后树的高度仍然为 5。而如果们以 a_1 为树根的子树作为以 b_1 为树根的子树，这样合并之后树的高度就变为为 6，如图 12.6（b）所示。

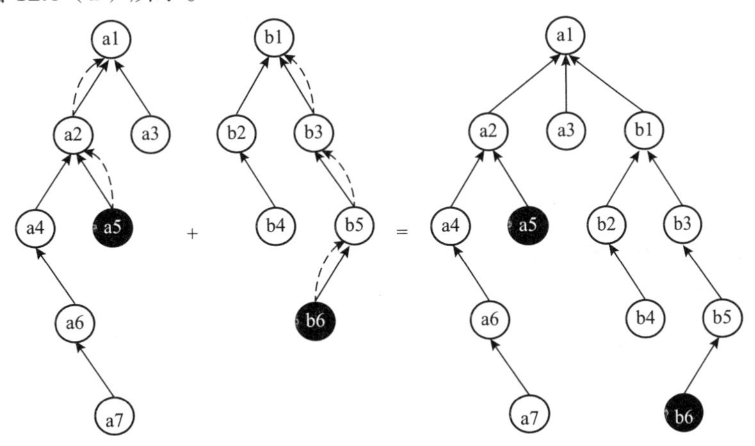

(a)较高子树树根作为合并后的树根

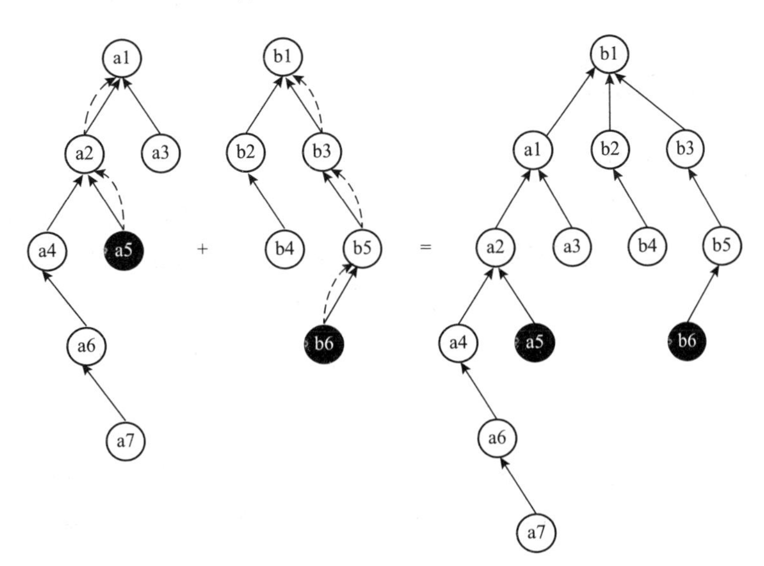

(b)较低子树树根作为合并后的树根

图 12.6　并查集子树合并过程

包含合并优化的 mergel ( ) 函数的伪代码如下：

```
merge(a,b)
{  x1=find(a);
   x2=find(b);
   if(x1 ≠ x2)
   {     //高度较低的子树作为高度较高的子树的分支，这样总高度并不增长
         if(height[x1]>height[x2])
               set[x2]=x1;
         else if(height[x1]<height[x2])
                 set[x1]=x2;
         else
              {   set[x2]=x1;
                  height[x1]++;
              }
   }
}
```

上述代码中数组 height[x] 存放以元素 x 为根结点的子树高度，所有元素初始值为 1。表示初始高度为 1。

假设两棵子树的高度分别为 $h1$ 和 $h2$，则合并后的树的高度 h 为：

$$h=\begin{cases} \max(h1, h2), & \text{如果 } h1 \neq h2 \\ h1+1, & \text{如果 } h1=h2 \end{cases}$$

任意顺序的合并操作以后，包含 k 个结点的树的最大高度不超过 $[\lg k]$。

12.4 并查集应用

例 1：结婚喜宴难题

一对恋人正在准备结婚喜宴，他们希望互相认识的人能够坐在同一张桌子，这样就可以避免尴尬（假设桌子能够容纳的客人可以无限多）。例如 A 认识 B，B 认识 C，C 认识 D，E 认识 F。这样 A、B、C、D 就可以坐在一张桌子，E、F 可以坐在另一张桌子，这样一共就需要两张桌子。现在已知来的所有客人之间的认识关系，请问，需要安排多少桌喜宴。

输入：

输入第一行一个整数 W，表示共测试 W 组数据。每组数据包括两个整数 M（$0<M\leqslant 1000$）、N（$0<N\leqslant 1000$）分别表示共有 M 个人和 N 个关系。接下来 N 行表示 N 个关系。

输出：

输出 W 组结果。

样例输入：

2

5 3

1 2

2 3

4 5

5 1

2 5

样例输出：

2

4

问题分析：

因为是“分堆”问题，所以使用并查集来解决。为了提高算法的效率，使用 12.3 节的两种优化策略，如果关联关系较少，则算法效率的提高不一定很明显，但当关联数据较多的时候，则查找和合并的速度就会明显提高。

参考代码：

```
#include <cstdio>
#include <iostream>
using namespace std;
int bin[1005];
int height[1005];
int find(int x)    //查找元素 x 的根结点
{   int r,i,j;
    r=x;
    while(bin[r]!=r) //根结点查找
        r=bin[r];
    i=x;
    while(i!=r) //路径压缩
    {   j=bin[i];
        bin[i]=r;
        i=j;
    }
    return r;
}
void merge(int x,int y) //合并元素 x、y 所在集合
{   int fx,fy;
    fx=find(x);
```

```
    fy=find(y);
    if(fx!=fy)
        if(height[fx]>height[fy])   //高度较低子树作为高度较高子树的分支
             bin[fy]=fx;
        else if(height[fx]<height[fy])
             bin[fx]=fy;
        else            //如果两个子树高度相等则合并后高度增1
        {   bin[fy]=fx;
            height[fx]++;
        }
}
int main()
{   int M,N,i;
    int count;
    int  W;
    int x,y;
    scanf("%d",&W);
    while(W--)
    {   scanf("%d%d",&M,&N);
        for(i=1;i<=M;i++)   //数组初始化
        {   bin[i]=i;
            height[i]=1;
        }
        for(i=1;i<=N;i++)
        {   scanf("%d%d",&x,&y);
            merge(x,y);
        }
        count=0;
        for(i=1;i<=M;i++)
            if(bin[i]==i
                count++;
        printf("%d\n",count);
    }
    return 0;
}
```

例 2：畅通工程（hdu 1232）

某省调查城镇交通状况，得到现有城镇道路统计表，表中列出了每条道路直接连通的城镇。省政府“畅通工程”的目标是使全省任何两个城镇间都可以实现连通（不一定是直接连通，间接连通即可）。问最少还需要建设多少条道路？

输入：

数据有多组。每组先输入一个整数 n（$1 \leqslant n \leqslant 1000$），表示城市数（城市号从 1 到 n 编号），然后输入一个整数 m（$1 \leqslant m \leqslant 1000$），表示城市相连的关系数目。然后是 m 个关系，每个关系是两个整数 x、y，表示城市 x 和城市 y 有道路相通。

输出：

每行输出一个整数，表示应该建的道路数。

样例输入：

4 2
1 3
4 3
3 3
1 2
1 3
2 3
5 2
1 2
3 5
999 0
0

样例输出：

1
0
2
998

问题分析：

先利用并查集求出该城镇交通网络有多少个独立集合，然后用所求出独立集合的个数减 1 就是需修建道路的条数。

参考代码：

```
#include <stdio.h>
int f[1005];
int find(int x) // 查找操作
{   if(x!=f[x])
        f[x]=find(f[x]);
    return f[x];
}
```

```
void join(int x,int y) //合并操作
{    int fx=find(x);
     int fy=find(y);
     if(fx!=fy)
          f[fx]=fy;
}
int main()
{   int n,m,i;
    while(~scanf("%d",&n)&& n)
    {   scanf("%d",&m);
        for(i=1;i<=n;i++) //数组初始化
          f[i]=i;
        int x,y;
        while(m--)
        {   scanf("%d%d",&x,&y);
            join(x,y);
        }
        int ans=0;
        for(i=1;i<=n;i++)
        {   if(i==find(i))
                ans++;
        }
        printf("%d\n",ans-1); //修建的公路条数等于“堆”的个数减1
    }
    return 0;
}
```

例 3：最小生成树问题（hdu 1301）

最近热带岛屿拉格瑞山的长老遇到了一个头痛的问题。几年前，通过一笔外国的援助资金在各个村庄之间修建了道路。但由于道路上的树木生长过快，因此每年的维护成本越来越高。由于每年用在道路维修的资金有限，因此必须选择停止维护一些道路。图 12.7 显示了目前正在使用的所有道路以及每月维护这些道路的费用。长老想知道它们每月最少花费多少的道路维修费就能保证所有的村庄连通。在图中村庄被标为‘A’到‘I’。图 12.8 显示了维修费用花费最少的道路。你的任务是编写一个程序来解决这个问题。

输入：

输入由 1~100 个数据集组成，最后一行以 0 结束。每个数据集第一行仅包含一个数字 n（$1<n<27$），即村庄的数量。村庄用字母表的前 n 个大写字母表示（村庄标签）。每个数据集的后 n−1 行中，每行按字母顺序开始。每行表示一个村庄的道路情况，最后一

个村庄没有道路信息。每一行都以村庄标签开始，后面跟着一个数字 k，表示从这个村庄到后面村庄标签所表示的村庄道路的条数。如果 k 大于 0，后面是 k 条道路的数据信息。每条道路的数据包括道路另一端的村庄标签和该道路每月的维护成本，维护成本是小于 100 的正整数。行中的所有数据用单个空格分隔。所有道路总数不会超过 75 条。任何村庄通往其他村庄的道路不会超过 15 条。

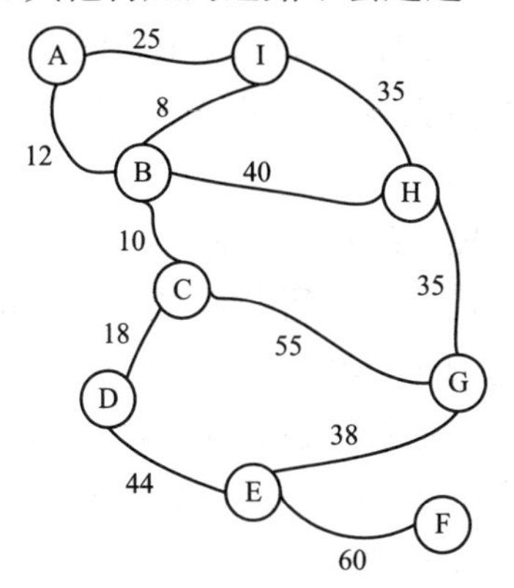

图 12.7　所有的道路

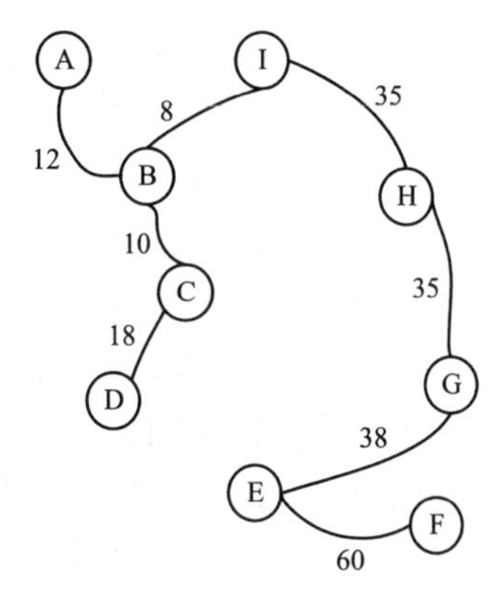

图 12.8　需要维护的道路

输出：

输出每月维护连接所有村庄道路的最低成本。

样例输入：

9

A 2 B 12 I 25

B 3 C 10 H 40 I 8

C 2 D 18 G 55

D 1 E 44

E 2 F 60 G 38

F 0

G 1 H 35

H 1 I 35

6

A 3 B 8 C 1 D 6

B 2 C 7 E 3

C 3 D 5 E 8 F 4

D 1 F 2

E 1 F 9

0

样例输出：

216

17

问题分析：

通过分析我们发现这道题其实是求图的最小生成树问题，而求最小生成树的算法主要有 Prim 方法（加点法）和 Kruskal 方法（加边法）。其中 Kruskal 方法的原理就是利用并查集求图的最小生成树。以样例输入中第 2 个数据集为例，阐述其实现过程如下：

图 12.9（a）是原始的带权图，边表示道路，边上的权值表示该道路的维修费用。首先对所有边按权值由小到大排序，每条边上的两个点就表示一组关系，其形成的关系依次为：（A，C）、（D，F）、（B，E）、（C，F）、（C，D）、（A，D）、（B，C）、（A，B）、（C，E）、（E，F）。开始的时候 6 个结点形成 6 个独立的集合，然后，处理权值最小的边所表示的关系（A，C），这两个点来自两个不同的集合，所以合并，表示这条边被选中，如图 12.9（b）所示。然后再处理权值次小的边所表示的关系（D，F），处理结果如图 12.9（c）所示，以此类推，图 12.9（d）（e）分别为处理关系（B，E）、（C，F）的结果。当处理关系（C，D）和（A，D）的时候，因为结点 C、A、D 都属于一个集合，所以边（C，D）和（A，D）不选，结果如图 12.9（f）（g）所示，当所选的边的数量达到 5 个的时候，算法结束，这 5 条边就将 6 个结点连成了一棵权值和最小的树，如图 12.9（h）所示。

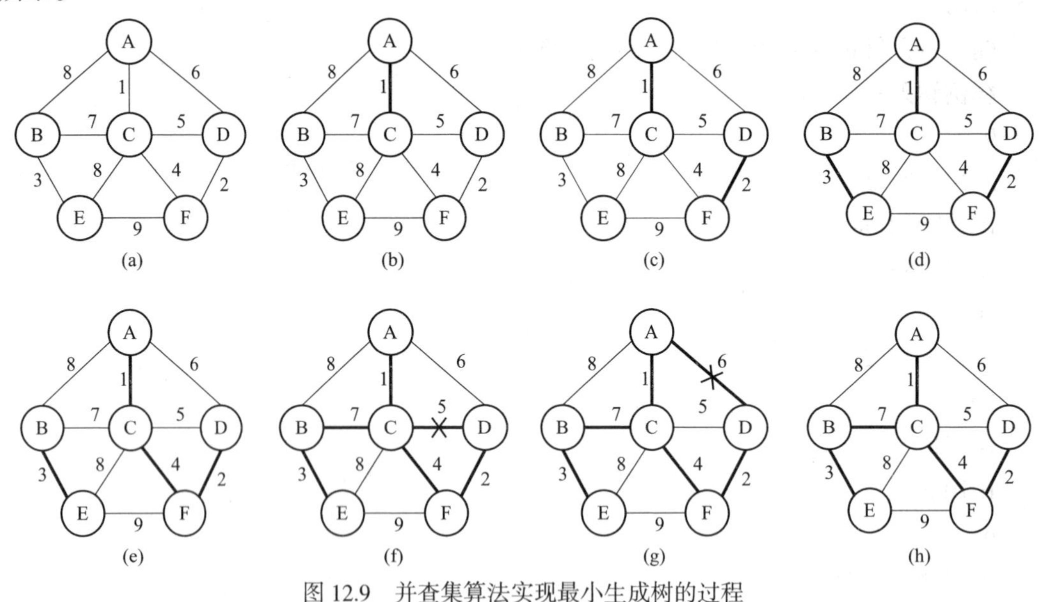

图 12.9　并查集算法实现最小生成树的过程

参考代码：

```
#include <cstdio>
#include <iostream>
#include <algorithm>
using namespace std;
struct edge
{ int len;
```

```
  char x;
  char y;
}e[10000];
int b[300]; // 并查集，储存根结点
find(int a) // 查询根结点
{     if(b[a]==a)
        return a;
      return b[a]=find(b[a]);
}
int cmp(struct edge a,struct edge b)
{ return a.len<b.len; }
int main()
{    int n,j,k;
      char begin;
      while(cin>>n&&n)
      { j=0;
        for(int i=1;i<n;i++) // 储存输入数据
        {      cin>>begin;
               cin>>k;
               for(int m=0;m<k;m++)
               {     e[j].x=begin;
                     cin>>e[j].y;
                     cin>>e[j].len;
                     j++; // 道路数目
               }
        }
      for(int i=0;i<27;i++) // 并查集初始化
          b[i+'A']=i+'A';
      sort(e,e+j,cmp); // 按道路的长度从小到大排序
      k=0;
      for(int i=0;i<j;i++) // 遍历全部道路
      {     int x=find(e[i].x); // 查询 i 边一个结点所在集合的根结点
            int y=find(e[i].y); // 查询 i 边另一个结点所在集合的根结点
            if(x!=y) // 检查是否连通
            {     k+=e[i].len; // 将最小长度进行累加
                  b[x]=y; // 合并两个集合
            }
```

```
        }
        cout<<k<<endl; // 输出最短路径
    }
  return 0;
}
```

12.5 本章小结

并查集主要用来解决“分堆”问题，即存在“直接”或“间接”关系的元素都属于同一“堆”，看最后能得到多少“堆”。算法一共包含两个操作，一个是“查找”；另一个是“合并”。元素之间的关系可以看成是一棵树（隐式树）。“查找”操作主要是寻找元素所在子树的根结点；“合并”操作主要是将两个子树合并成一棵子树。为了提高算法的执行效率，一方面，通过路径压缩的方式来降低和调整树的高度；另一方面，在合并子树时，通过把较低子树作为较高子树分支的方法来进一步降低树的高度。元素之间的关系有些问题是直接给出，而有些问题的关系并不是直接给出，而是通过分析得到，然后再使用并查集来进行“分堆”。

思 考 题

1. 某大学今年要召开嘉年华活动，为了增加气氛，邀请往届的毕业生也参加。朱老师曾经担任过软件工程 2010 届的班主任，他想把他班所有的学生叫来欢聚一下，目前，朱老师有他班所有学生的手机号，不过，朱老师想知道，他最少通知几个学生，就可以联系到所有的学生。

输入：

第一行两个整数 M、N（$1 \leq M$、$N \leq 100$），M 表示学生的总数，N 表示学生之间可以相互联系的学生对。

接下来 N 对学生的名字，中间用空格分割。学生名字用小写字母（长度 <6）表示且没有重名的学生。

输出：

输出一个整数，表示朱老师最少需要通知的学生数目。

样例输入：

6 3

a b

a c

d e

样例输出：

3

2. 自然界当中存在食物链，一个食物链内的任何两个动物存在直接或间接的吃或被吃的关系，假设某个原始森林中每种动物有一个编号，并且知道哪两种动物之间存在吞噬或被吞噬的关系。现请你算一算该森林中有几条食物链。不吃别的动物也不被别的动物吃的动物，一种就是一条食物链。

输入：

数据有多组。每组先输入两个数据 N、M（$1 \leqslant M$、$N \leqslant 100$），N 表示动物的个数，动物编号为从 1 到 N。M 表示动物的食性组数，然后输入 M 行数据，每行两个数 X、Y，表示 X 吃 Y。

输出：

输出食物链的个数。

样例输入：

6 5

1 2

2 3

3 4

5 6

1 4

样例输出：

2

3. 给你一个由 0 或 1 组成的二维数组，求由 1 组成的子团的个数。其中子团的定义是：由 1 组成的八邻域（上、下、左、右、左上、右上、左下、右下）相连通的独立个体。

输入：

第一行输入两个整数 M（M<20）、N（N<20），分别表示数组的高、宽。随后的 M 行，每行 N 个整数（0 或 1），中间用一个空格分隔。

输出：

子团的个数。

样例输入：

8 8

1 1 0 0 0 0 0 0

0 1 0 1 0 0 0 0

0 0 1 0 0 1 0 0

0 0 0 0 0 1 0 0

0 0 0 0 0 1 0 1

0 0 0 0 0 0 0 1

0 0 0 0 0 0 0 1

0 0 0 0 0 0 0 0

样例输出：

3

4. 世界上宗教何其多。假设你对自己学校的学生总共有多少种宗教信仰很感兴趣。学校有 n 个学生，但是你不能直接问学生的信仰，不然他会感到很不舒服的。有另外一个方法是问 m 对同学，是否信仰同一宗教。根据这些数据，相信聪明的你是能够计算学校最多有多少种宗教信仰的（pku 2524）。

输入：

可以输入多个测试用例，每一个用例的第一行包含整数 n（$0<n\leqslant 50000$）和 m（$0\leqslant m\leqslant n(n-1)/2$），$n$ 表示学生编号（$1\sim n$），在接下来的 m 行中，每一行包含两个整数，对应信仰同一宗教的两名学生的编号，输入 0 0 时结束。

输出：

输出每一个测试用例中学生信仰的最大宗教数量。

样例输入：

10 4

2 3

4 5

4 8

5 8

0 0

样例输出：

7

第 13 章　数论

13.1　欧几里得定理及应用

13.1.1　相关定义和定理

（1）整除

如果 a 能整除 b，我们用 $b|a$ 来表示。

（2）最大公约数

$d|a1$，…，$d|an$，表示 d 是 $a1$，…，an 的一个公约数，如果 $a1$，…，an 不全为零，我们将其中最大的一个公约数叫作最大公约数，记作（$a1$，…，an），比如（2，4）=2，（15，14）=1。

（3）定理：设 a、b、c 是三个不全为 0 的整数。如果 $a=bq+c$，其中 q 是整数，则（a，b）=（b，c）。

证明：

设 $d=(a, b)$，$d'=(b, c)$，则 $d|a$，$d|b$。

那么 $d|(a+(-q)b) \rightarrow d|c$，即 $d|c$。

所以 d 是 b 和 c 的公约数。从而，$d \leqslant d'$。

同理，d' 是 a 和 b 的公约数，从而，$d' \leqslant d$。

因此，$d'=d$，即（a，b）=（b，c）。

13.1.2　欧几里得辗转相除法

求正整数 a、b 的最大公约数，记 $r_0=a$，$r_1=b$。我们有：

$r_0=r_1q_1+r_2$，$0 \leqslant r_2 \leqslant r_1 \Rightarrow (a, b)=(b, r_2)$

$r_1=r_2q_2+r_3$，$0 \leqslant r_3 \leqslant r_2 \Rightarrow (r_1, r_2)=(r_2, r_3)$

……

$r_{n-2}=r_{n-1}q_{n-1}+r_n$，$0 \leqslant r_n \leqslant r_{n-1} \Rightarrow (r_{n-2}, r_{n-1})=(r_{n-1}, r_n)$

$r_{n-1}=r_nq_n+r_{n+1}$，$r_{n+1}=0 \Rightarrow (r_{n-1}, r_n)=(r_n, 0)$

最后，$(a, b)=r_n$。

由上述推导可知：

$$\gcd(a, b)=\gcd(b, a\%b)$$

其中 gcd（a，b）为 a、b 的最大公约数。

并且关于 gcd（a，b）有如下性质：

①若 $a=b$，gcd（a，b）$=a$，否则

②若 a 和 b 均为偶数，gcd（a，b）$=2\times$gcd（$a/2$，$b/2$）

③若 a 为偶数，b 为奇数，gcd（a，b）$=$gcd（$a/2$，b）

④若 a 和 b 均为奇数，gcd（a，b）$=$gcd（$a-b$，b）

例如：设 $a=169$，$b=121$，计算（a，b）。

$169=1\times 121+48$

$121=2\times 48+25$

$48=1\times 25+23$

$25=1\times 23+2$

$23=11\times 2+1$

$2=2\times 1+0$

因此，（169，121）=1。

13.1.3 扩展欧几里得定理

1. 扩展欧几里得相关定理

定理 1：若（a，b）$=d$，则有 x 和 y 使 $ax+by=d$（注意：x、y 不一定是最小值）。

首先正向推导出最大公约数的过程如下：

$$a=b\times q+r$$
$$b=r\times q_1+r_1$$
$$r=r_1\times q_2+r_2$$
$$\cdots$$
$$r_{k-1}=r_k\times q_{k+1}+r_{k+1}$$
$$\cdots$$
$$r_{t-4}=r_{t-3}\times q_{t-2}+r_{t-2}$$
$$r_{t-3}=r_{t-2}\times q_{t-1}+r_{t-1}$$
$$r_{t-2}=r_{t-1}\times q_t+r_t \quad //r_t\text{ 是结果}$$
$$r_{t-1}=r_t\times q_{t+1}+0$$

然后由 r_t 开始，再反向反复迭代来最终得到 x 和 y 的系数值。递推关系推导如下：

假设当前 r_t 推导式为：$r_t=x\times r_{t-3}+y\times r_{t-2}$。

将 $r_{t-4}=r_{t-3}\times q_{t-2}+r_{t-2}$ 代入得：

$$r_t=x\times r_{t-3}+y\times(r_{t-4}-r_{t-3}\times q_{t-2})$$

整理得：

$$r_t=y\times r_{t-4}+r_{t-3}\times(x-y\times q_{t-2})$$

这样就得到了系数的递推关系：

$$x=y$$

$$y=x-y\times q_{t-2}$$

定理 2： gcd（a，b）是 $ax+by$ 线性组合的最小正整数，x、$y\in z$。

定理 3： 如果 $ax+by=c$，x、$y\in z$，则 $c\%\gcd(a, b)=0$。

定理 4： 如果 a、b 是互质的正整数，c 是整数，且方程

$$ax+by=c$$

有一组整数解（特解）x_0、y_0，则此方程的一切整数解（通解）可以表示为

$$x=x_0+bt,\ y=y_0-at,\ t\in z$$

2. 扩展欧几里得关键代码

```
int extEuclid(int a,int b,int*x,int*y)
{   int d,tmp;
    if(b==0)    //ax+by=c,c 是 a、b 的最大公约，当 b=0 时，则 c=a
    {   *x=1;
        *y=0;  //y 的值不唯一
        return a;
    }
    d=extEuclid(b,a%b,x,y);
    tmp=*x;
    *x=*y;
    *y=tmp-a/b**y; // 根据本层的 x，y 和上层的 a，b 得出上层的 x，y
    return d;
}
```

例 1： 青蛙的约会（pku 1061）

两只青蛙约定各自朝西跳，直到碰面为止。但是除非这两只青蛙在同一时间跳到同一点上，不然是永远都不可能碰面的。为了帮助这两只乐观的青蛙，你被要求写一个程序来判断这两只青蛙是否能够碰面，会在什么时候碰面。

我们把这两只青蛙分别叫作青蛙 A 和青蛙 B，并且规定纬度线上东经 0 度处为原点，由东往西为正方向，单位长度为 1 米，这样我们就得到了一条首尾相接的数轴。设青蛙 A 的出发点坐标是 x，青蛙 B 的出发点坐标是 y。青蛙 A 一次能跳 m 米，青蛙 B 一次能跳 n 米，两只青蛙跳一次所花费的时间相同。纬度线总长 L 米。现在要你求出它们跳了几次以后才会碰面。

输入：

输入只包括一行 5 个整数 x、y、m、n、L，其中 $x\neq y<2000000000$，$0<m$、$n<2000000000$，$0<L<2100000000$。

输出：

输出碰面所需要的跳跃次数，如果永远不可能碰面，则输出一行“Impossible”。

样例输入：

1 2 3 4 5

样例输出：

4

问题分析：

已知：设相遇时跳的次数为 t，甲的速度 m，乙的速度 n，地球的周长 L，甲的起点 x，乙的起点 y。那么我们可以得出结论：当（$x+mt$）-（$y+nt$）$=pL$ 时，两只青蛙就可以相遇，其中 p 是任意整数。

（$x+mt$）-（$y+nt$）$=pL$ 可以转化为式子：（$n-m$）$t+pL=x-y$。设 $a=n-m$，$b=L$，$c=x-y$，可以得到式子 $at+bp=c$。如果（a，b）$|c$，那么我们可以得到 c' =（a，b），使得 $at'+bp'=c'$ 有整数解（两边同乘倍数即可得到特解），否则，式子 $at+bp=c$ 没有整数解，也就是式子（$x+mt$）-（$y+nt$）$=pL$ 无整数解。

方程 $at+bp=c$ 左右两边同除以 gcd（a，b），得 $a_1t+b_1p=c_1$，再用 extended_euclid 解 $a_1x+b_1y=1$ 的一组解 x_1、y_1，则所求方程的一组特解为 $T=x_1 \times c_1$，$P=y_1 \times c_1$，再根据通解公式可得 x 的最小正整数解为（$T\%b_1+b_1$）$\%b_1$。

参考代码：

```
#include <iostream>
using namespace std;
long long t,p;
long long euclid (long long a,long long b)
{    if(b==0)
        return a;
    else
        return euclid(b,a%b);
}
void extended_euclid(long long a,long long b)
{   if(b==0)
    {   t=1;
        p=0;
    }
    else
    {   long long temp;
        extended_euclid(b,a%b);
        temp=t-a/b*p;
        t=p;
        p=temp;
    }
```

```
}
int main()
{   long long x,y,n,m,L,gcd;
    cin>>x>>y>>m>>n>>L;
    if(m==n)
    {   cout<<"Impossible"<<endl;
        return 0;
    }
    long long a,b,c,c1;
    a=n-m;
    b=L;
    c=x-y;
    gcd=euclid(a,b);
    c1=c%gcd;
    if(c1!=0)
    {   cout<<"Impossible"<<endl;
        return 0;
    }
    c/=gcd;
    a/=gcd;
    b/=gcd;
    extended_euclid(a,b);
    t*=c;
    p*=c;
    t=(t%b+b)%b;
    cout<<t<<endl;
    return 0;
}
```

13.2　素数的测试——Eratosthenes 筛法

基本素数判别法：正整数 n 是素数，当且仅当它不能被任何一个小于 sqrt（n）的素数整除。

定理：如果 n 是一个合数，那么 n 一定有一个不超过 sqrt（n）的素因子。

一个合数总是可以分解成若干个质数的乘积，那么如果把质数（最初只知道 2 是质数）的倍数都去掉，那么剩下的就是质数了。

Eratosthenes 筛法实现步骤如下：

（1）先将队列中所有数标记为 true，并把 1 删除（1 既不是质数也不是合数）；

（2）读取当前队列中标记为 true 最小的数 2，然后把 2 的倍数删去，并标记为 false；

（3）读取当前队列中标记为 true 最小的数 3，然后把 3 的倍数删去，并标记为 false；

（4）读取当前队列中标记为 true 最小的数 5，然后把 5 的倍数删去，并标记为 false；

…

（n）读取当前队列中标记为 true 最小的数 n，然后把 n 的倍数删去。

Eratosthenes 筛选法时间复杂度是 O（nlog（logn））。

例 1：最大因子（pku 3048）

为了改善农场的组织结构，农民约翰给他的 N（$1 \leqslant N \leqslant 5000$）头牛的每一头都贴上了一个在 1~20000 范围内的独特序列号。不幸的是，他不知道序列号对牛意味着什么，特别是，序列号具有最高素因子的奶牛在所有奶牛中享有最高的社会地位。（回想一下，质数只是一个除了 1 和它本身之外没有除数的数。数字 7 是素数，而被 2 和 3 整除的数字 6 不是）。

给定一组在 1~20000 范围内的 N（$1 \leqslant N \leqslant 5000$）个序列号，确定具有最大素数因子的序列号。

输入：

第 1 行：单个整数 N。

行 2~N+1：要测试的序列号，每行一个。

输出：

输出素数因子最大的序列号。如果有多个，则输出输入文件中最早出现的那个。

样例输入：

4

36

38

40

42

样例输出：

38

问题分析：

为了提高算法效率，首先使用筛法筛出所有范围内的素数，然后再找出每个序列号的最大素因子，然后再输出具有最大素因子的序列号。

参考代码：

```
#include <iostream>
#include <cstdio>
#include <cstring>
#define MAXN 20005
using namespace std;
```

```
int prime[MAXN];
void Prime()
{   prime[1]=1;
    for(int i=2;i<MAXN;i++) //筛出所有素数
        if(prime[i]==0)
        for(int j=2*i;j<MAXN;j=j+i)
            prime[j]=1;
}
int main()
{   memset(prime,0,sizeof(prime));
    Prime();
    int n,num,mark,flag;
    while(scanf("%d",&n)!=EOF)
    {  mark=0;
        flag=1;
        while(n--)
        {  scanf("%d",&num);
            for(int i=num;i>=2;i--) //找出最大素因子
            {   if(prime[i]==0)
                {  if(num%i==0)
                    {  if(mark<i)
                        {  mark=i;
                            flag=num;
                        }
                        break;
                    }
                }
            }
        }
        printf("%d\n",flag);
    }
    return 0;
}
```

13.3 同余问题

1. 等价类

已知：r=a mod n，则根据模 n 的余数把所有整数划分成 n 个等价类。包含任何整数 a 的等价类为：[a]n={a+kn：k ∈ Z}。

如 [3]7={…–11，–4，3，10，17…}=[–4]7=[10]7。

2. 同余

如果 a、b 属于同一个等价类，我们说 a 和 b 关于模 n 同余，记为 a≡b（mod n）。同余是一个等价关系。

性质 1：a≡a（mod m），（反身性）这个性质很显然，因为 a–a=0=m·0。

性质 2：若 a≡b（mod m），那么 b≡a（mod m），（对称性）。

性质 3：若 a≡b（mod m），b≡c（mod m），那么 a≡c（mod m），（传递性）。

性质 4：若 a≡b（mod m），c≡d（mod m），那么 a±c≡b±d（mod m），（可加减性）。

性质 5：若 a≡b（mod m），c≡d（mod m），那么 ac≡bd（mod m），（可乘性）。

性质 6：若 a≡b（mod m），那么 an≡bn（mod m），（其中 n 为自然数）。

性质 7：若 ac≡bc（mod m），（c，m）=1，那么 a≡b（mod m），（记号（c，m）表示 c 与 m 的最大公约数）。

性质 8：若 a≡b（mod m），那么 $a^n≡b^n$（mod m），（其中 n 为自然数）。

性质 9：a+b≡(a%m+b%m)(mod m),(差和积也适用)。

例 1：求斐波那契数列余数

今有一种斐波那契数列：*F*（0）=7，*F*（1）=11，*F*（*n*）=*F*（*n*–1）+*F*（*n*–2），判断数列的任意一项 *F*（*n*）能否被 3 整除。

输入：

输入一个整数 *N*（$N<10^{18}$）。

输出：

如果该 *F*（*N*）能被 3 整除则输出“Y”，否则输出“N”。

样例输入：

2

样例输出：

Y

问题分析：

由递推公式很容易得到 *F*（*n*）的每一项，然而当 *n* 逐渐增大时，*F*（*n*）远远超出了整数的范围，这样就需要考虑溢出问题，而本题不是求 *F*（*n*），而是判断 *F*（*n*）能否被 3 整除。

由同余基本性质可知：*F*（*n*）≡（*F*（*n*–1）+*F*（*n*–2））（mod 3）（*n*≥2），因此根据

前两项可以算出当前项 $F(n)$ 对 3 取余的结果。

参考代码：

```
#include <stdio.h>
#include <stdlib.h>
int main()
{   int f0,f1,f2;
    _int64 i,n;
    f0=7%3;
    f1=11%3;
    scanf("%I64d",&n);
    for(i=2;i<=n;i++)
    {  f2=(f0%3+f1%3)%3;
       f0=f1;
       f1=f2;
    }
    if(!f2)
         printf("Y\n");
    else
         printf("N\n");
    return 0;
}
```

例 2： GCC（hdu 3123）

GNU 编译器集合（通常简称为 GCC）是由支持各种编程语言的 GNU 项目生成的编译器系统。但它不包含数学运算符“！”，在数学中，符号“！”代表阶乘运算。表达式 n！表示“整数从 1 到 n 的乘积”。例如，4！表示 $4\times3\times2\times1=24$。（0！定义为 1，它是乘法中的中性元素，不与任何东西相乘）。

我们希望你能帮助我们计算下面的算式：（0！+1！+2！+3！+4！+ … +n！）%m。

输入：

第一行由一个整数 T 组成，表示测试用例的数量。

单个测试包含两个整数 n 和 m。

输出：

输出（0！+1！+2！+3！+4！+ … +n！）%m 的值。

约束：

$0<T\leqslant 20$

$0\leqslant n<10^{100}$

$0<m<1000000$

样例输入：

1

10 861017

样例输出：

593846

问题分析：

根据同余性质，每次并不需要计算并累加阶乘的值，而只需计算并累加阶乘取余的值即可。另外，对于 n 大于等于 m 的时候不用考虑，这时 n！%m=0，因为 n 的阶乘包括 m。

参考代码：

```
#include <iostream>
#include <cstdio>
#include <cstring>
using namespace std;
 __int64 solve(char num[],__int64 mod)
{   int len=strlen(num);
    int tmp=0;
    for(int i=0;i<len;i++)
    {   tmp=10*tmp+num[i]-'0';
        if(tmp>=mod)break; // 大于等于 mod 的数没必要考虑
    }
    if(tmp<=1) //0! 和 1! 需要判断 (0!=1,1!=1)
    {   return(tmp+1)%mod;
    }
    int t=1,res=0;
    for(int i=1;i<=mod&&i<=tmp;i++)
    {   t=(t*i)%mod;        // 求 i!, 再求余
        res=(res+t)%mod;   // 累加
    }
    return res+1;
}
int main()
{    int T;
     __int64 mod,res,
     char num[110];
     scanf("%d",&T);
     while(T--)
```

```
    {   scanf("%s %I64d",num,&mod);
        res=solve(num,mod);
        printf("%I64d\n",res);
    }
    return 0;
}
```

3. 中国剩余定理

在《孙子算经》中有这样一个问题:“今有物不知其数，三三数之剩二（除以 3 余 2），五五数之剩三（除以 5 余 3），七七数之剩二（除以 7 余 2），问物几何？”这个问题称为“孙子问题”，该问题的一般解法国际上称为“中国剩余定理”。

具体解法分三步:

（1）找出三个数，从 3 和 5 的公倍数中找出被 7 除余 1 的最小数 15，从 3 和 7 的公倍数中找出被 5 除余 1 的最小数 21，最后从 5 和 7 的公倍数中找出除 3 余 1 的最小数 70。

（2）用 15 乘以 2（2 为最终结果除以 7 的余数），用 21 乘以 3（3 为最终结果除以 5 的余数），同理，用 70 乘以 2（2 为最终结果除以 3 的余数），然后把三个乘积相加 $15\times2+21\times3+70\times2$ 得到和 233。

（3）用 233 除以 3、5、7 三个数的最小公倍数 105，得到余数 23，即 233%105=23。这个余数 23 就是符合条件的最小数。

该问题用数学语言描述如下:

$$x\equiv b[1]\ (\bmod\ m[1])$$
$$x\equiv b[2]\ (\bmod\ m[2])$$
$$\cdots$$
$$x\equiv b[n]\ (\bmod\ m[n])$$

就是给出一组两两互质的数 m[i]，存在一个数 x，使得 $x\equiv b[i]\ (\bmod\ m[i])$，求 x。

求解步骤如下（证明略）:

（1）求出所有 m[i] 的积 P。

（2）对于每个 m[i]，求出 P/m[i]*M′ mod m[i]=1 的 M' 值。

（3）将（2）中 M' 乘以 P/m[i]*b[i] 求和后 mod P 即为答案。

代码如下:

```
int ChReTh(int*b,int*n,int z)
{   int a=0,m=1,x,y,t;
    for(int i=0;i<z;++i)m*=n[i]; //求所有 m[i] 的积 P
    for(int i=0;i<z;++i)
    {   t=m/n[i];
        extEuclid(n[i],t,&y,&x);// 扩展欧几里得定理求系数
```

```
            a=(a+t*x*b[i])%m;
        }
        return(a+m)%m;
    }
```

在步骤（2）中，设 a=p/m[i]，b=m[i]，满足（a、b）=1，可以转换为求二元一次方程 ax+by=1 的解，通过采用扩展欧几里得定理求解相应系数 x。

13.4 容斥定理

13.4.1 容斥定理的定义

两个集合的容斥关系公式：$A\cup B = A+B - A\cap B$（∩：重合的部分）

三个集合的容斥关系公式：$A\cup B\cup C = A+B+C - A\cap B - B\cap C - C\cap A + A\cap B\cap C$

m 个集合的容斥关系公式：$A_1\cup A_2\cup \cdots \cup A_m= \sum (A_i)(1\leqslant i\leqslant m) - \sum (A_i \cap A_j)(1\leqslant i\leqslant j\leqslant m) + \sum (A_i\cap A_j\cap A_k) -\cdots+ (-1)^{m-1} (A_1 \cap A_2\cdots\cap A_m)$

13.4.2 容斥定理的应用

例 1：你能发现多少数（hdu 1796）

已知一个数 *N* 和一个包含 *M* 个数的整数集 M–，求有多少个小于 *N* 的整数，它们可以被集合中的某个整数整除。例如，*N*=12，整数集 M– 是 {2，3}，存在一个小于 *N* 的最大集合 {2，3，4，6，8，9，10}，该集合的所有整数都可以被 2 或 3 整除。因此，只需输出数字 7。

输入：

输入包括多组测试用例。每组用例的第一行包含两个整数 *N* 和 *M*。第二行包含 *M* 个整数，它们彼此都不同。$0<N<2^{31}$，$0<M\leqslant 10$。

输出：

对于每种情况，输出符合要求的最多整数个数。

样例输入：

12 2

2 3

样例输出：

7

问题分析：

如果采用蛮力法，则效率太低，因此考虑使用容斥定理。

先找出 1…*N* 内能被集合中任意一个元素整除的个数，再减去能被集合中任意两个整除的个数，即能被它们最小公倍数整除的个数，因为这部分被计算了两次，然后再加上任意三个时候的个数，然后又减去任意四个时候的个数……可以采用深度搜索。当处理的整除元素的个数为奇数时，则将集合元素个数进行累加；为偶数时，则将集合元素个数减去。假设 M-={2，3，4}，A_2、A_3、A_4 分别为能被 2、3、4 整除的小于 N 的整数的个数。则处理过程共分 3 步：

①求出 A2，A2∩A3，A2∩A3∩A4，A2∩A4，符号分别为 +、-、+、-；

②求出 A3，A3∩A4，符号分别为 +、-；

③求出 A4，符号为 +。

其中，每一步都采用深度搜索策略实现。

参考代码：

```
#include<cstdio>
#include<iostream>
#include<cstring>
#include<algorithm>
#define ll long long
using namespace std;
int arr[25],ans,tot,n,m;
int gcd(int a,int b)    //求a、b的最大公约
{  return b? gcd(b,a%b) : a;
}
void dfs(int a,int lcm,int id)
{   lcm=arr[a]/gcd(lcm,arr[a])* lcm; //求lcm与arr[a]的最小公倍
    if(id%2==0)
    {  ans-=(n-1)/lcm;
    }
    else
    {  ans+=(n-1)/lcm;
    }
    for(int i=a+1;i<tot;i++) //求出含有arr[i]的所有项
    {  dfs(i,lcm,id+1);
    }
}
int main()
{   while(cin>>n>>m)
    {    tot=0;
         ans=0;
         for(int i=1;i<=m;i++)
         {   int x;//注意0这种情况
             cin>>x;
```

```
                if(x!=0)
                    arr[tot++]=x;
            }
            for(int i=0;i<tot;i++)
            {   dfs(i,arr[i],1);
            }
            cout<<ans<<endl;
        }
        return 0;
    }
```

13.5 母函数

13.5.1 母函数的定义

研究以下多项式：

$$(1+a_1x)(1+a_2x)\cdots(1+a_nx)=1+(a_1+a_2+\cdots+a_n)x+(a_1a_2+a_1a_3+\cdots+a_{n-1}a_n)x^2+\cdots x^n$$

可以看出：x^2 项的系数 $a_1a_2+a_1a_3+\cdots+a_{n-1}a_n$ 中所有的项是 n 个元素 a_1，a_2，…，a_n 中任取两个组合的全体；同理：x^3 项系数包含了从 n 个元素 a_1，a_2，…，a_n 中任取 3 个元素组合的全体；以此类推。对于序列 a_0，a_1，a_2，…构成一函数：

$$G(x)=a_0+a_1x+a_2x^2+\cdots$$

称函数 $G(x)$ 是序列 a_0，a_1，a_2，…的母函数。

很多复杂的问题可以通过构造一个母函数来进行分析求解。

例如：若有 1g、2g、3g、4g 的砝码各一枚，问能称出哪几种质量？各有几种可能方案？

考虑构造母函数。如果用 x 的指数表示称出的质量，则：

1 个 1g 的砝码可以用函数 $1+x$ 表示，

1 个 2g 的砝码可以用函数 $1+x^2$ 表示，

1 个 3g 的砝码可以用函数 $1+x^3$ 表示，

1 个 4g 的砝码可以用函数 $1+x^4$ 表示，

几种砝码的组合可以称重的情况可以用以上几个函数的乘积表示：

$$(1+x)(1+x^2)(1+x^3)(1+x^4)=(1+x+x^2+x^3)(1+x^3+x^4+x^7)=1+x+x^2+2x^3+2x^4+2x^5+2x^6+2x^7+x^8+x^9+x^{10}$$

从上面的函数知道：可称出从 1~10g 的质量，系数便是方案数。例如右端有 $2x^5$ 项，即称出 5g 的方案有 2 个，即：5=3+2=4+1；同样，6=1+2+3=4+2；10=1+2+3+4。故称出 6g 的方案有 2 个，称出 10g 的方案有 1 个。

再比如：求用 1 分、2 分、3 分的邮票贴出不同数值的方案数。因邮票允许重复，故母函数为：

$G(x)=(1+x+x^2+\cdots)(1+x^2+x^4+\cdots\cdots)(1+x^3+x^6+\cdots)$

以展开后的 x^4 为例，其系数为 4，说明使用 1、2、3 组成 4 的不同方案数是 4 种。

即：4=1+1+1+1=1+1+2=1+3=2+2。

13.5.2　母函数的应用

例 1：平方硬币（hdu 1398）

银兰人使用方形硬币，它们不仅有正方形的形状，而且它们的值是平方数。所有平方数小于等于 289（$=17^2$），即 1– 信用硬币、4– 信用硬币、9– 信用硬币，…，以及 289– 信用硬币。

例如有四种硬币组合可以支付 10– 信用硬币：

10 枚 1– 信用硬币，

1 枚 4– 信用硬币和 6 枚 1– 信用硬币，

2 枚 4– 信用硬币和 2 枚 1– 信用硬币，以及

1 枚 9– 信用硬币和 1 枚 1– 信用硬币。

你的任务是计算出使用硬币支付一定金额的方式。

输入：

输入由多行组成，每行包含一个整数，表示要支付的金额，最后一行是 0 表示结束。你可以假设所有的金额都是正数并且小于 300。

输出：

对于每一个给定的金额，输出一个代表硬币组合数量的整数，输出中不应出现其他字符。

样例输入：

2

10

30

0

样例输出：

1

4

27

问题分析：

根据题意，因为同一枚信用硬币可以重复使用，可以构造母函数如下：

$$G(x)=(1+x+x^2+x^3+x^4+\cdots)(1+x^4+x^8+x^{12}+\cdots)(1+x^9+x^{18}+x^{27}+\cdots)\cdots$$

其中 $1+x+x^2+x^3+x^4+\cdots$ 中每项指数表示 1– 信用硬币可以表示信用硬币的所有数值。$1+x^4+x^8+x^{12}+\cdots$ 中每项指数表示 4– 信用硬币可以表示信用硬币的所有数值，其他类似。

上述母函数展开后 x^n 项前面的系数就表示支付 n– 信用硬币的组合数量。

算法的实现就是模拟手工展开的过程来进行，即先对前面两个括号里的内容进行展开计算，获得的结果形式为：$1+ax+bx^2+cx^3+dx^4+\cdots$，然后再使用这个结果与第三个括号里的内容进行展开，上述过程反复进行，当 17 种硬币都处理完之后，其中项 x^n 前的系数就是组成 n- 信用币的组合数。

参考代码：

```
#include <iostream>
using namespace std;
const int lmax=300;
int c1[lmax+1],c2[lmax+1]; // 存放所有项系数
int main(void)
{  int n,i,j,k;
   while(cin>>n && n!=0)
   {     for(i=0;i<=n;i++)
         {     c1[i]=1;  c2[i]=0;}
         for(i=2;i<=17;i++) // 所有信用硬币依次处理
         {     for(j=0;j<=n;j++)
                    for(k=0;k+j<=n;k+=i*i) // 相同项系数叠加
                    {   c2[j+k]+=c1[j];}
              for(j=0;j<=n;j++)       // 保存上一种硬币处理结果
              {     c1[j]=c2[j];      c2[j]=0; }
         }
         cout<<c1[n]<<endl;
   }
   return 0;
}
```

例 2：水果（hdu 2152）

转眼到了收获的季节，由于有 TT 的专业指导，Lele 获得了大丰收，特别是水果，Lele 一共种了 N 种水果，有苹果、梨子、香蕉、西瓜……，不但味道好吃，样子更是好看。于是，很多人们慕名而来找 Lele 买水果。甚至连大名鼎鼎的 hdu ACM 总教头 lcy 也来了。lcy 抛出一沓百元大钞："我要买由 M 个水果组成的水果拼盘，不过我有个小小的要求，对于每种水果，个数上我有限制，既不能少于某个特定值，也不能大于某个特定值。而且我不要两份一样的拼盘。你随意搭配，你能组出多少种不同的方案，我就买多少份！"

现在就请你帮帮 Lele，帮他算一算到底能够卖出多少份水果拼盘给 lcy。

注意，水果是以"个"为基本单位，不能够再分。对于两种方案，如果各种水果的数目都相同，则认为这两种方案是相同的。

输入：

本题目包含多组测试用例。每组用例第一行包括两个正整数 N 和 M（含义见题目描

述，0<N，M≤100）。接下来有 N 行水果的信息，每行两个整数 A、B（0≤A≤B≤100），表示至少要买该水果 A 个，至多只能买该水果 B 个。

输出：

对于每组用例，在一行里输出总共能够卖的方案数。题目数据保证这个答案小于 10^9。

样例输入：

2 3

1 2

1 2

3 5

0 3

0 3

0 3

样例输出：

2

12

问题分析：

根据题意，假设第 i 种水果至少要买 bi 个，至多要买 ei 个，则可以构造母函数如下：

$G(x) = (1+x^{b1}+x^{b1+1}+x^{b1+2}+x^{b1+3}+\cdots+x^{e1})(1+x^{b2}+x^{b2+1}+x^{b2+2}+x^{b2+3}+\cdots+x^{e2})(1+x^{b3}+x^{b3+1}+x^{b3+2}+x^{b3+3}+\cdots+x^{e3})\cdots$

其中，每个括号表示一种水果，其中每项指数表示该种水果可以出现的个数。其展开后 x^M 项前面的系数就表示由 M 个水果组成拼盘的数量。

参考代码：

```
#include <cstdio>
#include <iostream>
#include <cstring>
#include <cmath>
#include <algorithm>
using namespace std;
#define met(a,b)memset(a,b,sizeof(a))
const int maxn=100+10;
int down[maxn],up[maxn];
int c1[maxn],c2[maxn];
int n,m;
int main()
{
      while(scanf("%d%d",&n,&m)!=EOF)
```

```
        {     met(c1,0);met(c2,0);
              for(int i=0;i<n;i++)
                   scanf("%d%d",&down[i],&up[i]);
              for(int i=down[0];i<=up[0];i++)
                   c1[i]=1;
              for(int i=1;i<n;i++)
              {     for(int j=0;j<=m;j++)
                   {     for(int k=down[i];k+j<=m&&k<=up[i];k++)
                               c2[j+k]+=c1[j];
                   }
                   for(int j=0;j<=m;j++)
                   {      c1[j]=c2[j];
                          c2[j]=0;
                   }
              }
              printf("%d\n",c1[m]);
        }
        return 0;
}
```

思 考 题

1. 求 A^B 的最后三位数表示的整数，说明：A^B 的含义是“A 的 B 次方”。

输入：

输入两个整数分别表示 A、B。

输出：

A^B 最后的三位数。

样例输入：

100 3

样例输出：

000

2. 德国数学家哥德巴赫曾猜测：任何大于 6 的偶数都可以分解成两个素数（素数对）的和。但有些偶数可以分解成多种素数对的和，如：10=3+7，10=5+5，即 10 可以分解成两种不同的素数对。

输入：

输入任意一个大于 6 的正偶数 n（n<32767）。

输出：

试求给出的偶数可以分解成多少种不同的素数对（注：$A+B$ 与 $B+A$ 认为是相同素数对）。

样例输入：

1234

样例输出：

25

3. 刘邦想知道韩信的才能到底如何，一次韩信打了胜仗，刘邦问韩信抓了多少俘虏，韩信想了想，让俘虏先三人一排，再五人一排，最后七人一排，而他每次只需问一下队尾有几人，然后就知道总人数了。请问你能否也能做到。

输入：

输入包含三个数 a、b、c，分别代表每种队形队尾的人数（$a<3$，$b<5$，$c<7$）。

输出：

输出总人数的最小值，如果无解输出“No Answer！”。已知总人数不小于 10 人，不超过 100 人，

样例输入：

2 1 6

样例输出：

41

4. 现在要求你用天平和一些砝码来称药物的质量。但是有些质量却无法称出来。所以你应该找出在 [1，S] 范围内无法测量的质量。S 是所有砝码的总质量（hdu 1709）。

输入：

输入由多个测试用例组成，每个测试用例都以一个正整数 N（$1 \leqslant N \leqslant 100$）开始，表示砝码的数量。后跟 N 个整数 A_i（$1 \leqslant i \leqslant N$），表示每个砝码的质量，其中 $1 \leqslant A_i \leqslant 100$。

输出：

对于每个输入用例，第一行输出无法测量质量的数量。如果数字不为零，则输出另一行，包含所有不可称出的质量。

样例输入：

3

1 2 4

3

9 2 1

样例输出：

0

2

4 5

5. 有些人认为一个人的一生有三个周期，从他或她出生的那天开始。这三个周期分

别是生理周期、情感周期和智力周期，它们的周期长度分别为 23 天、28 天和 33 天。每个周期都有一个峰值。在一个周期的巅峰时期，一个人在相应的领域（生理、情感或智力）会表现出最佳状态。例如，如果是处在智力峰值的时期，思维会更快，注意力也会更容易集中。

由于三个周期各有各的规律，其峰值出现的时间也不同。我们想确定一个人何时出现三重峰值（所有三个周期的峰值都出现在同一天）。对于每个周期，您将得到从当前年份开始的天数，在该天数中，某个峰值（不一定是第一个）出现。您还将获得一个日期，表示从当年年初算起的天数。您的任务是确定从给定日期到下一个三重峰值的天数。给定日期不计算在内。例如，如果给定的日期是 10，下一个三重峰值出现在第 12 天，那么答案是 2，而不是 3。如果在给定日期出现三重峰值，则应给出下一次出现三次峰值的天数（pku 1006）。

输入：

输入包括多组测试用例，每行输入一组测试用例，每组用例由四个整数 p、e、i 和 d 组成。其中 p、e 和 i 分别是从当年年初开始的生理、情感和智力周期达到峰值的天数。值 d 是给定的日期，可能小于 p、e 或 i 中的任何一个。所有值都是非负的，最多 365，并且您可以假设在给定日期后的 21252 天内将出现三个峰值。$p=e=i=d=-1$ 输入结束。

输出：

对于每个测试用例，输出下一个三重峰值出现时的天数。

样例输入：

0 0 0 0

0 0 0 100

35 34 5 325

4 5 6 7

283 102 23 320

203 301 203 40

−1−1−1−1

样例输出：

21252

21152

19575

16994

8910

10789

第 14 章　博弈论

引例：取数游戏

有 2 个人从由 $2n$ 个数组成的数组两端轮流取数，所取数之和大者为胜，请编写算法，让先取数者胜，模拟取数过程。

问题分析：

先取数的人想获胜，他必须控制后取数的人的取数选择，从而使局面总是按照有利于自己的方向发展。因此，如何根据所给数的特点制定出有利于自己的取数规则是决定能否取胜的关键。

通过分析具体的用例，看能否总结出一些规律，从而制定出相应的取数规则。

如图 14.1 所示，数组 a 共有 8 个元素。通过分析我们发现这 8 个数当中，奇数序号元素的和为 20，偶数序号元素的和为 19。而先取数的人如果取的是奇数序号的数，则后取数的人只能在偶数序号中选；而先取数的人如果取的是偶数序号的数，则后取数的人只能在奇数序号中选。由此可知：先取数的人可以控制后取数的人所取的数的序号永远是奇数还是偶数。因为事先知道奇数序号的数字和比偶数序号的数字和大，因此，先取数的人可以每次都取奇数序号的数，而总给后取数的人留下偶数序号的数。这样就可以保证先取数的人最终可以获胜。

i	1	2	3	4	5	6	7	8
a[i]	3	1	7	4	2	9	8	5

图 14.1　8 个数组成的数组

从上述分析可知：这类题目一般的特点是两个人按某种规则进行游戏，想获胜的一方必须使用某种策略，使局面一直按照有利于自己，而不利于对方的方向发展，这类问题就属于博弈。

14.1　博弈的定义

博弈论又被称为对策论（Game Theory），是现代数学的一个新分支，也是运筹学的一个重要学科。博弈论主要研究具有斗争或竞争性质现象的数学理论和方法。博弈论考虑游戏中个体的预测行为和实际行为，并研究它们的优化策略。博弈论是二人在平等的对局中各自利用对方的策略变换自己的对抗策略，达到取胜的目的。

14.2 几个经典博弈方法

1. 巴什博弈（Bash Game）

问题描述：

一堆n个物品，两个人轮流从中取出1~m个，最后取光者获胜（不能继续取的人输）。

问题分析：

（1）先设总共有n个物品，容易想到如果$n \leqslant m$的话，先拿者直接就能获胜。

（2）如果$n>m$，先拿者肯定想让自己拿完之后，后拿的人一次拿不完，然后轮到自己再拿的时候恰巧能一次全部拿完。通过如上分析可知：先拿者应该千方百计给后者剩下m+1个物品，则后拿者无论怎么取（范围：1~m），则剩下物品个数必在1~m之间，这样下一次先拿者就会一次拿完，从而获胜。如果做不到，则先拿者必输。具体情况分析如下：

①当n=m+1时，先拿者无论怎么拿，剩下的物品数都会小于等于m，所以这时先拿者必输。同理可以推出：当n%（m+1）=0时，先拿者无论怎么拿，后拿者都可以给先拿者剩m+1的整数倍个物品。这样到最后，就会给先拿者剩m+1个物品，因此先拿者一定会输。

②同理，当n%（m+1）！ =0时，先拿者只要给后拿者剩下的物品数目x满足x%（m+1）=0，那么就一定会赢。

参考代码：

```
if(n<m)
      先拿者获胜
else
   if(n%(m+1)==0)
        后拿者获胜
else
        先拿者获胜
```

2. 威佐夫博弈（Wythoff Game）

问题描述：

有两堆物品，两个人轮流从任意一堆中至少取出一个或者从两堆中取出同样多的物品，规定每次至少取一个，至多不限，最后取光者胜。

问题分析：

首先对于特殊情况考虑：

（1）有两堆物品，每堆各一个，即（1，1），则先拿者必胜，同样可知只要两边物品数一样，那么先拿者就必胜；

（2）有两堆物品，一堆一个，一堆两个，即（1，2）。则先拿者必输。

既然有必输局面，那么如果先拿的人可以让后拿者进入必输局面，则一定能赢。

首先从最简单的必输开始，即（1，2），可以找出所有一步能达到（1，2）局面的组合。为了叙述简单，假设每堆物品上限为 5，则如图 14.2 所示，其中被删项均为先拿者必赢局面。例如局面（4，5），可以通过（4–3，5–3）达到局面（1，2）；局面（2，5）可以通过（2，5–4）达到（2，1）；而局面（3，5）无论怎么操作，都是先拿者必输的局面。这样就得到了两个先拿者必输局面（1，2）、（3，5）。采用同样的分析方法，可以获得必输局面:（4，7）、（6，10）、（8，13）、（9，15）、（11，18）、（12，20）等。

~~1，1~~	1，2	~~1，3~~	~~1，4~~	~~1，5~~
	~~2，2~~	~~2，3~~	~~2，4~~	~~2，5~~
		~~3，3~~	~~3，4~~	3，5
			~~4，4~~	~~4，5~~
				~~5，5~~

图 14.2　威佐夫博弈必输局面

通过观察可知：这些局面没有重复的数字，并且其并集恰为所有自然数，其规律与黄金分割有关。具体求法如下：给定两个正无理数 a、b，并且 a、b 满足如下两个条件：

① $1/a+1/b=1$

② $b-a=1$

解得$a=\frac{(1+\sqrt{5})}{2}$，$b=\frac{(3+\sqrt{5})}{2}$

则数列 {floor（$a\times n$）} 和 {floor（$b\times n$）}（n=1，2，3，…）没有公共元素，其中函数 floor（ ）表示向下取整，它们的并集正好构成所有的自然数。于是我们就得到了先拿者必输局面的通项表达式（floor（$a\times n$），floor（$b\times n$））。

3. 尼姆博弈（Nimm Game）

问题描述：

有 n 堆物品，两人轮流取，每次取某堆中不少于 1 个，最后取完者胜。

问题分析：

继续从简单情况开始分析，设堆数为 n，总物品数为 m。

当 m=1 时，先拿者一定赢。

当 m=2 时，分两种局面（2）、（1，1）。其中局面（2）先拿者胜，局面（1，1）后拿者胜。

当 m=3 时，分三种局面（3）、（2，1）、（1，1，1）。其中局面（3）先拿者胜，局面（2，1）先拿者胜，（1，1，1）也是先拿者胜。

当 m=4 时，分五种局面（4）、（3，1）、（2，2）、（2，1，1）、（1，1，1，1）。其中局面（4，1）、（3，1）、（2，1，1）是先拿者胜，其余的是后拿者胜。

通过分析上述几种情况，当局面为（m_1，m_2，…，m_n）时，取所有子堆的异或操作，可以得出如下结论：

①当 xor（m_1，m_2，…，m_n）=0 时，则先拿者必败。

② 当 xor（m_1，m_2，…，m_n）≠ 0 时，则先拿者必胜。

为了证明上述结论的正确，需要先证明如下两个定理。

①当分堆情况 xor（m_1，m_2，…，m_n）=0 时，无论如何取，所获得局面的 xor 值一定不等于 0。证明如下：

当分堆为 xor（m_1，m_2，…，m_n）=0 时，设 xor（m_1，m_2，…，m_{i-1}）=x，再设 xor（m_{i+1}，…，m_n）=y，故 xor（x，m_i）=y，只要使 m_i 值变小，即拿走一些物品，于是 xor（x，m_i）≠ y，于是 xor（m_1，m_2，…，m_n）≠ 0，即只要一个 m_i 的值改变就会使得由 xor=0 变为 xor ≠ 0。证毕。

②当分堆情况 xor（m_1，m_2，…，m_n）≠ 0 时，一定存在某个 m_i 值，只要使它的值改变，就可以使局面的 xor=0。证明如下：

xor（m_1，m_2，…，m_n）≠ 0，则意味着 m_1，m_2，…，m_n 这些数转为二进制数后，所有对应位上“1”的个数至少有一个对应位上是奇数，当由高位到低进行搜索时，在第一次出现对应位上“1”的个数为奇数的数中任意挑选一个数，将该数对应位由“1”变为“0”，该数后面对应位上的值根据该对应位上所有数在该对应位上“1”的个数进行调整，保证“1”的个数为偶数即可。因为最高位由“1”变为“0”，意味着该数一定大于变换后的数，差值就是取走的物品数，证毕。

根据上述定理，当 xor（m_1，m_2，…，m_n）≠ 0 时，先拿者可以在某个子堆中取走一些物品，使取后的局面 xor=0。而当局面是 xor=0 时，无论如何取，取后局面的 xor 值一定不等于 0。这样先拿者就可以控制后拿者总是面对 xor=0 的局面，这样一直到最后可以得到局面（z，z）。最终先拿者取胜；而当 xor（m_1，m_2，…，m_n）=0 时，先拿者无论怎么拿，拿完后局面的 xor 值一定不等于 0。因此，后拿者就可以通过在某堆上拿掉一些物品使得先拿者永远面临着 xor=0 的局面，从而实现后拿者取胜。

14.3 博弈论的应用

例 1：取石子游戏（pku 1067）

有两堆石子，数量任意，可以不同。游戏开始由两个人轮流取石子。游戏规定：每次有两种不同的取法，一是可以在任意的一堆中取走任意多的石子；二是可以在两堆中同时取走相同数量的石子。最后把石子全部取完者为胜者。现在给出初始的两堆石子的数目，如果轮到你先取，假设双方都采取最好的策略，问最后你是胜者还是败者。

输入：

输入包含若干行，表示若干种石子的初始情况，其中每一行包含两个非负整数 a 和 b，表示两堆石子的数目，a 和 b 都不大于 1000000000。

输出：

输出对应也有若干行，每行包含一个数字 1 或 0，如果最后你是胜者，则为 1，反之，则为 0。

样例输入:

2 1

8 4

4 7

样例输出:

0

1

0

问题分析:

根据威佐夫博弈理论，必败态（a_k，b_k）满足如下条件:

```
ak=floor(k*(sqrt(5.0)+1)/2.0);
bk=ak+k;
```

因此直接判断即可。

参考代码:

```
#include <cmath>
#include <cstdio>
int main()
{     double x=(sqrt(5.0)+1)/2.0;
      int a,b,t,temp;
      while(scanf("%d%d",&a,&b)!=EOF)
       {    if(a>b)
            {    t=a;
                 a=b;
                 b=t;
            }
            temp=floor((double)(b-a)*x);
            printf("%d\n",a==temp?0 : 1);
       }
       return 0;
}
```

例 2：乔治亚和鲍勃（pku 1704）

乔治亚和鲍勃决定玩一个自己发明的游戏。他们在纸上画一行网格，从左到右按 1、2、3…对网格进行编号，并在不同的网格位置上放置 N 个棋子，如图 14.3 所示，其中黑圆表示放的棋子，白圆表示空格。

图 14.3 棋盘

乔治亚和鲍勃轮流移动棋子，每次一个玩家选择一个棋子，并将它移到左边，而不越过任何其他棋子或越过左边的边缘。棋手可以自由选择棋子移动的步数，约束条件是棋子至少移动一步，一个格最多只能包含一个棋子。不能移动的玩家将输掉比赛。

自从“女士优先”之后，乔治亚总是先走。假设乔治亚和鲍勃在比赛中都尽了最大的努力，谁知道赢下比赛的方法，谁就能够获胜。考虑到 n 个棋子的初始位置，你能预测谁最终会赢得这场比赛吗？

输入：

输入的第一行包含一个整数 T（$1 \leqslant T \leqslant 20$），即测试用例的数量。接着是 T 个用例。每个测试用例包含两行。第一行由一个整数 n（$1 \leqslant n \leqslant 1000$）组成，表示棋子的数目。第二行包含 n 个不同的整数 P_1，P_2，…，P_n（$1 \leqslant P_i \leqslant 10000$），表示 n 个棋子的初始位置。

输出：

对于每个测试用例，如果乔治亚将赢得游戏，打印一行“Georgia will win”；如果鲍勃将赢得游戏，则打印“Bob will win”，否则为“Not sure”。

样例输入：

2

3

1 2 3

8

1 5 6 7 9 12 14 17

样例输出：

Bob will win

Georgia will win

问题分析：

表面上看该问题和尼姆博弈问题并没有什么相似之处。通过题目的描述可知：每个棋子的移动都会使相邻的棋子间的间隔变小。而这可以看作是从一堆物品中取出几个物品，那么如果把所有棋子两个一组分开，则每次棋子移动若干步就可以看作是从 n 堆物品中的一堆中取走若干物品。

有一个问题：相邻的组与组之间有空隙怎么办？

如果选手试图缩小组与组之间的距离，也就会增大后一个组的间隙，显然超出了原尼姆问题只能减小的原则。解决的方法是：如果通过尼姆预测知道甲能赢，乙必输，则在移动棋子的过程中，如果乙移动了一组左边界的棋子 x 步，则甲必须移动该组右边界的棋子 x 步，这样，就实现了组的移动，而这种移动并没有改变两人面对的局面，因为局面是由组内移动的步数决定的。因此，这种组间的移动并没有对尼姆预测造成任何影响。

还有另一个问题：棋子的数目是奇数怎么办？这会导致分组时多出来一个。

解决这个问题的方法是：从后往前分组，最前面的棋子使用与 0 位置（即边界）的距离作为初始间隔步数。

经过上述分析，一个看似与尼姆问题不相关的问题就转化尼姆博弈问题了，这样只需对所有分组求异或，最后结果如果为 0，那么 Geogia 就一定会输；如果结果不为 0，那么 Geogia 就一定会赢。

参考代码：

```
#include <iostream>
using namespace std;
int cmp(const void *a,const void *b)
{    int*m=(int*)a;
     int*n=(int*)b;
     return *m-*n;
}
int main()
{    int t,n,i,m,nimXor;
     int pos[1000],nim[500];
     scanf("%d",&t);
     while(t--)
     {    m=0;
          nimXor=0;
          scanf("%d",&n);
          for(i=0;i<n;i++)
               scanf("%d",&pos[i]);
          qsort(pos,n,sizeof(int),cmp);               //将输入的位置按升序排序
          for(i=n-1;i>=0;i-=2)                        //从后往前将棋子两两分组
          {    if(i==0)
                    nim[m++]=pos[i]-1;
               else
                    nim[m++]=pos[i]-pos[i-1]-1;
          }
          for(i=0;i<m;i++)                      //将所有分组异或
          {    nimXor=nimXor^nim[i];
          }
          if(nimXor==0)                         //判断最后结果
               printf("Bob will win\n");
          else
               printf("Georgia will win\n");
     }
     return 0;
}
```

例 3：约翰（hdu 1907）

约翰正在和他的弟弟玩非常有趣的游戏：有一个大盒子装满了不同颜色的糖果，约翰先吃若干个颜色相同的糖果，然后他的弟弟才吃，这样轮流吃。需要注意的是每个人每次只能吃同一颜色的糖果，且至少要吃一个。如果某个人吃了盒子里的最后一个糖果，他会被认为是个失败者，他将不得不买一个新的糖果盒。

两个人都在使用最优的游戏策略。约翰总是先发制人。你将得到有关糖果的信息，你的任务是确定游戏的赢家。

输入：

输入的第一行将包含一个整数 T，表示测试用例的数量。接下来每个测试用例采用以下格式描述测试。每个测试的第一行将包含一个整数 N，表示糖果盒中不同糖果颜色的总数量。下一行将包含 N 个整数，第 i 个整数 A_i，表示第 i 个颜色的糖果数量。

限制条件：

$1 \leqslant T \leqslant 474$

$1 \leqslant N \leqslant 47$

$1 \leqslant A_i \leqslant 4747$

输出：

输出 T 行，每行都包含游戏赢家的信息。如果约翰赢了比赛，请打印："John"；否则打印："Brother"。

样例输入：

2

3

3 5 1

1

1

样例输出：

John

Brother

问题分析：

与原尼姆问题相反，这道题的游戏规则是最后取光的人输。

根据尼姆定理，当局面为 $xor(m_1, m_2, \cdots, m_n)=0$ 时，则后拿者必胜；当 $xor(m_1, m_2, \cdots, m_n) \neq 0$ 时，则先拿者必胜。尼姆定理告诉我们，必胜者之所以能够获胜是因为可以控制另一方的局面，即保证必胜者拿完之后，后者面临的局面永远是 $xor(m_1, m_2, \cdots, m_n)=0$。虽然这道题表面上与尼姆问题不同，但是通过分析发现，只要原必胜者在适当的时候改变策略，即留给对手局面 $xor \neq 0$，这里的"适当时候"是指通过这次策略的调整，以后的局面无论是谁、无论如何取，出现局面的xor值只能是1、0、1、0…交替出现，只有这样才能保证原尼姆博弈的获胜者仍然可以获胜。随着堆数和糖果总数的不断减少，这种局面一定会存在。

例如：图 14.4（a）表示当前局面共有三堆物品 1、2、3。甲、乙两人进行游戏，甲先取。物品的数量用二进制表示，依次为 2，4，2。xor（2，4，2）=1。依据尼姆博弈规则，则甲应该获胜。甲取完的局面为 14.4（b），其 xor 值为 0。这时，无论乙如何取，取完后局面的 xor 值一定非 0。假设乙取完后的局面如图 14.4（c）所示。这时，甲改变策略，使取完后的局面如图 14.4（d）所示，局面的 xor=1。而乙别无选择，只能取最后一个，从而先取的人最终获胜。从过程可以看出，获胜的关键是甲在倒数第 2 步（不一定是倒数第 2 步）的时候改变了策略，才使得乙拿到了最后一个。因此只需对原尼姆算法进行修改就可以适用于这个题目。

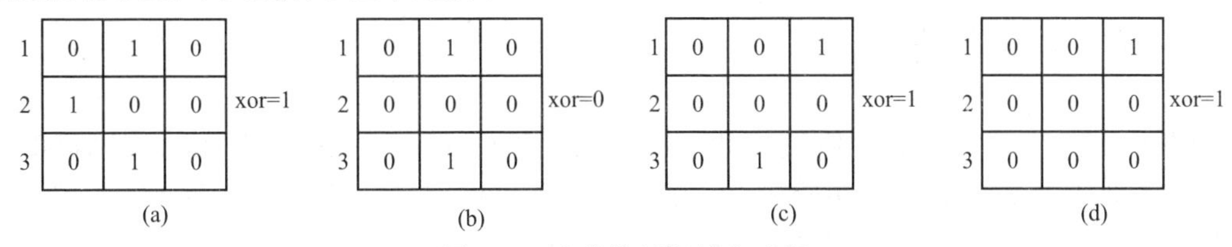

图 14.4　变化的尼姆博弈过程

参考代码：

```
#include<iostream>
using namespace std;
int main()
{  int t;
   scanf("%d",&t);
   while(t--)
   {       int n,nimXor,i,x,num;
           nimXor=num=0;
           scanf("%d",&n);
           for(i=0;i<n;i++)
           {     scanf("%d",&x);
                 if(x==1)num++;
                 nimXor^=x;
           }
          if(num==n) //如果局面的每堆都只有一个物品，则胜负与堆数有关
           {       if(n%2==0)
                         printf("John\n");
                   else
                         printf("Brother\n");
           }
           else    //与原尼姆博弈一样
           {       if(nimXor!=0)
```

```
                        printf("John\n");
                else
                        printf("Brother\n");
            }
    }
    return 0;
}
```

14.4 本章小结

本章主要介绍了三种经典的博弈问题。而实际的博弈问题都是经典博弈问题的变形。一般涉及尼姆博弈的问题比较多。做这类问题的时候，一般先从最简单的情况入手进行分析，往往都能找出规律，从而使问题迎刃而解。

思 考 题

1. 爱丽丝和鲍勃决定玩一种新的石头游戏。在游戏开始时，他们将 n（$1 \leqslant n \leqslant 10$）堆石头排成一行。爱丽丝和鲍勃轮流搬石头。在游戏的每一步，玩家选择一堆石头，移除至少一块石头，然后将石头从这堆自由移动到任何其他仍然有石头的堆上。例如有 n=4 堆石头，每堆石头个数为：(3，1，4，2)。如果玩家选择了第一堆并移走了一个。然后呢，它可以达到以下状态。

2 1 4 2

1 2 4 2（将一块石头移到第 2 堆）

1 1 5 2（移一块石头到 3 号桩）

1 1 4 3（移一块石头到 4 号桩）

0 2 5 2（将一块石头移到 2 号桩，另一块移到 3 号桩）

0 2 4 3（将一块石头移到 2 号桩，另一块移到 4 号桩）

0 1 5 3（将一块石头移到 3 号桩，另一块移到 4 号桩）

0 3 4 2（将两块石头移到第 2 堆）

0 1 6 2（将两块石头移到第 3 堆）

0 1 4 4（将两块石头移到第 4 堆）

爱丽丝总是先走。假设爱丽丝和鲍勃在比赛中都尽力了。请你要写一个程序来决定谁将最终赢得比赛（pku 1740）。

输入：

输入包含几个测试用例。每个测试用例的第一行包含一个整数 n，表示堆的数量。第二行包含 n 个整数，表示游戏开始时每堆石头的数量，你可以假设每堆石头的数量不会超过 100。0 表示输入结束。

输出：

对于每个测试用例，如果爱丽丝赢了游戏，则输出 1，否则输出 0。

样例输入：

3

2 1 3

2

1 1

0

样例输出：

1

0

2. 斯坦和奥利玩乘法游戏，把整数 p 乘以 2 到 9 中的一个。斯坦总是从 p=1 开始做乘法运算，然后奥利乘以这个数，然后是斯坦，……，就这样轮流进行。在游戏开始前，他们先设定一个整数 n，$1<n<4294967295$，胜者是最先到达 $p \geqslant n$ 的人（pku 2505）。

输入：

输入包括多组测试用例，每组用例每行输入一个整数 n。

输出：

每组用例输出一行：斯坦赢了，或奥利赢了。

样例输入：

17

34012226

样例输出：

奥利赢了

斯坦赢了

附录：在线判题系统（OJ）简介

Online Judge 系统（简称 OJ）是一个在线的判题系统，用户可以在线提交多种语言编写的程序（如 C、C++）源代码，系统对源代码进行编译和执行，并通过预先设计的测试数据来检验程序源代码的正确性。

一个用户提交的程序在 Online Judge 系统下执行时将受到比较严格的限制，包括运行时间限制、内存使用限制和安全限制等。用户程序执行的结果将被 Online Judge 系统捕捉并保存，然后再转交给一个裁判程序。该裁判程序或者比较用户程序的输出数据和标准样例输出的差别，或者检验用户程序的输出数据是否满足一定的逻辑条件。最后系统返回给用户一个状态信息，并返回程序使用的内存、运行时间等信息。

一、网上判题系统常见的状态信息

Queuing（排队）：服务器忙，需等待一段时间。

Compiling（编译）：正在编译。

Running（运行）：正在运行。

Accepted（接受）：程序正确！

Presentation Error（表示错误）：虽然输出是正确的，但程序的输出格式与问题所需的格式不完全相同。

Wrong Answer（回答错误）：输出结果错误。

Runtime Error（运行时错误）：运行时错误。这个一般是程序在运行期间执行了非法的操作造成的。以下列出常见错误类型：

① ACCESS_VIOLATION：访问没有相应访问权限的地址。

② ARRAY_ BOUNDS_EXCEEDED：访问一个越界的数组元素。

③ FLOAT_DENORMAL_OPERAND：进行了一个非正常的浮点操作。一般是由于一个非正常的浮点数参与了浮点操作所引起的，比如这个数的浮点格式不正确。

④ FLOAT_DIVIDE_BY_ZERO：浮点数除法出现除数为零的异常。

⑤ FLOAT_OVERFLOW：浮点溢出。要表示的数太大，超出了浮点数的表示范围。

⑥FLOAT_UNDERFLOW：浮点下溢。要表示的数太小，超出了浮点数的表示范围。

⑦ INTEGER_DIVIDE_BY_ZERO：在进行整数除法的时候出现了除数为零的异常。

⑧ INTEGER_OVERFLOW：整数溢出。要表示的数值太大，超出了整数变量的

范围。

⑨ STACK_OVERFLOW：堆栈溢出。

Time Limit Exceeded：时间已经超出了这个题目的时间限制。

Memory Limit Exceeded：程序运行的内存已经超出了这个题目的内存限制。

Output Limit Exceeded：程序输出内容太多，超过了这个题目的输出限制，如果进入无限循环，通常会发生这种情况。

Compilation Error：编译器无法编译您的程序。

二、常见的输入和输出格式

1. A+B 问题输入输出格式（Ⅰ）

输入：

输入将由一系列整数对 a 和 b 组成，用空格隔开，一对整数占一行。

输出：

对于每行输入的整数 a 和 b，每行输出 a 和 b 的和。

样例输入：

1 5

10 20

样例输出：

6

30

参考代码：

```
#include "stdio.h"
int main()
{    int a,b;
     while(scanf("%d%d\n",&a,&b)!=EOF)//等价于while(~scanf("%d %d",&a,&b))
     {  printf("%d\n",a+b);
     }
   return 0;
}
```

上面程序中，EOF（end of file）是用来判断文件操作是否结束的标志。

EOF 不是特殊字符，而是定义在头文件 <stdio.h> 中的常量，一般等于 –1。

语句 scanf（"%d%d"，&a，&b），在执行的时候，如果 a 和 b 都被成功读入，那么 scanf 的返回值就是 2；如果只有 a 被成功读入，返回值为 1；如果 a 和 b 都未被成功读入，返回值为 0；如果遇到错误或到达文件尾，返回值为 EOF，且返回值为 int 型。

语句 while（scanf（“%d%d\n”，&a，&b）！ =EOF）与语句 while（~scanf（"%d

%d", &a, &b)) 完全等价，因为 EOF 的值为 -1，而符号“~”是 C 语言中的二进制操作符，表示按位取反，因为所有数在内存当中都是用补码形式存放的，-1 的补码为 1111…1111，取反后为 0000…0000，其值为 0，表示逻辑值为假，所以结束循环。

在 C++ 中，使用 while (cin>>a) 来代替 while (scanf ("%d%d\n", &a, &b) !=EOF)，其中 cin 是 C++ 的标准输入流，其本身是一个对象，并不存在返回值的概念。cin>>a 的调用大多数情况下其返回值为 cin 本身（非 0 值），只有当遇到 EOF 输入时，返回值为 0。

2. A+B 问题输入输出格式（Ⅱ）

输入：

输入在第一行中包含一个整数 N，之后是 N 行。每行由一对整数 a 和 b 组成，用空格隔开。

输出：

对于每行输入的整数 a 和 b，每行输出 a 和 b 的和。

样例输入：

2

1 5

10 20

样例输出：

6

30

参考代码：

```
#include <stdio.h>
int main()
{   int a,b,n,
    scanf("%d",&n);
    while(n--)
    { scanf("%d%d",&a,&b);
      printf("%d\n",a+b);
    }
    return 0;
}
```

3. A+B 问题输入输出格式（Ⅲ）

输入：

输入包含多个测试用例。每行一个测试用例，包含一对整数 a 和 b。输入 0 0 表示输入结束。

输出：

对于每行输入的整数 a 和 b，每行输出 a 和 b 的和。

样例输入：

1 5

10 20

0 0

样例输出：

6

30

参考代码：

```
#include "stdio.h"
int main()
{   int a,b;
    while(scanf("%d%d\n",&a,&b)!=EOF&&!(a==0&&b==0))
    { printf("%d\n",a+b);
    }
   return 0;
}
```

4. A+B 问题输入输出格式（Ⅳ）

输入：

输入包含多个测试用例。每行一个测试用例，包含一个整数 N，然后是 N 个整数。以 0 开头的测试用例表示输入结束。

输出：

对于每一组输入的整数，在一行中输出它们的和。

样例输入：

4 1 2 3 4

5 1 2 3 4 5

0

样例输出：

10

15

参考代码：

```
#include<stdio.h>
int main()
{    int a,i,sum,n;
     while(scanf("%d",&n)&&n!=0)
```

```
        {   sum=0;
            for(i=0;i<n;i++)
             {   scanf("%d",&a);
                 sum+=a;
             }
            printf("%d\n",sum);
        }
        return 0;
    }
```

参考文献

1. 俞经善，王宇华，于金峰，等 . ACM 程序设计竞赛基础教程［M］. 北京：清华大学出版社，2010.

2. 吕国英 . 算法设计与分析 .2 版［M］. 北京：清华大学出版社，2009.

3. 曹桂琴编著 . 数据结构基础［M］. 大连：大连理工大学出版社，1994.

4. 郭嵩山，翁雨键，梁志荣，吴毅，等 . 国际大学生程序设计竞赛例题解［M］. 北京：电子工业出版社，2010.

5. 刘汝佳 . 算法竞赛入门经典 .2 版［M］. 北京：清华大学出版社，2009.

6. 黄新军，黄永建，赵国治，曹文，李建，董欣然，等 . 信息学奥赛一本通（提高篇）［M］. 福建：福建教育出版社，2018.

本教材配套了相应的电子教案和例题讲解视频，方便老师课堂教学与学生自学，读者可通过以下两种方式免费观看和下载。

电脑客户端可通过访问网站https://mooc1-1.chaoxing.com/course/215541084.html进行观看和下载。

手机客户端可通过下载学习通app，注册并扫描以下二维码的方式进行观看和下载。